Fritz Dietzel
Technische Wärmelehre

Kamprath-Reihe · Technik

Professor
Dipl.-Ing. Fritz Dietzel

Technische Wärmelehre

Grundlagen für Maschinenbau-Ingenieure

4., durchgesehene Auflage

 VOGEL Buchverlag Würzburg

Meinen lieben Kindern
Hans-Ullrich, Felicitas, Gabriele, Sibylle gewidmet

CIP-Kurztitelaufnahme der Deutschen Bibliothek

Dietzel, Fritz:
Technische Wärmelehre : Grundlagen für
Maschinenbau-Ingenieure / Fritz Dietzel. –
4. Aufl. – Würzburg : Vogel, 1987.
  (Kamprath-Reihe : Technik)
  ISBN 3-8023-0089-0

ISBN 3-8023-0089-0
4. Auflage. 1987

Professor Dipl.-Ing. Fritz Dietzel

Studium des Maschinenbaus an den Technischen
Hochschulen München und Darmstadt; mehrjährige
Industrietätigkeit als Prüfstands- und
Betriebsingenieur; Dozent an der Staatlichen
Hochschule für angewandte Technik in
Köthen/Anhalt. Seit 1946 Dozent am Polytechnikum
Friedberg/Hessen, 1952 an der Fachhochschule
Darmstadt mit den Fächern Technische Wärmelehre,
hydraulische und thermische Strömungsmaschinen
einschließlich Laboratoriumsübungen.
Autor der Bücher «Dampfturbinen» (3. Auflage 1980),
«Kraft- und Wärmewirtschaft» (1959), «Gasturbinen
kurz und bündig» (1974), «Turbinen, Pumpen und
Verdichter» als Kompaktlehrbuch (1980).

Vorwort

Die 4. Auflage der «Technischen Wärmelehre» behandelt, wie die vorhergehende Auflage, kurzgefaßt und das Wesentliche betonend die Fragen, die Studierende des Maschinenbaues zum Ablegen der Vorprüfung und damit als Grundlage für weitere Studien kennen sollen.
Bilder und Diagramme erscheinen, wo es der besseren Übersicht dient, im Zweifarbendruck. Merksätze und wichtige Gleichungen sind aus dem gleichen Grund durch Einrahmen hervorgehoben.
Das Buch bringt 80, auf alle Abschnitte verteilte, kleinere und größere durchgerechnete Beispiele. Sie erklären, wie und wo die «Technische Wärmelehre» (mit ihren manchmal kompliziert erscheinenden Gleichungen und veränderlichen Einflußgrößen) ihre eigentliche praktische Anwendung findet.
Diagramme erleichtern hierbei den Überblick und bieten eine sichere und schnelle Orientierung. Deswegen wird gezeigt, wie ein T,s-Diagramm für Luft, ein h,s-Diagramm für Wasserdampf entsteht. Die Daten werden vorgerechnet, die Diagramme maßstäblich im Zweifarbendruck dargestellt. Anwendungsbeispiele sind eingetragen und werden besprochen.
Insgesamt enthält das Buch 135 Bilder und 12 Tafeln mit Stoffwerten.
Der Inhalt ist wie folgt gegliedert:
Aus der Physik werden die Abschnitte über die Wärmedehnung der Stoffe, die Wärmekapazitäten der Gase, die klassischen Gasgesetze und die Zustandsgleichungen der Gase unter dem Gesichtspunkt technischer Anwendung wiederholt. Es folgen Fragen, die sich bei der gleichwertig-gegenseitigen Umwandlung von mechanischer, elektrischer, thermischer Energie ergeben. Daraus entstehen die Begriffe Raumänderungsarbeit (innere Energie) und Technische Gasarbeit (Enthalpie).
Definierte Zustandsänderungen (ZÄ) der Gase sind außer für verschiedene andere Bereiche auch Grundlage für die Berechnung von Maschinenprozessen. Die Änderung der Zustandsgrößen durch Zu- und Abfuhr von Arbeit und Wärme wird zunächst im p,v-Diagramm gezeigt. Der Entropiebegriff wird eingebracht, so daß sich auch jeweils mitwirkende Wärmemengen einfach berechnen und im T,s-Diagramm darstellen lassen.
Anschließend werden, nachdem der Carnotsche Kreisprozeß vorgestellt ist, die Prozesse aller bekannten Kraft- und Arbeitsmaschinen, der Kältemaschinenprozeß und die Wärmepumpe, besprochen, berechnet und die Werte in Diagramme übertragen. Jeweilige Fragen nach den Optimalbedingungen und Wirkungsgraden werden erörtert.
Der Wasserdampf, wichtigster Wärmeträger als Heiz-, Fernheiz-, Prozeßdampf, als Arbeitsmittel für Dampfmaschinen und Dampfturbinen, wird für sich behandelt. Er gehört in den Bereich der Grundlagen des Maschinenbaus. Bei der Erzeugung und bei der Kondensation folgt er eigenen Gesetzen. Zustände von Wasser, Satt- und Heißdampf werden auch hier im p,v- und T,s-Diagrammen, zusätzlich im h,s-Diagramm dargestellt. Beispiele werden unter Benutzung der Werte aus Dampftafeln durchgerechnet.
Anregungen und Hinweise zu Inhalt und Behandlung des Stoffes nehme ich gerne an.
Dem Vogel-Buchverlag möchte ich meinen Dank für die stets gute Zusammenarbeit aussprechen.

Darmstadt   Fritz Dietzel

Inhaltsverzeichnis

Die wichtigsten Formelzeichen und Einheiten

(siehe auch DIN 1304 «Allgemeine Formelzeichen» vom Februar 1978)

Formel-zeichen	SI-Einheit	Bedeutung
a	m/s^2	Beschleunigung, allg.
A	cm^2, m^2	Fläche, Strömungsquerschnitt
c	$J/(kg \cdot K)$	spezifische Wärmekapazität $c = C/m$
c_{ms}	$J/(kg \cdot K)$	spezifische Wärmekapazität einer Gasmischung
c_p	$J/(kg \cdot K)$	spezifische Wärmekapazität bei konstantem Druck
c_v	$J/(kg \cdot K)$	spezifische Wärmekapazität bei konstantem Volumen
C	J/K	Wärmekapazität
C_m	$J/(mol \cdot K)$	molare Wärmekapazität
C_{mp}	$J/(mol \cdot K)$	molare Wärmekapazität bei konstantem Druck
C_{mv}	$J/(mol \cdot K)$	molare Wärmekapazität bei konstantem Volumen
D	mm, m	Durchmesser
E	J	Energie
E_p	J	potentielle Energie
E_v	J	kinetische Energie
F	N	Kraft, Umfangskraft
F_G	N	Gewichtskraft
g	1	Massenanteil des Einzelgases in der Mischung
g	m/s^2	örtliche Fallbeschleunigung
G	N	Gewichtskraft
h	J/kg	spezifische Enthalpie
H	J	Enthalpie
H_0	J/kg	spezifischer Brennwert (oberer Heizwert)
H_u	J/kg	spezifischer Heizwert (unterer Heizwert)
m	kg	Masse, Gewicht als Wägeergebnis
$\dot{m}$	kg/s	Massenstrom, Massendurchsatz
M	kg/mol	stoffmengenbezogene molare Masse
n	—	Index für Normalzustand $p = 1{,}0132$ bar, $t = 0\,°C$
n	mol	Stoffmenge des Bereichs, $n = \Sigma\, n_i$
n_i	mol	Stoffmenge des Stoffes i
n	1	Polytropenexponent
n	s^{-1}; min^{-1}	Drehzahl, Umdrehungsfrequenz
p	P_a; N/m^2	Druck (Tafel im Anhang)
p_{abs}	P_a; N/m^2	absoluter Druck
p_{amb}	P_a; N/m^2	umgebender Atmosphärendruck (Abschnitt 1.2.2)
p_e	P_a; N/m^2	atm. Druckdifferenz, Überdruck ($p_e = p_{abs} - p_{amb}$)
P	W	Leistung
q	J/kg	spezifische Wärmemenge
Q	J	Wärme, Wärmemenge
r	1	Raumanteil des Einzelgases in der Mischung
R	$J/(mol \cdot K)$	universelle Gaskonstante
R_i	$J/(kg \cdot K)$	spezielle Gaskonstante
R_{ms}	$J/(kg \cdot K)$	Gaskonstante einer Gasmischung
s	$J/(kg \cdot K)$	spezifische Entropie
S	J/K	Entropie
t, ϑ	°C	Celsius-Temperatur; $t = T - T_0$; ϑ als Ausweichzeichen, wenn Zusammentreffen mit t für die Zeit
T, Θ	K	Temperatur, thermodynamische Temperatur
ΔT	K	$= \Delta t = \Delta\vartheta$, Temperaturdifferenz Δt auch in °C

Formel-zeichen	SI-Einheit	Bedeutung
u	m/s	Geschwindigkeit, Umfangsgeschwindigkeit
u	J/kg	spezifische Innere Energie
U	J	Innere Energie
v	m³/kg	spezifisches Volumen; $v = V/m$
V	m³	Volumen
V_M	m³/mol	stoffbezogenes (molares) Volumen
V_{Mn}	m³/mol	s.o., aber Normvolumen
w	J/kg	spezifische Arbeit; spezifische Raumänderungsarbeit
W	J	Arbeit; Raumänderungsarbeit
w_t	J/kg	spezifische technische Arbeit
W_t	J	technische Arbeit
x	1	Dampfgehalt im Naßdampf, kg/kg
y	J/kg	spezifische Energie, spezifische Arbeit
z	—	Stufenzahl bei mehrstufiger Maschine
α, α_l	K⁻¹	(thermischer) Längenausdehnungskoeffizient
α_v, γ	K⁻¹	(thermischer) Volumenausdehnungskoeffizient
γ	1	$= c_p/c_v$; Verhältnis der spezifischen Wärmekapazitäten
γ_{Qs}	K⁻¹	Raumausdehnungskoeffizient von Quecksilber
ε	1	Dehnung, Verdichtungsverhältnis, Leistungszahl (Kälteprozeß)
η	1	Wirkungsgrad, Nutzen/Aufwand
$\varkappa$	1	Isentropenexponent $= c_p/c_v$
λ	—	Liefergrad (Verdichter)
π	1	Verdichtungsverhältnis (p_2/p_1); Gasturbine
ϱ	kg/m³	Dichte, volumenbezogene Masse $\varrho = m/V; \varrho = M/22{,}4$ bei 0 °C/1,013 ... bar
σ	N/mm²	Spannung
φ	1	Volldruck- oder Einspritzverhältnis (Dieselprozeß)
ξ	1	Drucksteigerungsbeiwert (Seiligerprozeß)
ψ	1	Einspritzverhältnis (Seiligerprozeß)

9

Zum Studiengang

Die «Technische Wärmelehre» kann als «schwierig» empfunden werden, wenn sie vom Leser her zu sehr aus mathematischem, vom Dozenten her zur sehr aus abstrakt physikalischem Blickwinkel gesehen wird.

Man sollte sich also «erlauben», den Entwicklungen und Ableitungen, die notwendig aus dem Bereich der höheren Mathematik gewonnen werden, einfach zu folgen. Das Rechnen mit den Ergebnisgleichungen ist, wie die vielen Beispiele zeigen, im wesentlichen einfach.

Die «Grundlagen» des ersten Hauptabschnittes sind wichtig. Vom reinen Physikunterricht her können mitunter etwas verschwommene Vorstellungen bei den Begriffen «Volumen, Druck, Temperatur» bestehen; Beispiele geben die für technische Anwendungen nötige Klarheit. Wichtig ist auch der praktische Umgang mit der «Zustandsgleichung der Gase». Schwieriger mag es bei den Begriffen «Wärme und Arbeit» werden; sie sind zwar gleichwertig, aber nicht *alle* Wärme kann *immer* in Arbeit umgesetzt werden und umgekehrt. Die Technik unterscheidet außerdem zwischen «Raumänderungs- und Technischer Gasarbeit». Dabei hilft die konzentrierte Beschäftigung mit diesen Begriffen.

Was die «Entropie» hier bedeutet, wird im zweiten Hauptabschnitt klarer. Hat man die Darstellung der fünf Zustandsänderungen im «p,v-Diagramm» erlebt, dann drängt sich die Frage auf nach einer Möglichkeit zur Beschreibung der im Arbeitsvorgang mitwirkenden «Wärme» als Diagrammfläche; es entsteht das «T,s-Diagramm».

Das «T,s-Diagramm» und bei Wasserdampf zusätzlich das «h,s-Diagramm» haben große Bedeutung für das Beurteilen aller Maschinenprozesse. Es ist wichtig, hiermit umgehen zu können. Zwei ausführliche Beispiele (auf S. 81 und S. 140) zeigen deshalb das jeweilige Entstehen und die praktische Anwendung dieser Diagramme (im Zweifarbendruck).

Hat man den Überblick bis jetzt behalten, dann ist es nicht schwer, die für den Ingenieur immer interessanten Maschinenprozesse aller Art in Aufbau, Wirkungsweise, Wirkungsgrad und Verbesserungsmöglichkeiten kennenzulernen und zu verstehen.

Einige weiterführende Begriffe, wie Arbeitswert thermischer Energie, Umkehrbarkeit bestimmter Vorgänge, Einflüsse durch Drosselung strömender Medien, Exergie als Wertmesser, sind kurz mitbehandelt.

1 Physikalisch-wärmetechnische Grundlagen

Zunächst werden einige wichtige, aus der Physik schon bekannte Grundlagen und Begriffe bespro-chen, wobei die Frage ihrer Anwendung auf tech-nische Probleme im Vordergrund steht.

1.1 Wärmedehnung fester, flüssiger, gasförmiger Stoffe

Mit steigender Temperatur nimmt die Längen- und Volumenvergrößerung der Stoffe zu.
Ausnahme:
Wasser; es hat bei +4 °C sein kleinstes Volumen. Sowohl bei Abkühlung als auch bei Erwärmung von 4 °C aus nimmt sein Volumen zu.
Bei den *Gasen* muß außerdem bezüglich ihrer Wärmeausdehnung gesagt werden, daß ihr Volu-men mit der Erwärmung nur dann zunimmt, wenn sie sich gleichzeitig frei ausdehnen können; bei einer Erwärmung in geschlossenem Raum steigt mit der Temperatur auch der Druck des Gases.

1.1.1 Wärmedehnung fester Stoffe

Eine Längenänderung $\Delta l = l_2 - l_1$ hängt verhält-nisgleich von der Temperaturänderung ab.
Sie ist für die Stoffe verschieden, was durch den Längenausdehnungsbeiwert α erfaßt wird; dieser ist temperaturabhängig, weswegen ggf. ein Mit-telwert α_m eingesetzt werden muß aus

$$\alpha_m\big|_{t_1}^{t_2} = \frac{\alpha_m\big|_{t_0}^{t_2}\cdot t_2 - \alpha_m\big|_{t_0}^{t_1}\cdot t_1}{t_2 - t_1}$$

t_0 = 0 °C allg. verabredete Bezugstemperatur
t_1 = Temperatur des Stoffes zu Beginn der Erwärmung
t_2 = Temperatur, auf die der Stoff erwärmt wird

Dann wird die Längenausdehnung

$$\Delta l = l_2 - l_1 = \alpha_m\big|_{t_1}^{t_2}\cdot l_1 \cdot (t_2 - t_1)$$

l_2 = Länge nach Erwärmung auf t_2
l_1 = Länge vor Erwärmung bei t_1
Einige mittlere Ausdehnungszahlen $\alpha_m\big|_{t_0}^{t}$ auf Tafel 2.
Der temperaturabhängige Verlauf von α-Werten auf Bild 1.1.

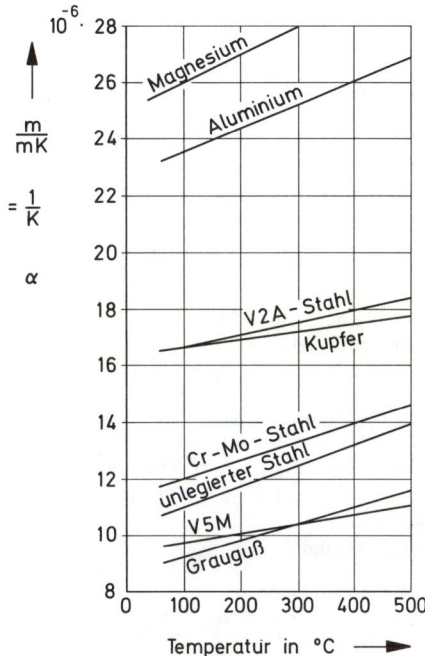

Bild 1.1 Linearer Wärmedehnungsbeiwert α, abhängig von der Temperatur

1. Beispiel

Eine Brücke aus Stahl, $l = 300$ m, unterliegt Temperaturen zwischen 35 °C und −15 °C.
Eines der Auflager muß Spiel für die Aufnahme der Längenunterschiede möglich machen. Wie groß ist die maximale Längenänderung?

Lösung

$$\Delta l = \alpha_m \big|_{t_1}^{t_2} \cdot l_1 \cdot (t_2 - t_1)$$

Für $\alpha_m \big|_{t_1}^{t_2}$ kann man bei diesen geringen Unterschieden $= 11 \cdot 10^6$ 1/K einsetzen. Somit

$$\Delta l = 11 \cdot 10^{-6} \frac{1}{K} \cdot 300 \text{ m} \cdot 50 \text{ K}$$

$$= 0{,}165 \text{ m} = 165 \text{ mm}$$

Hinweise auf Wärmedehnungsprobleme

Ergebnisse von Längenmessungen mit Meßwerkzeugen, deren α_m-Werte verschieden sind gegenüber der gemessenen Größe, bedürfen einer Korrektur.
Heiße, gegeneinander bewegte Teile von Wärmekraft- und Arbeitsmaschinen, wie Kolben und Zylinder oder Labyrinthe an Wellenstopfbuchsen, müssen ausreichendes Spiel erhalten.
Rohrleitungen benötigen Festpunkte und Einrichtungen, mit denen Wärmedehnungen ausgeglichen werden.

Wärmespannung, Schrumpfspannung

Wird einem Körper die Möglichkeit zu freier Ausdehnung genommen, dann können unter dem Einfluß von Temperaturunterschieden Wärmespannungen entstehen. Diese Spannungen sind, solange sie unterhalb der Proportionalitätsgrenze bleiben, nach dem Hooke'schen Gesetz berechenbar. Dabei ist

$$\sigma = \varepsilon \cdot E$$

ε die Dehnung $= \Delta l / l$ die der Körper erfährt, wenn er unter Zug- oder Druckbeanspruchung kommt. Sind Wärmedehnungen der Grund, dann sind die Spannungszustände die gleichen.

E der E-Modul des Stoffes.

Somit aus

$$\varepsilon = \frac{\Delta l}{l} = \frac{l \cdot \alpha_m \cdot \Delta t}{l} = \alpha_m \cdot \Delta t$$

$$\boxed{\sigma = \alpha_m \cdot (t_2 - t_1) \cdot E \qquad \text{Wärmespannung}}$$

Die Länge oder der Durchmesser eines unter Wärmedehnung kommenden Konstruktionsteiles spielt dabei also keine Rolle.

2. Beispiel

Unter welche Spannung kommt ein an beiden Enden fest eingespannter Stahlstab, der bei 20 °C spannungsfrei ist, wenn er gleichmäßig auf 90 °C erwärmt wird?

Lösung

$$\sigma = \alpha_m \cdot (t_2 - t_1) \cdot E$$

$$\alpha_m = 11 \cdot 10^{-6} \frac{1}{K} \quad (\text{s. Tafel 2})$$

$$E = 2{,}15 \cdot 10^5 \text{ N/mm}^2$$

$$\sigma = 11 \cdot 10^{-6} \frac{1}{K} \cdot 70 \text{ K} \cdot 2{,}15 \cdot 10^5 \frac{N}{mm^2}$$

$$= 166 \text{ N/mm}^2$$

Schrumpfspannung

Die Eigenschaft der Wärmedehnung wird benutzt, um Teile durch Schrumpfen fest miteinander zu verbinden.
Beispiele: Radreifen von Eisenbahnfahrzeugen; der Innendurchmesser wird kleiner gemacht als der Sitzdurchmesser. Der Reifen wird soweit erwärmt, daß er sich über das Rad schieben läßt. Nach dem Erkalten sitzt der Reifen fest.
Der Aluminiumzylinderkopf mit Innengewinde wird auf etwa 200 °C erwärmt und auf einen Stahlzylinder geschraubt, der auf −60 °C abgekühlt war.

Raumausdehnung fester Körper

Für die Raumausdehnung gilt analog

$$\boxed{\Delta V = \gamma_m \big|_{t_1}^{t_2} \cdot V_1 \cdot (t_2 - t_1)}$$

$\gamma_m =$ Raumausdehnungszahl $= 3 \cdot \alpha_m$
Weiter ist auch

$$\boxed{V_1 = V_0 \cdot (1 + 3 \cdot \alpha_m \big|_{t_0}^{t_1} \cdot t_1)}$$

wenn V_0 das Volumen bei 0 °C.

12

3. Beispiel
Ein Behälter aus Stahlblech mit 1 m Kantenlänge und 1 m^3 Inhalt bei 0 °C wird auf 40 °C erwärmt.
Wie groß ist der neue Inhalt?

Lösung

$$V_1 = V_0 \cdot (1 + 3 \cdot \alpha_m\big|_{t_0}^{t_1} \cdot t_1)$$

$$\alpha_m\big|_{t_0}^{t_1} = 11 \cdot 10^{-6}$$

$$V_1 = 1 \cdot (1 + 33 \cdot 10^{-6} \cdot 40) = 1 \cdot \frac{1\,001\,320}{1\,000\,000}$$

$$= 1{,}001\,32 \text{ m}^3$$

Der Behälter kann 1,32 Liter mehr aufnehmen.

Hinweis: Siehe das nächste (4.) Beispiel über die Raumausdehnung von Wasser.

1.1.2 Wärmeausdehnung bei Flüssigkeiten

Flüssigkeiten behalten auch unter zunehmendem Druck ihr Volumen und lassen sich praktisch nicht zusammendrücken. Wasser nimmt unter 220 bar um 1% des Volumens ab.
Dagegen ist die Volumenzunahme bei Temperaturerhöhung wesentlich größer als bei festen Stoffen.
Für die Volumenzunahme gilt wie oben

$$V_1 = V_0 \cdot (1 + \gamma_m\big|_{t_0}^{t_1} \cdot t_1)$$

$\gamma_m\big|_{t_0}^{t_1}$ Raumausdehnungszahl

$\gamma_m\big|_{t_0}^{t_1}$ bei 0 °C bis 100 °C

für Wasser   = $180 \cdot 10^{-6}$
für Quecksilber = $183 \cdot 10^{-6}$
für Benzol   = $1160 \cdot 10^{-6}$

4. Beispiel
1 m^3 Wasser von 0 °C wird auf 40 °C erwärmt.
Wie groß ist das neue Volumen?

Lösung

$$V_1 = 1{,}0 \cdot \left(1 + \frac{180 \cdot 40}{10^6}\right) = 1{,}0 \cdot \left(1 + \frac{7200}{10^6}\right)$$

$$= 1{,}0072 \text{ m}^3$$

Die Volumenzunahme beträgt 7,2 Liter.
Vergleich mit dem 3. Beispiel: die Volumenzunahme beim Stahlbehälter betrug bei gleicher Aufwärmung 1,32 Liter. Man kann also das Wasser im vollgefüllten Behälter nicht erwärmen, ohne daß der Behälter unter Innendruck kommt. Der Druck breitet sich nach allen Richtungen hin aus und verursacht schließlich einen Bruch an der schwächsten Stelle.
Bei Warmwasserheizungen müssen Sicherheitsüberläufe vorgesehen werden. Benzinfässer oder Kesselwagen dürfen nicht ganz voll gefüllt werden.

1.1.3 Wärmeausdehnung der Gase

Alle (idealen) Gase dehnen sich, wenn man ihnen Raum gibt, so daß sich der Druck, unter dem sie stehen, nicht ändern kann, je Grad Erwärmung ab 0 °C um 1/273,16 ihres Volumens aus.
Raumausdehnungszahl der Gase

$$\alpha_V = \frac{1 \text{ m}^3}{273{,}16 \text{ m}^3\,\text{K}}$$

Somit die Volumenzunahme ausgehend von V_0 bei 0 °C

$$V_1 = V_0 \cdot (1 + \alpha_V \cdot t_1) = V_0 \cdot \left(1 + \frac{t_1}{273 \text{ K}}\right)$$

$$= V_0 \cdot \frac{273 \text{ K} + t_1}{273 \text{ K}}$$

$$V_1 = V_0 \cdot \frac{T_1}{T_0} \quad \text{wobei} \quad 273 \text{ K} + t_1 = T_1$$

Bei Erwärmung von T_0 auf T_2 ist entsprechend

$$V_2 = V_0 \cdot \frac{T_2}{T_0}$$

und weiter:

$$\frac{V_2}{V_1} = \frac{T_2}{T_1} \qquad \text{bei konstantem Gasdruck}$$

Dieses Gas-Gesetz ist nach dem Entdecker *Gay-Lussac* (1778 bis 1850) benannt.

13

5. Beispiel

Ein Gasometer enthält 210 000 m³ Stadtgas, gemessen bei 2 °C Temperatur. Das Gas liegt unter dem Druck, den die abschließende, auf dem Gas schwimmende Scheibe verursacht; der Gasdruck kann sich bei Volumenänderungen nicht ändern, denn die Scheibe macht alle Bewegungen mit. Wieviel m³ enthält der Gasometer bei einer Temperatur von 28 °C?

Lösung

$$\frac{V_2}{V_1} = \frac{T_2}{T_1} \text{ hier} = \frac{273 + 28}{273 + 2} = 1{,}094$$

$$V_2 = 1{,}094 \cdot 210\,000 = 229\,854 \text{ m}^3$$

Das Ergebnis wäre vollkommen falsch, wenn man mit den Celsius-Temperaturen, also mit $28/2 = 14$ umrechnen würde.

Gasdruck

Wenn das Gas erwärmt wird und der Raum, in dem es sich befindet, geschlossen bleibt, dann steigt der Gasdruck.

Die Druckerhöhung läßt sich mit den später behandelten Gasgesetzen berechnen.

1.2   Zustandsgrößen der Gase

Drei Größen bestimmen den physikalisch meßbaren „Zustand", in dem ein Gas sich befindet:

Volumen, der Raum, den die betrachtete Gasmasse einnimmt,

Druck, unter dem das Gas dabei steht,

Temperatur, die im Gas herrscht.

Ändert man eine dieser Größen, dann ändern sich die beiden anderen auch: der „Zustand" des Gases ändert sich.

Zunächst werden hier diese Größen definiert:

1.2.1   Volumen V, spez. Volumen v, Dichte ϱ

Volumen V gemessen in m³.
Der Raum, der dem Gas zur Verfügung steht, wird von ihm vollständig ausgefüllt.

Spez. Volumen v gemessen in m³/kg
Das spez. Volumen v ist eine häufig vorkommende Zustandsgröße. Es gibt die Größe des Raumes an, die 1 kg eines Gases einnimmt.

Dichte ϱ gemessen in kg/m³
Die Dichte gibt an, welche Gasmasse in kg sich in einem gegebenen Raum befindet.

Da Gase zusammendrückbar sind, da sie außerdem den gesamten zur Verfügung stehenden Raum ausfüllen, ändert sich bei entsprechender Einwirkung das spez. Volumen und die Dichte.

6. Beispiel
In einem mit verschiebbarem Kolben versehenen Zylinder von $V = 1$ m³ Inhalt befinden sich 2 kg Luft bei einer Raumtemperatur von 20 °C (Bild 1.2).

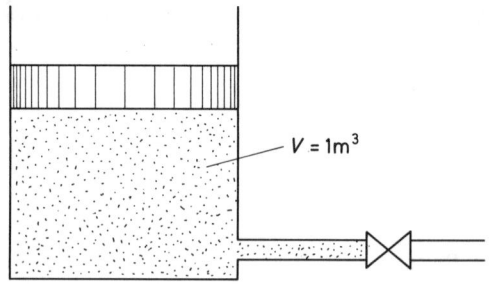

Bild 1.2   Beispiel zu Volumen, spez. Volumen, Dichte

a) Wie groß ist V in m³, v in m³/kg, ϱ in kg/m³?

14

Lösung
Raum $V = 1$ m³ (gegeben)

spez. Volumen $v = 1$ m³/2 kg $= 0,5$ m³/kg

Dichte $\varrho = 2$ kg/1 m³ $= 2,0$ kg/m³

allgemeine Anmerkung: Der Druck, unter dem diese Luft steht, beträgt 1,7 bar bei Raumtemperatur 20 °C (wie später gezeigt werden wird).

b) Der Raum bleibt 1 m³. Die Luft wird durch Einwirken von außen oder innen auf 100 °C erwärmt.

Wie groß werden V in m³, v in m³/kg, ϱ in kg/m³?
Was wird vermutlich mit dem „Zustand" der Luft geschehen?

Lösung
Der Raum $V = 1$ m³ bleibt und ist gegeben.

Spez. Volumen $v = 0,5$ m³/kg bleibt, weder Raum noch Masse ändern sich.

Dichte $\varrho = 2,0$ kg/m³ bleibt aus dem gleichen Grund.
Der Gesamtzustand der Luft muß sich jedoch gegenüber a) geändert haben, weil die Temperatur höher ist. Und zwar wird sich der Druck erhöhen (auf $\approx 2,2$ bar). Praktischer Fall: Autoreifen mit Druckerhöhung durch Erwärmen nach längerer Fahrt.

c) Aus dem Raum (der, wie wir „sehen", unter Überdruck steht) werden durch kurzzeitiges Öffnen eines Ventiles 0,6 kg Luft abgelassen; die Luft hat 20 °C.

Wie groß werden V in m³, v in m³/kg, ϱ in kg/m³?

Was wird sich am „Zustand" der Luft vermutlich ändern?

Lösung
Der Raum $V = 1$ m³ bleibt gleich; die verbliebene Luft nimmt wieder den Gesamtraum ein.

Spez. Volumen $v = 1$ m³/1,4 kg $= 0,712$ m³/kg wird größer als bei a) und b)

Dichte $\varrho = 1,4$ kg/l m³ $= 1,4$ kg/m³ wird kleiner.

Der Druck im Gas wird fallen (auf $\approx 1,2$ bar). Praktischer Fall: Autoreifen nach Luftverlust.

d) Das Ventil bleibt geschlossen. Der Zustand a) mit 2 kg Luft und $V = 1$ m³ Rauminhalt wird wiederhergestellt. Die Luft habe wieder Raumtemperatur von 20 °C.

Jetzt wird der Kolben in den Zylinder gedrückt, so daß der Luft nur noch 0,7 m³ Raum zur Verfügung stehen.

Wie groß werden V in m³, v in m³/kg, ϱ in kg/m³?
Was wird sich am „Zustand" der Luft vermutlich geändert haben?

Lösung
Der Raum $V = 0,7$ m³ gegeben.

Spez. Volumen $v = 0,7$ m³/2 kg $= 0,35$ m³/kg wird kleiner

Dichte $\varrho = 2$ kg/0,7 m³ $= 2,80$ kg/m³ wird größer

Der Druck im Gas wird durch das Hineindrücken des Kolbens steigen (bei Raumtemperatur 20 °C auf $\approx 2,5$ bar).

Aus den Beispielen ist zu schließen, daß sich v und ϱ mit der „Änderung des Zustandes" eines Gases ändern. Man kann weiter schließen, daß eine Änderung des Druckes oder der Temperatur oder beider gleichzeitig, den „Zustand" eines Gases ändern.
Man erkennt weiter, daß die Einwirkung von Wärme (Fall b) oder von mech. Arbeit (Fall d) den „Zustand" ändern.

Zusammenfassung der Begriffe

V = Gesamtraum; m = Gasmasse

$v = \dfrac{V}{m}$ = spez. Volumen des Gases

$\varrho = \dfrac{m}{V}$ Dichte des Gases, auch $= \dfrac{1}{v}$

15

1.2.2 Druck und Druckmessung

Da Gase sich zusammendrücken lassen, wobei sich ihr Zustand, z.B. das spez. Volumen und die Dichte ändert, ist der Druck unter dem sie stehen, ebenfalls eine „Zustandsgröße".

Setzt man ein Gas unter Druck, dann wirkt dieser auf jeden Teil der irgendwie geformten Begrenzungsfläche (Bild 1.3, Druck ist Kraft geteilt durch senkrecht dazu gerichteter Fläche).

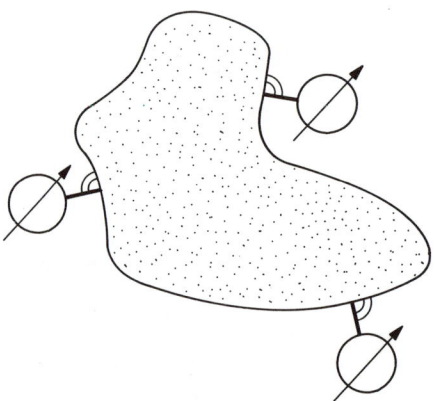

Bild 1.3   Druckwirkung bei Gasen

Bei Flüssigkeiten nimmt der Druck wegen des großen Gewichtseinflusses mit der Tiefe zu. Bei Gasen ist dies auch der Fall, jedoch sind die Höhenunterschiede, die bei Problemen der TW wirken, meist so klein, daß ihr Einfluß vernachlässigbar ist.

Bei sehr großen Höhenunterschieden gilt aber die „barometrische Höhenformel"

$$p_H = p_0 \cdot e^{-0,125 \cdot H}$$

In dieser Gleichung ist

p_H der Luftdruck in der Höhe H in km
p_0 der Luftdruck in Meereshöhe
H die Höhe in km

Für p_H und p_0 können beliebige, aber gleiche Einheiten eingesetzt werden.
Sie gilt nur, wenn $p_0 = 1,0132$ bar und $t_0 = 0\,°C$ (isotherme Atmosphäre).

Begriffe und Bezeichnungen
Die physikalische Größe Druck p ist

$$p = \frac{F_N}{A}$$

F_N = senkrecht zu A gerichtete Kraft (Normalkraft)
A = gedrückte Fläche

In der Technik werden verschiedene Druckgrößen mit bestimmten, nach DIN 1314 (Februar '77) genormten Bezeichnungen verwendet. Dazu gehören auch Differenzen zweier Drücke, die ebenfalls „Druck" genannt werden, siehe Bild 1.4.

p_{abs} = absoluter Druck (Absolutdruck) ist der Druck gegenüber dem „Druck Null" im leeren Raum
Δp = $p_1 - p_2$ = Druckdifferenz
$p_{1,2}$ = Differenzdruck, wenn dies selbst eine Meßgröße ist, z.B. bei der Durchflußmessung mit Blende
p_{amb} = Atmosphärendruck (ambiens, umgebend), z.B. mit Barometer gemessen, s. Bild 1.5
p_e = Überdruck = $p_{abs} - p_{amb}$ = atmosphärische Druckdifferenz (excedens, überschreitend)
p_e = ein positiver Wert, wenn p_{abs} größer als p_{amb}
p_e = ein negativer Wert, wenn p_{abs} kleiner als p_{amb}

Den Unterdruckbereich kennzeichnen negative Werte des Überdrucks.
Der Bereich der Drücke unterhalb des Atmosphärendruckes wird auch „Vakuumbereich" genannt.

Einheiten
Die SI-Einheit des Druckes ist das Pascal (Pa)

$$1\ Pa\ =\ 1\ N/m^2$$

Der 10. Teil des Megapascal (MPa) heißt Bar (bar)

$$1\ bar\ =\ 0,1\ MPa\ =\ 10^5\ Pa\ =\ 0,1\ N/mm^2$$
$$1\ bar\ =\ 100\ 000\ Pa\ =\ 100\ 000\ N/m^2$$

Die Druckeinheit bar entspricht etwa dem Atmosphärendruck in Meereshöhe.

16

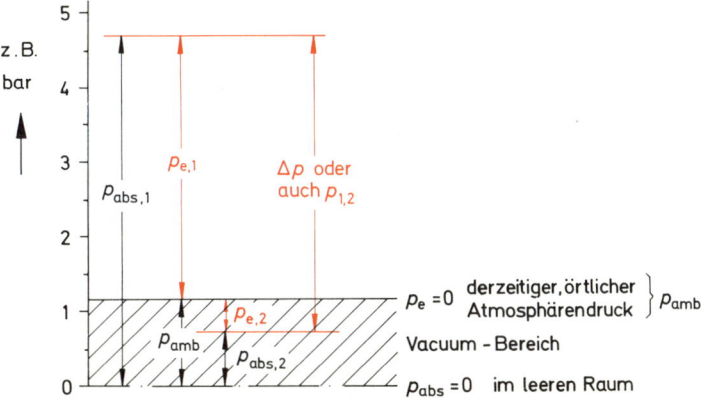

Bild 1.4   Druck: Begriffe und Bezeichnungen nach DIN 1314

Umrechnung nicht mehr anzuwendender Druck-einheiten in Pascal und Bar:

$1\ kp/cm^2$	$= 1\ at = 98\,066\ Pa = 0,98066\ bar$ (technische Atmosphäre)
$1\ atm$	$= 101\,325\ Pa = 1,01325\ bar$ (physikalische Atmosphäre)
$1\ Torr$	$= 1\ atm/760 = 133,32\ Pa = 1,3332\ mbar$ (besonderer Name)
$1\ mm\ Hg$	$= 133,32\ Pa = 1,3332\ mbar = 1,3332$ Hektopascal
$1\ m\ WS$	$= 9806,65\ Pa = 98,0665\ mbar = 98,0665$ Hektopascal

Zu diesen beiden letzten Druckeinheiten ist anzu-merken, daß sie zur Messung kleiner Drücke we-gen der erzielbaren Ablesegenauigkeit verwen-det werden. Dabei ist

$$p = \varrho \cdot g \cdot h$$

ϱ = Dichte der Meßflüssigkeit in kg/m^3
g = Fallbeschleunigung in m/s^2, z.B. 9,81 m/s^2
h = Höhe der Flüssigkeitssäule in m

7. Beispiel
Wie groß ist der Druck, den eine Wassersäule von $h = 10$ m Höhe, $\varrho = 1000\ kg/m^3$ auf ihre Unter-lage ausübt?

Lösung

$$p = \varrho \cdot g \cdot h = 1000\ \frac{kg}{m^3} \cdot 9,81\ \frac{m}{s^2} \cdot 10\ m$$

$$= 98\,100\ \frac{kgm}{s^2} \cdot \frac{1}{m^2} = 98\,100\ \frac{N}{m^2}$$

$$= 98\,100\ Pa = 0,981\ bar$$

Dabei spielt es keine Rolle, welchen Durchmesser beispielsweise ein Glasrohr hat, in dem sich das Wasser befindet. Je größer dessen Querschnitt, desto mehr Wassermasse, aber auch desto mehr gedrückte Fläche A; Druck = F/A.
Hinweis: bei genauen Messungen ist zu beachten, daß ϱ temperaturabhängig ist und daß g örtlich verschieden sein kann.

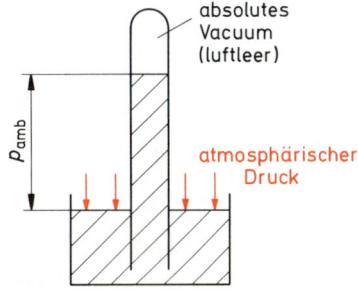

Bild 1.5   Barometer

Barometer

Um den absoluten Druck p_{abs} aus $p_{abs} = p_e + p_{amb}$ bestimmen zu können (s. Bild 1.4), muß der Umgebungsdruck (meist Atmosphärendruck) p_{amb} bekannt sein. Er wird mit dem Barometer gemessen.

Ein Barometer, Bild 1.5, besteht aus einem an einem Ende geschlossenen Glasrohr. Dieses wird zunächst mit der Meßflüssigkeit (Quecksilber) so gefüllt, daß die Luft aus dem Glasrohr verdrängt wird. Dann wird das Rohr umgekehrt in das Auffanggefäß gestellt, wobei keine Luft eindringen darf.

Die Quecksilbersäule hält das Gleichgewicht zum Umgebungsluftdruck. Bei der Anzeige ist die temperaturabhängige Wärmedehnung des Quecksilbers (und ggfs. des Glasrohres) zu berücksichtigen.

8. Beispiel

Das Baromter zeigt $p_{amb} = 745$ mm Hg bei einer Raumtemperatur von $t_t = 20\,°C$ an.

Wie groß ist der auf $0\,°C$ reduzierte absolute Luftdruck in bar?

Lösung

$$p_t = p_0 \cdot (1 + \gamma_{QS} \cdot t_t)$$

$$\gamma_{QS} = \frac{182}{10^6} \cdot \frac{1}{K} \quad \text{Raumdehnungskoeffizient}$$

umgeformt, genau genug

$$p_0 = p_t - p_t \cdot \gamma_{QS} \cdot t_t \quad \text{bei } 0\,°C$$

$$p_0 = 745 \text{ mm Hg} - \frac{745 \text{ mm Hg} \cdot 182 \cdot 20 \text{ K}}{10^6 \text{ K}}$$

$$= 745 \text{ mm Hg} - 2,7 \text{ mm Hg}$$

$$p_0 = 742,3 \text{ mm Hg}$$

Umgerechnet mit 1 mm Hg = 133,32 Pa wird

$p_{amb,0} = 742,3$ mm Hg $\cdot$ 133,32 Pa/mm Hg

$p_{amb,0} = 98\,948,5$ Pa = 0,989 bar

Die Wärmedehnung des Glasrohres kann gegenüber der des Quecksilbers vernachlässigt werden.

Druckmessung mit Flüssigkeitssäulen

Handelt es sich um die Druckmessung von Gasen und Dämpfen, dann spielt es keine Rolle, an welcher Stelle eines Behälters oder einer Rohrleitung der Druckmeßstutzen angebracht ist. Die Höhenlage der Meßstelle hat hierbei, im Unterschied zur Druckmessung von Flüssigkeiten, keinen Einfluß auf das Meßergebnis.

Auf Bild 1.6 sind Druckmeßstellen für Überdruck und für Unterdruck gezeichnet.

Als Sperrflüssigkeit (Meßflüssigkeit) werden verwendet

Wasser mit $\varrho = 1000$ kg/m³ (genau bei $+4\,°C$)

Quecksilber $\varrho = 13\,550$ kg/m³,

außerdem andere Flüssigkeiten, wenn die Größe des zu erwartenden Ausschlages h dies erfordert.

9. Beispiel

An einem Vakuummeter, ähnlich Bild 1.6 rechts, wird eine Höhe $h = 672,3$ mm Hg an der mit Quecksilber gefüllten Meßstrecke abgelesen. Der Barometerstand ist gleichzeitig $p_{amb} = 742,3$ mm Hg.

Wie groß ist der absolute Druck im Gefäß? Wieviel % vom möglichen Druck beträgt das Vakuum?

Lösung siehe Bild 1.4.

$p_e = 672,3$ mm Hg
$p_{amb} = 742,3$ mm Hg

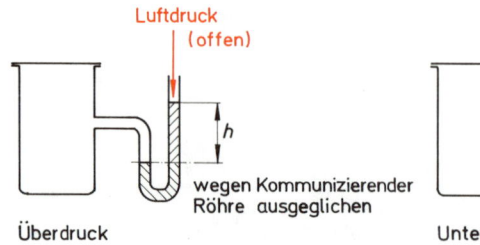

Bild 1.6 Flüssigkeits-Druckmesser

18

$$p_{abs} = p_{amb} - p_e$$
$$= 742,3 \text{ mm Hg} - 672,3 \text{ mm Hg}$$
$$= 70 \text{ mm Hg}$$
$$p_{abs} = 70 \text{ mm Hg} \cdot 133,32 \text{ Pa/mm Hg}$$
$$= 9332 \text{ Pa}$$
$$p_{abs} = 0,0933 \text{ bar}$$

In % ist das Vakuum = (672,3 mm Hg/742,3 mm Hg) · 100 = 90,5% vom möglichen Vakuum (100% Vakuum = 0 bar).

Schrägrohrdruckmesser (Bild 1.7)
Wenn kleine Überdrücke gemessen werden sollen (Abgasleitungen und ähnlich), wird der Schrägrohrdruckmesser verwendet.

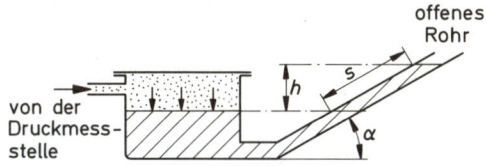

Bild 1.7   *Schrägrohr-Druckmesser*

Die Druckhöhe h ist aus der Ablesung der Länge s zu berechnen nach

$$h = s \cdot \sin \alpha$$

Der Druck selbst ist dann, unter Berücksichtigung des Umgebungsdruckes p_{amb} und der Meßflüssigkeit, entsprechend der Darstellung auf Bild 1.4 zu berechnen.
Der Durchmesser des Gefäßes links muß groß sein gegenüber dem Durchmesser der eigentlichen Meßröhre. Anderenfalls muß eine Nullpunktkorrektur für h vorgenommen werden,

wenn im Gefäß eine merkbare Spiegelabsenkung eintritt.
Die Ableseskala am Schrägrohr kann eine derartige Teilung erhalten, daß h direkt ablesbar ist.

Plattenfeder- und Röhrenfedermanometer
Der Druck wird mechanisch über elastische Platten (einfacher, billiger) oder über flachgedrückte Rohre (Bourdon-Rohr) aufgenommen und mit Hebel und Zahnstangenübersetzungen auf den Zeiger übertragen (Bild 1.8).
Bei der Ausführung gibt es verschiedene Güteklassen, je nach dem Grad der verlangten Meßgenauigkeit.
Alle diese Instrumente zeigen Überdrücke p_e im Sinn des Bildes 1.4 an. Bei Berechnungen im Bereich der Technischen Wärmelehre (TW) müssen die Absolutwerte p_{abs} eingesetzt werden, die von 0 bar an gelten, weil die Umgebungsluftdrücke p_{amb} von der Höhenlage abhängen und außerdem schwanken.
Ebenso gelten gedruckte Diagramme, die zu Berechnungen in der TW benutzt werden, immer für die p_{abs}-Werte der Gase oder Dämpfe.

10. Beispiel
Ein Röhrenfedermanometer zeigt 5,8 bar bei einem Barometerstand p_{amb} = 752 mm Hg.
Wie groß ist der absolute Druck in bar?

Lösung siehe Bild 1.4.

$$p_{abs} = p_e + p_{amb}$$
$$p_e = 5,8 \text{ bar, gemessen}$$
$$p_{amb} = 752 \text{ mm Hg} \cdot 133,3 \text{ Pa/mm Hg}$$
$$p_{amb} = 100\,242 \text{ Pa} = 1,002 \text{ bar}$$
$$p_{abs} = 6,802 \text{ bar}$$

Bild 1.8   *Plattenfeder- und Röhrenfedermanometer*

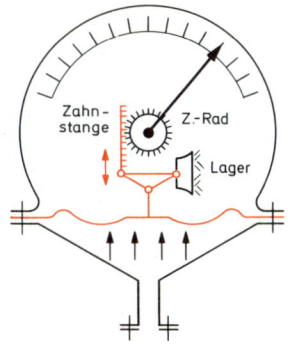
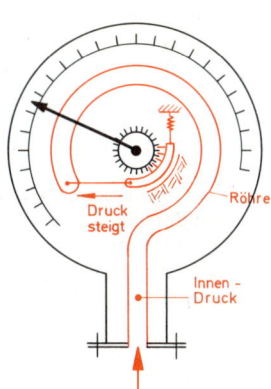

1.2.3 Temperatur, Temperaturmessung

Jede Änderung der Temperatur hat auch eine Änderung des Gaszustandes zur Folge.

Temperatur ist eine Größe, die zunächst nur als „kalt" oder „warm" unterschieden werden kann. Meßgrößen und Einheiten sind aus der Beobachtung des Verhaltens kalter und warmer Körper hergeleitet worden wie

Änderung des Volumens

Änderung des elektrischen Widerstandes

Änderung der Glühfarbe und andere

Zur Festlegung einer Temperaturskala wurde zuerst die Wärmedehnung des Quecksilbers (Hg) zwischen den Fundamentalpunkten schmelzenden Eises und siedenden reinen Wassers, beides unter Atmosphärendruck in Meereshöhe mit 760 mm Hg = 1,0132 bar, als Grundlage gewählt. So entstand die Celsiusskala mit 100 Teilstrichen zwischen diesen beiden Punkten. Sie wurde nach unten und oben erweitert, wobei sich Grenzen für den Verwendungsbereich ergeben, weil das Quecksilber bei $-38,8\,°C$ fest wird und bei $+357\,°C$ siedet und zu verdampfen beginnt; setzt man die Hg-Säule unter Stickstoff von hohem Druck, dann kann das Sieden bis etwa $700\,°C$ verhindert werden.

Andere Füllstoffe als Hg, wie Alkohol, zeigen Ungleichmäßigkeiten in der temperaturabhängigen Wärmedehnung; diese können durch Anpassen der Strichabstände auf der Skala oder durch Formgebung der Kapillare ausgeglichen werden.

Ein gleichbleibender Zusammenhang zwischen Volumen- und Temperaturänderung besteht dagegen bei allen Gasen. Unter konstant belassenem Druck dehnen sich alle „idealen" Gase je 1 °C Erwärmung um 1/273,16 des Volumens aus, das sie bei 0 °C einnehmen. Eine so hergestellte Temperaturskala bringt exakt lineare Unterteilung.

Hierzu sei kurz vorweggenommen: der Begriff „ideales Gas" bedeutet, daß das Gas in seinem Verhalten den Gesetzen von Gay Lussac und Boyle-Mariotte exakt folgt und beim Abkühlen nicht flüssig wird.

Bei niedrigem Druck kommen Wasserstoff und Helium dem idealen Gas sehr nahe.

Zur eigentlichen Messung wird ein noch zu besprechendes Gasgesetz benutzt, wonach der Zusammenhang besteht

$$\frac{p_1}{T_1} = \frac{p_2}{T_2} \quad \text{oder umgestellt} \quad \frac{p_1}{p_2} = \frac{T_1}{T_2},$$

wenn ein Gas in geschlossenem Raum ($V =$ konst) erwärmt oder abgekühlt wird. Ein Vorteil ist die einfachere Meßtechnik.

Da hierbei wärmetechnische Gasgesetze angewendet werden, wird diese Temperatur nach DIN 1345 als „thermodynamische Temperatur" bezeichnet. Als Festpunkt dieser Skala ist statt des Eispunktes des Wassers bei 0 °C der „Tripelpunkt" von reinem Wasser bei 0,01 °C gewählt worden; er bedeutet, daß bei dieser Temperatur und unter dem Druck von 6,11 mbar Eis, Wasser und Wasserdampf gleichzeitig vorkommen.

Mit Hilfe der Gasgesetze findet sich auch der Punkt, an welchem die absolute Temperatur Null herrschen muß, wie folgt.

Kühlt man ein Gas unter 0 °C weiter ab, dann wird sein Volumen immer kleiner. Der unterste Punkt einer Temperaturskala muß nach den Gasgesetzen bei $-273\,°C$ liegen. Hierbei wäre das Volumen = 0, eine Abkühlung unter diese Temperatur ist nicht möglich.

Dort beginnt die „absolute Temperatur" zu zählen. Sie wird mit T bezeichnet, die SI-Einheit ist das „Kelvin", Einheitenzeichen K (Lord Kelvin, engl. Physiker 1824 bis 1907).

Temperaturangaben der „absoluten Skala" liegen um 273 Grad höher als die der Celsiusskala:

$$T = t + 273,15$$

Bei Angabe der Celsiustemperatur t (auch ϑ) nach

$$t = T - T_0 \quad \text{mit} \quad T_0 = 273,15\ K$$

wird nach DIN 1345 der Einheitenname „Grad Celsius" (Zeichen °C) als besonderer Name für das „Kelvin" benutzt.

Zur Bezeichnung von Toleranzbereichen oder von Meßunsicherheiten wird folgende Schreibweise vorgeschlagen:

für Temperaturdifferenzen

$\Delta T = \Delta t = (20,0 \pm 0,2)\ K$

für Celsiustemperaturen

$\Delta t = (20,0 \pm 0,2)\ °C$

(Eine Darstellung auf Bild 1.9).

Für die meisten Rechnungen in der TW genügt der abgerundete Wert $T_K = 273\ K$ für den Abstand des Eispunktes zum absoluten Nullpunkt.

Kurze Anwendungsbeispiele:

a) $T = 320\ K$ entspricht

$t = 320\ K - 273\ K = 47\ °C$

20

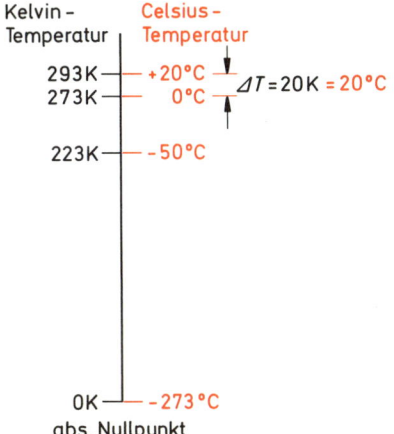

Bild 1.9 Bezeichnungen bei der Angabe von Temperaturen

b) $T = 200$ K entspricht
    $t = 200$ K $- 273$ K $= -73$ °C
c) $t = 20$ °C ist beim Rechnen mit den Gasgesetzen als $T = 293$ K einzusetzen.

Bei der Rechnung mit anderen als Celsiusgraden oder absoluten Temperaturen, wie in englischsprachigen Ländern, wird die Fahrenheit- und die Rankine-Skala benutzt. Dort liegen die Nullpunkte der Skalen willkürlich und anders als bei der Celsius-Skala. Auf Bild 1.10 sind die Werte, die sich daraus ergeben, im Vergleich zum Eis- und Siedepunkt des Wassers (unter 1,0132 bar = 760 mm Hg) eingetragen (Fahrenheit 1686 bis 1736; auf 9 Fahrenheitgrade kommen 5 Kelvingrade).

Umrechnungen erfolgen mit den Zahlenwertgleichungen

$$T_K = 273,15 + t_C = \frac{5}{9}\, T_R$$

$$T_R = 459,67 + t_F = 1,8\, T_K$$

$$t_C = \frac{5}{9}\,(t_F - 32) = T_K - 273,15$$

$$t_F = 1,8\, t_C + 32 = T_R - 459,67$$

11. Beispiel

a) Die Celsius-Temperatur $t_C = 20$ °C soll in K, °F, °R ausgedrückt werden.

Lösung a)
$T_K = 273,15 + t_G = 273,15 + 20$
   $= 293,15$ K
$T_R = 1,8\, T_K = 527,7$ °R
$t_F = 1,8\, t_C + 32 = 1,8 \cdot 20 + 32 = 68$ °F

b) Die Fahrenheit-Temperatur 110 °F soll in °C und in K ausgedrückt werden.

Lösung b)
$t_C = \frac{5}{9} \cdot (t_F - 32) = \frac{5}{9} \cdot (110 - 32)$
   $= 43,4$ °C
$T_K = 273,15 + 43,4 = 316,55$ K

Temperaturmessung
Hier sei kurz auf das Prinzip einiger möglicher, oft eingesetzter Meßgeräte hingewiesen.
Ausdehnungsthermometer
Sie werden je nach Temperaturbereich mit Alkohol, Toluol, Pentan (niedrige Temperaturen),

Bild 1.10 Celsius-, Kelvin-, Fahrenheit-, Rankinetemperatureinheiten

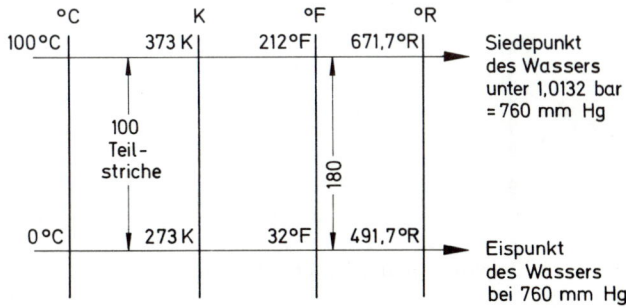

21

Quecksilber, Galliumlegierung gefüllt. Bei Temperaturmessung über 300 °C muß die Kapillare eine CO_2- oder N_2-Füllung von 20 bar bis 60 bar Druck erhalten, um Dampfbildung in der Meßflüssigkeit zu verhindern. Eine Fernanzeige ist durch Verlängern der Kapillarleitung bis etwa 50 m möglich.

Für genaue Temperaturbestimmung muß die gemessene Temperatur um die Fadenkorrektur erhöht werden. Dabei ist die wahre Temperatur

$$t = t_a + k \cdot n \cdot (t_a - t_F)$$

t_a = abgelesene Temperatur

t_F = Mitteltemperatur des herausragenden Fadens in °C

n = Länge des herausragenden Fadens in Grad

k = scheinbarer Ausdehnungskoeffizient der Thermometerflüssigkeit in 1/K:
Pentangemisch, Alkohol, Toluol
$\qquad\qquad 1 \cdot 10^{-3}$ 1/K
Quecksilber, Hg-Tallium $0,16 \cdot 10^{-3}$ 1/K
Galliumlegierung $\qquad 0,10 \cdot 10^{-3}$ 1/K

12. Beispiel

Mittels Quecksilberthermometer werden in einer Heißdampfleitung t_a = 520 °C gemessen (Bild 1.11). Der Hg-Faden ragt ab 350 °C aus der wärmeisolierten Tauchhülse heraus. Die nächste Umgebung des Thermometers hat eine Temperatur von t_F = 43 °C.

Wie groß ist die wahre Heißdampftemperatur t in °C?

Lösung

t = $t_a + k \cdot n \cdot (t_a - t_F)$
t = 520 °C + 0,16 · 10^{-3} · (520 − 350) · (520 − 43) °C
t = 520 °C + 13 °C = 533 °C

Je weiter das Thermometer aus der Tauchhülse herausragt, um so stärker kühlt der Faden ab, um so niedriger wird die Anzeige, um so höher die wahre Temperatur.

Widerstands-Thermometer

Für Fernübertragung brauchbar. Der elektrische Widerstand einer Wicklung ändert sich mit der Temperatur. Bei niedriger Temperatur fließt mehr Strom, den ein Instrument anzeigt. Anwendungsbereich −220 °C bis +850 °C.

Thermoelemente

Sie bestehen aus zwei Drähten verschiedener Metalle, die an einem Ende verlötet sind. Die anderen Enden gehen zu einem Voltmeter. Je nach Metallkombination liegt der Meßbereich bei −200 °C bis +1500 °C.

Strahlungspyrometer

Die Leuchtkraft eines glühenden Körpers wird zur Temperaturbestimmung benutzt. Anwendung in manchen verschiedenen Ausführungen von +650 °C bis +3500 °C.

Schmelzpunkt-Pyrometer, Segerkegel +600 °C bis +2000 °C.

Temperaturmeßfarben (Farbumschlag) +40 °C bis +1350 °C.

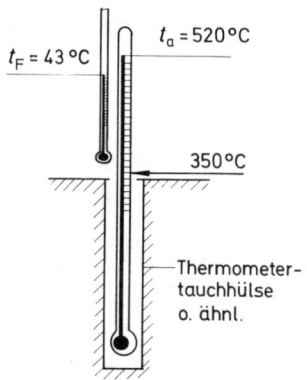

Bild 1.11   Berechnung der Fadenkorrektur; Beispiel

22

1.3 Spezifische Wärmekapazität; Anwendungen

Die spezifische Wärmekapazität eines Stoffes gibt unter anderem Einblick in seine Fähigkeit, Wärme zu speichern.

Allgemein ist die spezifische Wärmekapazität c die Wärmemenge, die benötigt wird, um die Temperatur einer abgemessenen Menge eines Stoffes um 1 K zu erhöhen.

Sie wird bezogen auf beispielsweise

m = 1 kg und heißt dann c in kJ/kg K
    (auch c_p, c_v)

n = 1 kmol, wobei C_m in kJ/kmol K
    (C_{mp}, C_{mv})

V = 1 m³, wobei C in kJ/m³ K (C_p, C_v)

Dabei Indizes p und v für gasförmige Stoffe, bei deren Erwärmung unter p = konst bzw. v = konst.

Demnach werden zur Temperaturerhöhung von t_1 auf t_2 benötigt

$Q = m \cdot c \cdot (t_2 - t_1)$ kJ

für m kg eines Stoffes

$q = c \cdot (t_2 - t_1)$ kJ/kg

für 1 kg eines Stoffes

Durch Umstellen dieser Gleichung läßt sich die Temperatur t_2 errechnen aus

$$t_2 = \frac{Q}{m \cdot c} + t_1,$$

wenn die zugeführte Wärme, beispielsweise Reibungswärme bei einem Bremsvorgang, bekannt ist.

1.3.1 Wahre und mittlere spez. Wärmekapazität

Die spezifischen Wärmekapazitäten der verschiedenen Stoffe sind verschieden und nicht konstant. Sie sind mehr oder weniger temperaturabhängig und nehmen im allg. mit zunehmender Temperatur zu.

Man unterscheidet daher .

c = wahre spez. Wärmekapazität, die aufzuwenden ist, um den Stoff, der eine beliebige Temperatur hat, um 1 K, also eine sehr kleine Temperaturdifferenz, aufzuwärmen (abzukühlen)

c_m = mittlere spez. Wärmekapazität, die eingesetzt wird, wenn man den Stoff um einen größeren Temperaturbetrag erwärmen will.

Die beiden Begriffe sind auf Bild 1.12 erläutert. Die c- und c_m-Werte der Stoffe sind bekannt. Sie können Tafeln, auf die noch hingewiesen wird, entnommen werden.

Aus Tafelwerten kennt man die c_m-Werte zwischen t_2 und t_0, wobei für t_0 meist 0 °C gewählt ist.

Dann wird in beliebigem Bereich

$$c_m \Big|_{t_1}^{t_2} = \frac{c_m \big|_{t_0}^{t_2} \cdot t_2 - c_m \big|_{t_0}^{t_1} \cdot t_1}{t_2 - t_1}$$

Mittlere spez. Wärmekapazität bei Erwärmung von t_1 auf t_2

Diese allgemeine Gleichung gilt für die Berechnung aller Arten von spez. Wärmekapazitäten für feste, flüssige, gasförmige Stoffe, über die noch gesprochen wird.

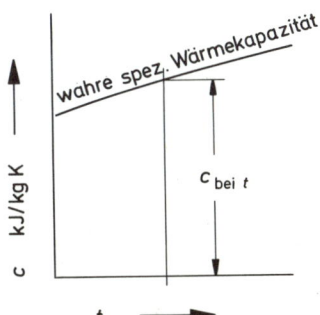

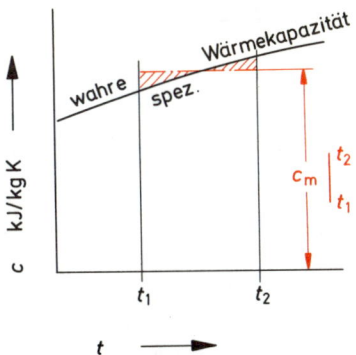

Bild 1.12   Erklärung der Begriffe c und c_m

13. Beispiel

Wie groß ist c_{pm} für auf 350 °C vorgewärmte Verbrennungsluft, die in einer Dampfkesselfeuerung bei konstantem Druck (daher c_{pm}) auf 1700 °C gebracht wird?
Welche Wärmemenge braucht man, um 1000 kg/h Luft zu erwärmen?

Lösung

Aus Tafel 10 (Anhang) entnommen:

$$c_{pm}\Big|_{t_0}^{t_2} = 1{,}144 \ \frac{kJ}{kg\ K},$$

interpoliert zwischen 1800 °C und 1600 °C

$$c_{pm}\Big|_{t_0}^{t_1} = 1{,}025 \ \frac{kJ}{kg\ K},$$

zwischen 400 °C und 300 °C

$$c_{pm}\Big|_{t_1}^{t_2}$$

$$= \frac{1{,}144 \ \dfrac{kJ}{kg\ K} \cdot 1700\ °C - 1{,}025 \ \dfrac{kJ}{kg\ K} \cdot 350\ °C}{1700\ °C - 350\ °C}$$

$$c_{pm}\Big|_{t_1}^{t_2} = 1{,}167 \ \frac{kJ}{kg\ K}$$

Um 1000 kg/h Luft zu erwärmen, braucht man

$$\dot{Q} = \dot{m} \cdot c_{pm} \cdot (t_2 - t_1)$$

$$\dot{Q} = 1000 \ \frac{kg}{h} \cdot 1{,}167 \ \frac{kJ}{kg\ K}$$

$$\qquad \cdot (1700\ °C - 350\ °C)$$

$$\dot{Q} = 1000 \ \frac{kg}{h} \cdot 1{,}167 \ \frac{kJ}{kg\ K} \cdot 1350\ K$$

$$\dot{Q} = 1\,580\,000 \ \frac{kJ}{h} = 1580 \ \frac{MJ}{h}$$

1.3.2 Spezifische Wärmekapazitäten von festen und flüssigen (gasförmigen) Stoffen

Feste Stoffe

Die spezifische Wärmekapazität von festen Körpern und metallischen Werkstoffen nimmt mit der Temperatur zu. Dabei kommen in manchen Temperaturbereichen sprunghafte Änderungen der c-Werte vor, was durch innere Umwandlungen verursacht wird.
Für Berechnungen ist es daher notwendig, den genauen Verlauf der c- und c_m-Werte aus Werkstoffbüchern zu entnehmen, zumal auch die Legierungsbestandteile eine Rolle spielen.
Die Zahlen auf Tafel 3 geben informatorische Anhaltswerte (Anhang).

Flüssigkeiten

Auch bei den Flüssigkeiten nehmen die spez. Wärmekapazitäten mit der Temperatur zu. Zur allgemeinen Orientierung hier nur einige Werte auf Tafel 4 (Anhang).
Die c-Werte sind höher als bei den Metallen. Sie sind auch vom Druck abhängig, unter dem die Flüssigkeit steht. Dies ist u.a. für Wasser von Interesse, weil es im Dampfkessel unter hohem Druck und dadurch bei höheren Temperaturen als 100 °C flüssig gehalten wird; die Werte sind in Dampftafeln, Tafel 12a zu finden (Anhang).

Gase

Über die spezifische Wärmekapazität der Gase ist noch Ausführliches in späteren Abschnitten zu sagen.
Es ist zu unterscheiden, ob die Erwärmung oder Abkühlung so stattfindet,
daß sich das Gas frei ausdehnen kann, bei konstantem Druck also, c_p oder c_{pm},
oder ob es sich im geschlossenen Raum befindet, so daß sich außer der Temperatur auch der Druck ändert, c_v oder c_{vm}.
Es sei hier nur kurz erwähnt, daß auch bei Gasen die c-Werte mit der Temperatur zunehmen, s. Tafel 10 (Anhang).
Mehr im Abschnitt 1.5.3.

1.3.3 Anwendung: Mischungstemperatur

Warme und kalte Stoffe sollen gemischt werden, ohne daß dabei Wärme an das aufnehmende Gefäß oder an die Umgebung verlorengeht. Nach

24

erfolgtem Wärmeaustausch stellt sich eine Mischungstemperatur ein.

Als Beispiele seien aufgeführt: das Mischen von heißem und kaltem Wasser oder das Abkühlen von heißem Stahl durch Eintauchen in ein Ölbad beim Härten.

Die Mischungstemperatur erhält man aus dem Wärmeaustausch, wobei der wärmere Stoff Wärme abgibt, die der kältere aufnimmt. Entscheidend sind hierbei nicht nur die Temperaturen, sondern auch die Stoffmengen und die spez. Wärmekapazitäten der Stoffe.

Mischungstemperatur berechnen aus:

a) Summe der thermischen Energie vorher = gesamte thermische Energie nachher

$$m_1 \cdot c_1 \cdot t_1 + m_2 \cdot c_2 \cdot t_x = (m_1 \cdot c_1 + m_2 \cdot c_2) \cdot t_m$$

t_x = unbekannte Temperatur des 2. Stoffes
t_m = Temperatur nach Mischung

daraus

$$t_x = \frac{(m_1 \cdot c_1 + m_2 \cdot c_2) \cdot t_m - m_1 \cdot c_1 \cdot t_1}{m_2 \cdot c_2}$$

$$\boxed{t_x = \frac{m_1 \cdot c_1 \cdot (t_m - t_1)}{m_2 \cdot c_2} + t_m}$$

14. Beispiel
In ein Bad von m_1 = 30 kg Öl, c_1 = 1,7 kJ/kg K, t_1 = 20 °C wird ein Stück Stahl, m_2 = 6,2 kg, c_2 = 0,5 kJ/kg K gelegt. Die Temperatur des Ölbades steigt dadurch auf t_m = 55 °C.
Welche Temperatur hatte das Stahlstück vorher? Ist dementsprechend eine Korrektur des c_2-Wertes erforderlich?

Lösung

$$t_x = \frac{m_1 \cdot c_1 \cdot (t_m - t_1)}{m_2 \cdot c_2} + t_m$$

$$t_x = \frac{30\,\text{kg} \cdot 1,7\,\text{kJ/kg K} \cdot (55\,°C - 20\,°C)}{6,2\,\text{kg} \cdot 0,5\,\text{kJ/kg K}} + 55\,°C$$

$$t_x = 578 + 55 = 633\,°C$$

Die spez. Wärmekapazität von Stahl war mit 0,5 kJ/kg K eingesetzt. Nach Tafel 3 kommt für c_m von 0 °C bis 500 °C der Wert 0,55 in Betracht. Da die Temperatur fast 650 °C betragen hat, sollte

ein neuer Wert durch Extrapolieren (z.B. zeichnerisch) gesucht werden. Es sei c_2 = 0,58 eingesetzt.

Dies ergibt

t_x = 500 + 55 = 555 °C, also erheblich weniger

Eine Neuschätzung für t_x = 570 °C würde bedeuten, daß c_2 = 0,55 richtig wäre. Tatsächlich ergibt sich damit

$$t_x = 585\,°C$$

Diese Annäherung wäre hier genau genug.

b) Mischungstemperatur t_m aus Wärmeaufnahme = Wärmeabgabe

$$m_1 \cdot c_1 \cdot (t_m - t_1) = m_2 \cdot c_2 \cdot (t_2 - t_m)$$

15. Beispiel
m_1 = 5 kg Wasser von t_1 = 17 °C sollen durch Mischen mit m_2 kg Wasser von t_2 = 80 °C auf t_m = 35 °C erwärmt werden.
Wieviel Wasser von 80 °C ist erforderlich?

Lösung
aufgenommene Energie

$$m_1 \cdot c_1 \cdot (t_m - t_1) \quad \text{mit} \quad t_m = 35\,°C$$

abgegebene Energie

$$m_2 \cdot c_2 \cdot (t_2 - t_m) \quad \text{mit} \quad t_m = 35\,°C$$

Gesucht: Wassermenge m_2

$$m_2 = \frac{m_1 \cdot c_1 \cdot (t_m - t_1)}{c_2 \cdot (t_2 - t_m)}$$

bekannt $c_1 = c_2$ = 4,2 kJ/kg K (Tafel 4)

$$m_2 = \frac{5\,\text{kg} \cdot 4,2\,\text{kJ/kg K} \cdot (35\,°C - 17\,°C)}{4,2\,\text{kJ/kg K} \cdot (80\,°C - 35\,°C)}$$

$$= \frac{5 \cdot 18}{45} = 2\,\text{kg}$$

Es werden 2 kg Warmwasser von 80 °C gebraucht, und man erhält $m_1 + m_2$ = 5 + 2 = 7 kg Warmwasser von 35 °C.

16. Beispiel
Durch Mischen von Wasser von t_1 = 15 °C mit Wasser von t_2 = 75 °C sollen 10 kg Wasser von t_m = 50 °C bereitet werden.
Wieviel Wasser von 15 °C und von 75 °C ist erforderlich?

Lösung

Da die spez. Wärmekapazitäten gleich sind und sich herauskürzen, kann man ansetzen:

Wärmeabgabe = Wärmeaufnahme

$$m_2 \cdot (t_2 - t_m) = m_1 \cdot (t_m - t_1)$$

Dabei ist $m_1 + m_2 = 10$ kg

$$m_2 = (10 \text{ kg} - m_1 \text{ kg})$$

$$m_1 \cdot t_1 + m_2 \cdot t_2 = (m_1 + m_2) \cdot t_m$$

$$m_1 \cdot t_1 + (10 - m_1) \cdot t_2 = 10 \cdot 50$$

$$m_1 = 250/60 = 4,17 \text{ kg Wasser von } 15°C$$

somit $m_2 = (10 - 4,17)$

$$= 5,83 \text{ kg Wasser von } 75°C$$

ergeben 10 kg Wasser von 50°C.

1.3.4 Schmelzen und Verdampfen

Schmelzen und Verdampfen sind besondere Vorgänge. Sowohl beim Schmelzen als auch während des Verdampfens bleibt die jeweilige Temperatur konstant, bis alle festen Teile flüssig bzw. alle flüssigen Teile verdampft sind.
Eine allgemein gültige Darstellung auf Bild 1.13.
Da während beider Vorgänge t = konst bleibt, können die hier erforderlichen Wärmemengen $Q = m \cdot c \cdot \Delta t$ wegen $\Delta t = 0$ nicht über die spez. Wärmekapazitäten berechnet werden.
Schmelz- und Verdampfungswärme bezeichnet man deswegen auch als „latente" (verborgene) Wärmemengen.
Die Schmelz- und Verdampfungswärmen, ebenso die zugehörigen Temperaturen der verschiedenen Stoffe sind verschieden (Tafel 5).

Sollen die Stoffe in den festen bzw. flüssigen Zustand zurückgeführt werden, dann muß die Verdampfungs- bzw. Flüssigkeitswärme durch Wärmeabfuhr entzogen werden.

17. Beispiel

1 kg Eis von −15 °C soll unter einem Druck von 1 bar vollständig verdampft werden.

$c_{Eis} = 2,1$ kJ/kg K

Schmelzwärme = 334 kJ/kg

$c_{Wasser} = 4,2$ kJ/kg K

Verdampfungswärme = 2256 kJ/kg

Lösung

Eis von −15 °C auf 0 °C erwärmen

$$Q_{Eis} = m \cdot c_{Eis} \cdot (t_2 - t_1)$$

$$Q_{Eis} = 1 \text{ kg} \cdot 2,1 \text{ kJ/kg K} \cdot [0 - (-15)]$$

$$= 31,5 \text{ kJ}$$

$$Q_{Schmelzen} = 1 \text{ kg} \cdot 334 \text{ kJ/kg} = 334 \text{ kJ}$$

$$Q_{Wasser} = 1 \text{ kg} \cdot 4,2 \text{ kJ/kg K} \cdot (100 - 0) \text{ K}$$

$$= 420 \text{ kJ}$$

$$Q_{Verdampfung} = 1 \text{ kg} \cdot 2256 \text{ kJ/kg} = 2256 \text{ kJ}$$

Zusammen $Q = 3040,5$ kJ

Hinweis und Erweiterung dieser Aufgabe:

Bei dem Beispiel handelt es sich um Wasser. Das „siedende Wasser", hier unter dem Druck von 1 bar, siedet bei 99,63 °C. Das ist, unter diesem Druck von 1 bar, die „Verdampfungstemperatur".
Ist alles Wasser verdampft, dann beginnt bei weiterer Wärmezufuhr die „Überhitzung". Den Dampftabellen 12a und 12b im Anhang ist zu entnehmen, daß $h = 2874,9$ kJ/kg aufzuwenden sind, um aus Wasser von 0 °C überhitzten Dampf von 1 bar, 200 °C, zu erzeugen.
Grundsätzlich zeigt das Bild 1.13 den Verlauf der Temperaturen vom festen Zustand aus, über den Schmelzvorgang, bei dem t = konst bleibt, weiter bis zum Erreichen der Siedetemperatur. Von da an bleibt wieder t = konst so lange, wie sich aus der siedenden Flüssigkeit Dampf bildet. Erst wenn alle Flüssigkeit verdampft ist, steigt bei weiterer Wärmezufuhr die Temperatur dieses Dampfes. Praktisch wird hierzu der „trockene" Dampf in einen besonderen Wärmetauscher geleitet und dort „überhitzt".

Druckabhängigkeiten

Die zum Schmelzen von Flüssigkeiten notwendigen Wärmemengen sind nur wenig vom Druck abhängig, unter dem die Flüssigkeit steht.
Dagegen sind die Siedetemperaturen und die Verdampfungswärmen der Flüssigkeiten sehr stark vom Druck abhängig, unter dem diese Vorgänge ablaufen (Tafel 12a im Anhang). Diese Tatsache hat besondere Bedeutung in der Wasserdampftechnik, in der Kältetechnik und bei verfahrenstechnischen Prozessen.

26

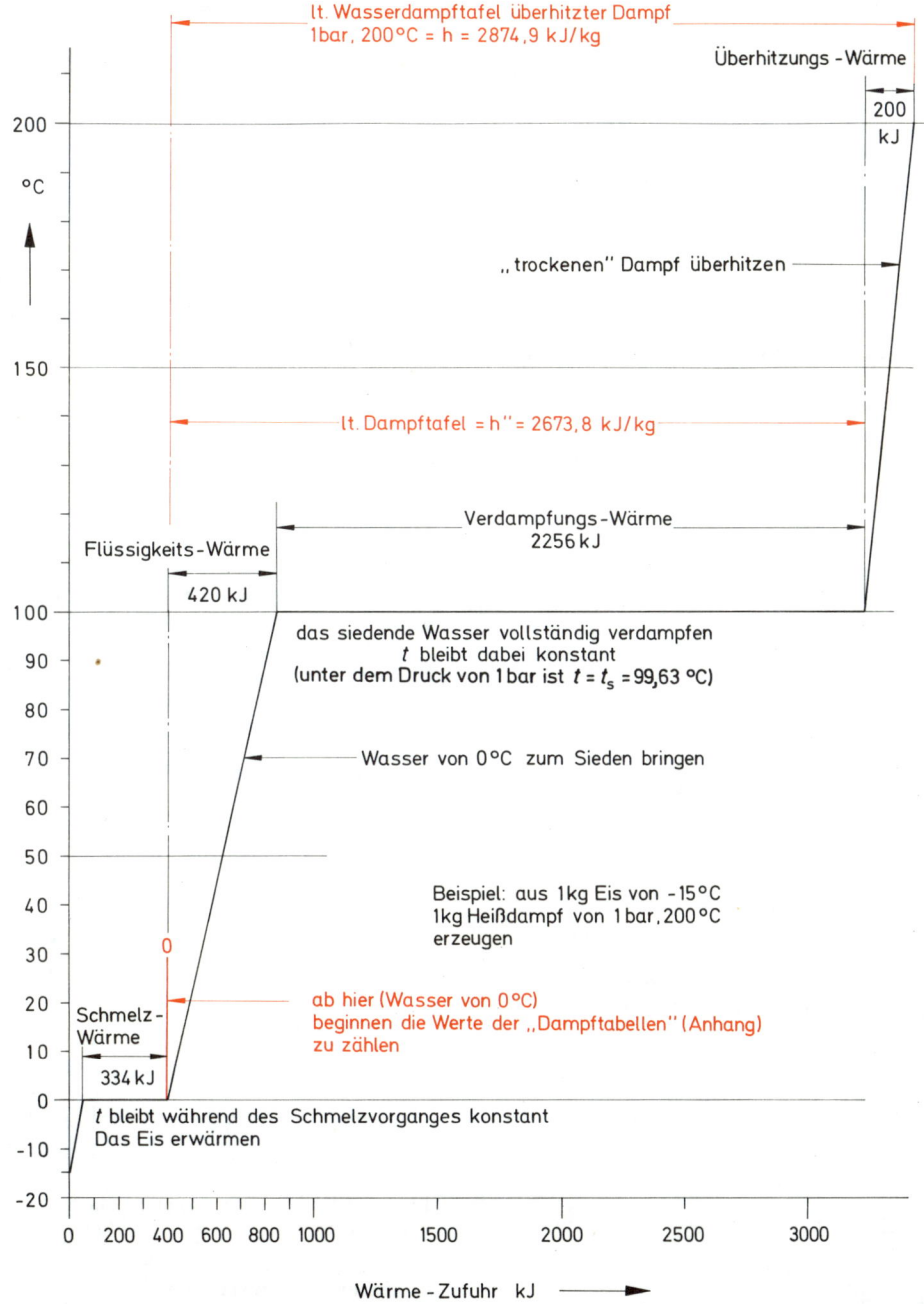

Bild 1.13 Temperaturverlauf beim Schmelz- und Verdampfungsvorgang und weiter bis zur Überhitzung; Beispiel Wasser und Wasserdampf

1.4 Gasgesetze; Zustandsgleichung der Gase

Als Gase bezeichnet man solche gasförmigen Stoffe, die vom Zustand des aus der Flüssigkeit entstandenen Dampfes weit entfernt sind.

Mit Hilfe der Gasgesetze werden die Zusammenhänge zwischen den thermischen Zustandsgrößen Volumen, Druck, Temperatur geklärt.

1.4.1 Gasgesetz von *Boyle-Mariotte*

Aus Beobachtung weiß man, daß sich bei gleichbleibender Temperatur und gleichbleibender Gasmasse die Volumen, die das Gas einnimmt, umgekehrt verhalten wie die absoluten Drücke, unter denen es steht.

Je stärker man ein Gas zusammenpreßt (Bild 1.14), um so höher steigt der Druck, unter dem es steht.

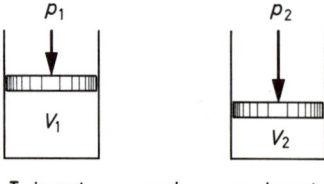

$T = $ konst.   und $m = $ konst.

Bild 1.14   Gesetz von Boyle-Mariotte, T = konstant, Gasmasse konstant

Der Vorgang muß langsam vor sich gehen, so daß die Temperatur vorher und nachher gleich ist, bzw. die Messung darf erst durchgeführt werden, wenn ein Temperaturausgleich stattgefunden hat.

Für diesen Fall gilt

$$\frac{V_1}{V_2} = \frac{p_2}{p_1} \quad \text{und} \quad \text{da } m = \text{konst,}$$

mit $\quad V_1 = m \cdot v_1 \quad$ und $\quad V_2 = m \cdot v_2$

auch $\dfrac{v_1}{v_2} = \dfrac{p_2}{p_1}$,

weiter mit $\varrho = \dfrac{1}{v}$ allgemein

Temperatur $=$ konstant

bei $\quad t_2 = t_1 \quad$ und $\quad m_2 = m_1 \quad$ gilt

$$p_1 \cdot V_1 = p_2 \cdot V_2 \quad \text{und} \quad p_1 \cdot v_1 = p_2 \cdot v_2$$

$$\frac{\varrho_2}{\varrho_1} = \frac{p_2}{p_1} = \frac{v_1}{v_2}$$

Gesetz von *Boyle-Mariotte*

18. Beispiel

Ein Verdichter saugt bei $p_1 = 0,88$ bar und $t_1 = 17\ °C$ ein Volumen von $\dot{V}_1 = 10\,000\ \text{m}^3/\text{h}$ Luft an.

a) wieviel m³ Luft von 6,2 bar Druck erhält man, wenn die verdichtete Luft wieder 17 °C hat?

b) Welche Dichte hat diese Luft, wenn die Dichte der Ansaugluft $\varrho_1 = 1,04\ \text{kg/m}^3$ ist?

Lösung

a) Da $\quad t_2 = t_1 \quad$ gilt

$$p_1 \cdot \dot{V}_1 = p_2 \cdot \dot{V}_2$$

woraus

$$\dot{V}_2 = (p_1/p_2) \cdot \dot{V}_1 = \frac{0,88}{6,2} \cdot 10\,000\ \text{m}^3/\text{h}$$

$$\dot{V}_2 = 0,142 \cdot 10\,000 = 1420\ \text{m}^3/\text{h}$$

Dichte:

b) $\varrho_2 = \varrho_1 \cdot (p_2/p_1) = 1,04\ \text{kg/m}^3 \cdot (6,2/0,88)$

$\qquad = 7,35\ \text{kg/m}^3$

Je höher der Druck, um so mehr Gasmasse bringt man in einem gegebenen Druckbehälter unter.

Ergänzender Hinweis zum Verdichtungsvorgang

Wird mit einem hochtourigen Kompressor schnell verdichtet, dann erwärmt sich das Gas, das hierbei in einen Druckbehälter gefördert wird.

28

Sobald der vorgesehene Druck erreicht ist, schaltet ein Druckwächter den Kompressor ab. Dann fällt die Temperatur auf Umgebungstemperatur, mit ihr auch der Druck. Der Druckwächter schaltet wieder ein. Dieser Vorgang wiederholt sich, bis der Druck bei Umgebungstemperatur erreicht ist.

1.4.2 Gasgesetz von *Gay-Lussac*

Dieses Gesetz behandelt die Raumänderung der Gase bei Änderung der Temperatur, vorausgesetzt, daß der Gasdruck während der Änderung gleichbleibt.

Unter 1.1.3 ist dieses Gesetz bereits besprochen: der Raum, den Gase je 1 K Erwärmung oder Abkühlung einnehmen, ändert sich um das $1/273{,}16$fache des Raumes, den sie bei 0 °C eingenommen haben.

Druck = konstant

bei $p_2 = p_1$ und $m_2 = m_1$ gilt

$$\frac{V_1}{V_2} = \frac{v_1}{v_2} = \frac{T_1}{T_2}$$

Gesetz von *Gay-Lussac*

19. Beispiel

Zur Versorgung des Hochofens mit Verbrennungsluft dienen Gebläse. Der „Wind" wird aus der Umgebung angesaugt, über Winderhitzer geleitet und auf etwa 800 °C erwärmt. Bis auf geringe Druckverluste bleibt der Druck vor und nach Winderhitzer gleich.

Es sollen 50 000 m³/h Luft bei $p =$ konst von 50 °C auf 800 °C erhitzt werden.

a) Für welches Durchsatzvolumen muß die Rohrleitung zwischen Winderhitzeraustritt und Hochofeneintritt ausgelegt werden?

b) Welchen Rohrdurchmesser erhält man, wenn die Luftgeschwindigkeit $w = 18$ m/s betragen soll?

Lösung

a) Da im Winderhitzer (bei reibungsfreier ständiger Durchströmung) $p =$ konst bleibt, ist

$$\frac{V_2}{V_1} = \frac{T_2}{T_1} \text{ oder } \dot{V}_2 = 50\,000 \text{ m}^3/\text{h} \cdot \frac{1073 \text{ K}}{323 \text{ K}}$$

$$\dot{V}_2 = 166\,000 \text{ m}^3/\text{h}$$

b) Rohrdurchmesser aus der Kontinuitätsgleichung

$$\dot{V} = A \cdot w$$

$$A = \frac{166\,000 \text{ m}^3/\text{h}}{3600 \text{ s/h} \cdot 18 \text{ m/s}} = 2{,}55 \text{ m}^2$$

Rohrdurchmesser $d = 1{,}8$ m

Ergebnis

Die Anwendung dieses Gasgesetzes ist auf Fälle $p =$ konst beschränkt.

Für technische Anwendungen hat es einige Bedeutung, weil Zustandsänderungen bei freier Raumausdehnung, wo $p =$ konst bleibt, öfter vorkommen, so beim Durchfluß durch Kühler und Erhitzer.

1.4.3 Die allgemeine Zustandsgleichung der Gase

Meist ändern sich alle drei Zustandsgrößen $V(v)$, p, t gleichzeitig. Um das Gesetz der gegenseitigen Abhängigkeiten zu finden, kann man wie folgt vorgehen (Bild 1.15):

a) das Gas befindet sich im Zustand 1. Gegeben sind:

V_1 ein Gasvolumen, Gasmasse m
p_1 kleiner Gewichtsstein auf dem schwimmenden Abschlußdeckel
T_1 z.B. Raumtemperatur

b) das Gas wird in einen Übergangszustand gebracht; der Druck wird vergrößert. An der Temperatur ändert sich nichts. Gasmasse geht nicht verloren. Das Volumen verkleinert sich auf V', wofür bei $t =$ konst gilt:

$$V' = V_1 \cdot \frac{p_1}{p_2}, \quad \textit{Boyle-Mariotte}$$

$p_2 > p_1$ wegen Auflegen eines größeren Gewichtes

$T_2 = T_1$ z.B. Raumtemperatur

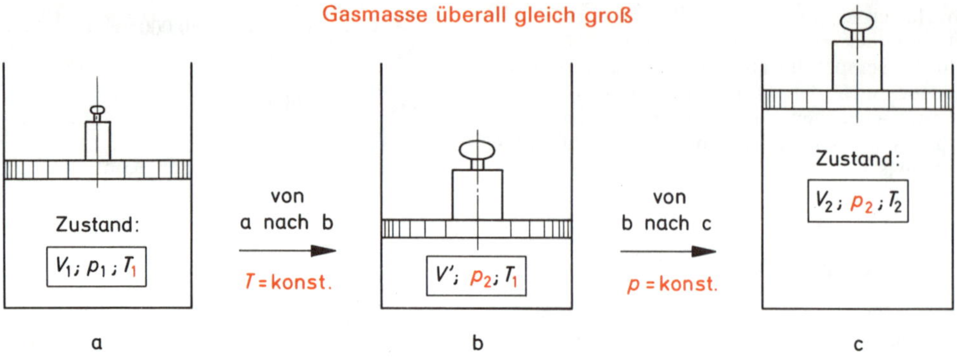

Gasmasse überall gleich groß

Zustand: $V_1; p_1; T_1$

von a nach b
$T = $ konst.

Zustand: $V'; p_2; T_1$

von b nach c
$p = $ konst.

Zustand: $V_2; p_2; T_2$

a   b   c

Bild 1.15 Zur allgemeinen Zustandsgleichung der Gase

c) das Gas wird erwärmt, T_2 größer T_1; der Druck bleibt wie unter b), weil die Belastung die gleiche bleibt.
Neuer Zustand, weil $p = $ konst ($m = $ konst)

$$V_2 = V' \cdot \frac{T_2}{T_1}, \quad Gay\text{-}Lussac$$

aus b) den Wert für

$$V' = V_1 \cdot \frac{p_1}{p_2}$$

einsetzen, so daß

$$V_2 = V_1 \cdot \frac{p_1}{p_2} \cdot \frac{T_2}{T_1}$$

Anders geordnet erhält man die allgemeine Zustandsgleichung der Gase

$$\frac{V_1 \cdot p_1}{T_1} = \frac{V_2 \cdot p_2}{T_2} \quad \text{auch} \quad \frac{v_1 \cdot p_1}{T_1} = \frac{v_2 \cdot p_2}{T_2}$$

Für $t = $ konst erhält man daraus das Gesetz von *Boyle-Mariotte*
für $p = $ konst erhält man daraus das Gesetz von *Gay-Lussac*

Daraus ist zu schließen, daß für alle Zustände

p, v, T der Ausdruck

$\dfrac{p \cdot v}{T}$ gleich bleibt.

Man bezeichnet ihn mit

R_i = spezielle oder spezifische Gaskonstante des Gases

Für die „Allgemeine Zustandsgleichung" der Gase erhält man die Formen

für 1 kg Gas	für m kg Gas
$p \cdot v = R_i \cdot T$	$p \cdot V = m \cdot R_i \cdot T$

Die spez. Gaskonstante R_i ist für Einzelgase verschieden, z.B. für $O_2 = 260$ J/kg K.
Bei allen Zustandsänderungen des jeweiligen Gases berechnet man, wenn zwei Größen bekannt sind, die dritte mit Hilfe von R_i.
Die Größe von R_i des Gases läßt sich über die experimentelle Beobachtung der Dichte ϱ berechnen. Dabei ist, wie bekannt, $\varrho = $ m/V vom Zustand abhängig.
Die Werte für R_i von Einzelgasen und Gasmischungen können Tabellen entnommen werden, hier auszugsweise aus Tafel 7 (Anhang). Weitere Zusammenhänge im Abschnitt 1.4.4.
Einige Beispiele zeigen Möglichkeiten, wie sich die verschiedensten Zustandsgrößen berechnen lassen.

20. Beispiel

a) Wie groß ist die spez. Gaskonstante R_i der Luft? Gegeben die Dichte der Luft mit $\varrho = 1{,}293$ kg/m^3 bei 0 °C, 1,013 bar, s. Tafel 7.

30

b) Welche Dichte hat Luft bei 20 °C, 10 bar?
c) Welchen Raum nehmen 5 kg Luft bei 20 °C, 10 bar, ein?
d) Welche Luftmasse befindet sich in einem Druckbehälter von 3 m³ Inhalt, wenn die Luft 27 °C hat und unter 6 bar Druck steht?
e) Welcher Druck herrscht im Behälter, wenn die Hälfte der unter d) berechneten Luftmasse entnommen wird?
f) Welcher Druck herrscht im Behälter, wenn die unter e) verbliebene Masse auf 57 °C erwärmt wird?

Lösungen

a) Gaskonstante von Luft aus der Dichte:

$$R_i = \frac{p \cdot v}{T} = \frac{p}{\varrho \cdot T}$$

$p = 1{,}013 \text{ bar} \cdot 100\,000 \text{ (N/m}^2)/\text{bar}$

$\varrho = 1{,}293 \text{ kg/m}^3$

$T = 0\,°C + 273 \text{ K} = 273 \text{ K}$

$$R_i = \frac{101\,300 \text{ N/m}^2}{1{,}293 \text{ kg/m}^3 \cdot 273 \text{ K}}$$

$$= 287 \frac{\text{Nm}}{\text{kg K}} \text{ oder } = 287 \frac{\text{J}}{\text{kg K}}$$

b) Dichte der Luft bei 20 °C und 10 bar

$p \cdot v = R_i \cdot T$ oder $p/\varrho = R_i \cdot T$

$$\varrho = \frac{p}{R_i \cdot T} = \frac{10 \text{ bar} \cdot 100\,000 \text{ (N/m}^2)/\text{bar}}{287 \text{ Nm/kg K} \cdot 293 \text{ K}}$$

$$= 11{,}89 \frac{\text{kg}}{\text{m}^3}$$

c) Raum, den 5 kg Luft bei 20 °C, 10 bar, einnehmen:

$$V = m \cdot v = \frac{m}{\varrho} \text{ , hier } = \frac{5 \text{ kg}}{11{,}85 \text{ kg/m}^3}$$

$$= 0{,}422 \text{ m}^3$$

d) Luftmasse im Behälter mit $V = 3$ m³, Luft von 27 °C, 6 bar

$p \cdot V = m \cdot R_i \cdot T$

$$m = \frac{p \cdot V}{R_i \cdot T}$$

$$= \frac{6 \text{ bar} \cdot 100\,000 \text{ (N/m}^2)/\text{bar} \cdot 3 \text{ m}^3}{287 \text{ Nm/kg K} \cdot 300 \text{ K}}$$

$$= 20{,}90 \text{ kg}$$

e) Behälterdruck nach Entnahme von $m/2$ bei $t = 27\,°C$

$$p = \frac{m \cdot R_i \cdot T}{V}$$

$$= \frac{10{,}45 \text{ kg} \cdot 287 \text{ Nm/kg K} \cdot 300 \text{ K}}{3 \text{ m}^3}$$

$= 300\,000 \text{ N/m}^2 = 3 \text{ bar}$ (was zu erwarten war)

f) Druck nach Erwärmung der 10,45 kg von 27 °C auf 57 °C, Raum $V = 3$ m³ wie vorher

$$p = \frac{m \cdot R_i \cdot T}{V}$$

$$= \frac{10{,}45 \text{ kg} \cdot 287 \text{ Nm/kg K} \cdot 330 \text{ K}}{3 \text{ m}^3}$$

$= 3{,}3 \text{ bar}$

Ergebnis

Mit der allgemeinen Zustandsgleichung können die Zustandsgrößen der Gase berechnet werden, wenn zwei Zustandsgrößen bekannt sind.
Dabei kommt es nicht darauf an, durch welche Vorgänge der Zustand des Gases geändert worden ist, also durch Zusammendrücken, Erwärmen, Gasmasse entnehmen u.a.
Drücke und Temperaturen können meist ohne großen Aufwand gemessen werden, die Gaskonstanten sind bekannt.

Grenzen und Einschränkungen

Die allgemeine Zustandsgleichung gilt für „ideale" Gase. Ein solches Gas hat bei −273 °C das Volumen $V = 0$ und den Druck $p = 0$. Tatsächlich ergeben sich bei den wirklichen Gasen Abweichungen, die mit größerem Druck außerdem dann zunehmen, wenn sich das Gas dem Zustand der Verflüssigung nähert. Die Unterschiede sind gering. Zu rechnen ist dann mit

$$p \cdot v/R_i \cdot T = K \quad \text{oder} \quad p \cdot V = K \cdot m \cdot R_i \cdot T$$

Die Druck- und temperaturabhängigen K-Werte können aus Tabellenwerken (u.a. VDI-Wärmeatlas) entnommen werden.
Für Luft ist ein Auszug auf Tafel 8 wiedergegeben (Anhang).

Einige typische Beispiele zur Anwendung der allgemeinen Zustandsgleichung

21. Beispiel
Wie groß ist die Dichte von CO_2 bei 20 °C und 8 bar?

Lösung
Aus Tafel 7 ist $R_i = 188,9$ Nm/kg K

$$p \cdot v = R_i \cdot T \quad \text{und} \quad \varrho = 1/v$$

$$\varrho = \frac{p}{R_i \cdot T}$$

$$= \frac{8 \text{ bar} \cdot 100\,000 \text{ (N/m}^2\text{)/bar}}{188,9 \text{ Nm/kg K} \cdot 293 \text{ K}} = 14,5 \frac{\text{kg}}{\text{m}^3}$$

22. Beispiel
Welches Volumen haben 5 kg O_2 bei 3,5 bar und 100 °C?

Lösung
Aus $p \cdot V = m \cdot R_i \cdot T$

$$V = \frac{m \cdot R_i \cdot T}{p}$$

$$= \frac{5 \text{ kg} \cdot 259,8 \text{ Nm/kg K} \cdot 373 \text{ K}}{3,5 \text{ bar} \cdot 100\,000 \text{ (N/m}^2\text{)/bar}} = 1,38 \text{ m}^3$$

23. Beispiel
Eine Sauerstoff-Flasche soll 1200 Liter O_2 von 1,1 bar, 17 °C abgeben.

a) Wie groß muß ihr Inhalt sein, wenn sie beim Füllen aus Festigkeitsgründen bis zu einem Druck von 100 bar bei 27 °C beansprucht werden kann?
b) Wieviel kg O_2 enthält die gefüllte O_2-Flasche?

Lösungen

a) Beim Schweißen wird der Sauerstoff über ein Reduzierventil abgegeben. Es ist

$$\frac{p_1 \cdot V_1}{T_1} = \frac{p_2 \cdot V_2}{T_2}$$

$p_1 = 100$ bar, $t_1 = 17$ °C, $V_1 =$ gesucht
$p_2 = 1,1$ bar, $t_2 = 27$ °C, $V_2 = 1,2$ m^3

$$V_1 = \frac{T_1}{p_1} \cdot \frac{p_2 \cdot V_2}{T_2}$$

$$= \frac{290 \text{ K} \cdot 1,1 \text{ bar} \cdot 1,2 \text{ m}^3}{100 \text{ bar} \cdot 300 \text{ K}} = 0,0128 \text{ m}^3$$

$V_1 = 12,8$ Liter Inhalt

b) Aus $p_1 \cdot V_1 = m \cdot R_i \cdot T_1$ wird

$$m = \frac{p_1 \cdot V_1}{R_i \cdot T_1}$$

$$= \frac{100 \text{ bar} \cdot 100\,000 \text{ (N/m}^2\text{)/bar} \cdot 0,0128 \text{ m}^3}{259,8 \text{ Nm/kg K} \cdot 290 \text{ K}}$$

$m = 1,69$ kg O_2

24. Beispiel
Ein Verdichter (Kolben- oder Kreiselverdichter) saugt 6 m³/min atmosphärische Luft von 0,95 bar/17 °C und fördert sie in einen Behälter von 10 m³ Inhalt.

a) Nach welcher Zeit herrscht ein Druck von 6,2 bar im Behälter, wenn die Endtemperatur infolge Aufwärmung während des Verdichtungsvorganges 77 °C beträgt?
b) Auf welchen Betrag fällt der Druck ab, wenn die Temperatur im Behälter nach dem Stillstand des Verdichters auf 17 °C zurückgeht?
c) Wie lange muß nachgepumpt werden, damit bei 17 °C der Druck wieder 6,2 bar beträgt?
d) Um wieviel % ist der Arbeitsaufwand infolge des Nachpumpens größer?

Lösung

a) Die Luft vom Zustand 1 mit 0,95 bar; 17 °C, soll auf den Zustand 2 mit 6,2 bar; 77 °C; $V_2 =$ 10 m³ gebracht werden.
Es muß also gefragt werden, welches Volumen die 10 m³ Druckluft einnehmen, wenn sie den Zustand 0,95 bar und 17 °C haben. Dieses

Volumen muß der Verdichter aus der Umgebung ansaugen, wozu er eine bestimmte Zeit braucht.
Es muß sein

$$\frac{p_1 \cdot V_1}{T_1} = \frac{p_2 \cdot V_2}{T_2}$$

woraus

$$V_1 = V_2 \cdot \frac{p_2}{T_2} \cdot \frac{T_1}{p_1}$$

$$= 10 \text{ m}^3 \cdot \frac{6{,}2 \text{ bar} \cdot 290 \text{ K}}{350 \text{ K} \cdot 0{,}95 \text{ bar}}$$

$$V_1 = 54 \text{ m}^3$$

Da $V_2 = 10 \text{ m}^3$ schon vorhanden sind, müssen noch $54 - 10 = 44 \text{ m}^3$ angesaugt werden.
Bei einer Saugleistung von 6 m³/min werden

$$\frac{44 \text{ m}^3}{6 \text{ m}^3/\text{min}} = 7{,}3 \text{ min}$$

hierzu gebraucht.

b) Welcher Druck ist im Behälter, wenn durch Wärmeabgabe an die Umgebung die Temperatur der Druckluft auf 17 °C zurückgeht?

$$p \cdot V = m \cdot R_i \cdot T \quad \text{oder} \quad p \cdot v = R_i \cdot T$$

Zunächst die Luftmassen berechnen. Nach dem Füllen befinden sich im Behälter

$$m = \frac{p \cdot V}{R_i \cdot T}$$

$$= \frac{6{,}2 \text{ bar} \cdot 100\,000 \text{ (N/m}^2\text{)/bar} \cdot 10 \text{ m}^3}{287 \text{ Nm/kg K} \cdot 350 \text{ K}}$$

$$= 61{,}8 \text{ kg Luft}$$

Daraus der Druck bei $t = 17$ °C

$$p = \frac{m \cdot R_i \cdot T}{V}$$

$$= \frac{61{,}8 \text{ kg} \cdot 287 \text{ Nm/kg K} \cdot 290 \text{ K}}{10 \text{ m}^3}$$

$$p = 585\,000 \text{ N/m}^2 = 5{,}85 \text{ bar}$$

c) Nachpumpzeit, um den Druck bei 17 °C auf 6,2 bar zu bringen. Ansatz wie bei a) aber statt 77 °C die Temperatur von 17 °C einsetzen.
Angesaugt müssen werden:

$$V_1 = V_2 \cdot \frac{p_2}{T_2} \cdot \frac{T_1}{p_1} \quad \text{und mit } T_2 = T_1$$

$$V_1 = V_2 \cdot \frac{p_2}{p_1} = 10 \text{ m}^3 \cdot \frac{6{,}2 \text{ bar}}{0{,}95 \text{ bar}} = 65{,}1 \text{ m}^3$$

Da 10 m³ wieder vorhanden sind, müssen 55,1 m³ insgesamt angesaugt werden. Dazu würde man an Zeit

$$\frac{55{,}1 \text{ m}^3}{6 \text{ m}^3/\text{min}} = 9{,}2 \text{ min gebrauchen}$$

Zusätzlich müßte der Verdichter 9,2 min minus den unter a) berechneten 7,3 min, also 1,9 min länger laufen.

d) Der Mehraufwand an Arbeitszeit und Verdichterleistung beträgt also $(1{,}9/7{,}3) = 26\%$.

1.4.4 Allgemeine Gaskonstante R, Mol und Molvolumen

Die folgenden Beziehungen gelten genau nur für das ideale Gas.
Außer den schon bekannten, für alle Gase gültigen Gemeinsamkeiten

Ausdehnung um $^1/_{273,16}$ ihres Volumens je K

Befolgen der allg. Zustandsgleichung
$p \cdot v = R_i \cdot T$

gibt es eine weitere Gemeinsamkeit mit der allgemeinen Gaskonstanten R.
Man erhält sie nach lange bekannten, von *Avogadro* (1776 bis 1850) gefundenen Zusammenhängen, wonach die Mol-Volumina aller Gase bei 0 °C und 1,013 bar (760 Torr) den Raum 22,4 m³ einnehmen.

Das Mol und das Molvolumen
Schon um 1811 schloß **Avogadro** aus dem gleichartigen Verhalten, das **alle** Gase bei Zustandsänderungen zeigen, ebenso aus ihrem Verhalten bei chemischen Reaktionen: daß **gleiche** Volumina **verschiedener** Gase unter gleichen äußeren Bedingungen (Druck, Temperatur) **stets dieselbe Anzahl** von Molekülen enthalten.

Demnach muß man also zu einem bei **allen** Gasen **gleichen** Volumen kommen, wenn dafür gesorgt ist, daß jedesmal **dieselbe** Zahl von Molekülen in der betrachteten Gasmenge enthalten ist.

Dies **ist** der Fall, wenn man jeweils so viel kg des Gases einbezieht, wie es die (heute aus Tabellen zu entnehmende) Molmasse M angibt (früher als „Molekulargewicht" bezeichnet).

Diese Gasmenge wird als **Molmasse M in kg/mol** bezeichnet, s. DIN 1345 (verschiedentlich auch als „Molare Masse M").

Das Volumen, das ein kmol eines Gases unter Normalbedingungen (0 °C; 1,013 bar) einnimmt, heißt **Molvolumen** V_{Mn} **in m³** (Index n für Normalzustand).

Folgerungen, Anwendungen
An die Stelle der **sonst** üblichen Massenangabe in kg tritt hiermit eine neue, **aber stoffgebundene** Massenangabe in kmol, beispielsweise

bei H_2 entsprechen 2,016 kg H_2 = 1 kmol
bei O_2 entsprechen 32,000 kg O_2 = 1 kmol
bei N_2 entsprechen 28,000 kg N_2 = 1 kmol

Das Wesentliche bei diesem neuen Massenmaß ist, daß **jedes** kmol die gleiche Anzahl von Teilchen enthält, und daß für **alle** Gase 1 kmol davon das **gleiche** Molvolumen, nämlich 22,4 m³/kmol, im Normzustand einnimmt, beispielsweise

---

1 kmol H_2 = 2,016 kg H_2 mit V_{Mn} = 22,4 m³ Raum bei 0 °C, 1,013 bar

1 kmol O_2 = 32,000 kg O_2 mit V_{Mn} = 22,4 m³ Raum bei 0 °C, 1,013 bar

1 kmol N_2 = 28,000 kg N_2 mit V_{Mn} = 22,4 m³ Raum bei 0 °C, 1,013 bar

---

Bemerkungen
Die genannte Anzahl von Teilchen (Atome, Moleküle, Ionen, Elektronen, Gruppen solcher Teilchen), die 1 kmol eines **jeden** Gases enthält, ist die Menge von $6,02203 \cdot 10^{26}$ Moleküle/kmol. Nach den Entdeckern heißt sie Avogadro(1811)- oder Loschmidt(Wien 1821 bis 1895)-Konstante.

Da die Masse des einzelnen Moleküls (H_2, O_2, N_2) verschieden, aber die Anzahl Moleküle im kmol eines jeden Gases gleich ($6,022 \cdot 10^{26}$) ist, bestehen die genannten Beziehungen zwischen Masse und Volumen bei den einzelnen Gasen.

Anwendungen
Für Berechnungen ist hier also einzusetzen
Molmasse M in kg/kmol (stoffgebunden)
Molvolumen V_{Mn} in m³/kmol
(bei 0 °C; 1,013 bar = 22,4 m³)
Daraus erhält man
spez. Volumen (für den Normalzustand 0/1,013)

$$v_n = \frac{V_{Mn}}{M} \quad \text{in} \quad \frac{m^3}{kmol} \cdot \frac{kmol}{kg} \quad \text{in} \quad \frac{m^3}{kg} = \frac{22,4}{M}$$

Dichte (für den Normalzustand 0/1,013)

$$\varrho_n = \frac{M}{V_{Mn}} \quad \text{in} \quad \frac{kg}{kmol} \cdot \frac{kmol}{m^3} \quad \text{in} \quad \frac{kg}{m^3} = \frac{M}{22,4}$$

---

25. Beispiel
Wie groß ist die Dichte von Sauerstoff O_2

a1) beim Normalzustand 0 °C; 1,013 bar?
b1) bei 27 °C, 6 bar?

Wie groß ist das Mol-Volumen von Sauerstoff O_2

a2) beim Normalzustand 0 °C; 1,013 bar?
b2) bei 27 °C, 6 bar?

Lösungen

a1) Sauerstoff hat die Molmasse $M = 32$ kg/kmol und bei 0/1,013 das Molvolumen $V_{Mn} = 22,4$ m^3/kmol

$$\varrho_n = \frac{M}{V_{Mn}} = \frac{32 \text{ kg/kmol}}{22,4 \text{ m}^3/\text{kmol}}$$

$$= 1,428 \text{ kg/m}^3$$

b1) Hier dient die allgemeine Zustandsgleichung zur Berechnung in der Form

$$p \cdot v = R_i \cdot T \quad \text{oder} \quad p/\varrho = R_i \cdot T$$

$$\varrho = \frac{p}{R_i \cdot T}$$

$$= \frac{6 \text{ bar} \cdot (100\,000 \text{ N/m}^2)/\text{bar}}{259,8 \text{ Nm/kg K} \cdot 300 \text{ K}}$$

$$= 7,69 \frac{\text{kg}}{\text{m}^3}$$

a2) beim Normalzustand 0 °C, 1,013 bar ist V_{Mn} = 22,4 m^3/kmol bei allen Gasen

b2) Umrechnung mit der allgemeinen Zustandsgleichung der Gase in der Form

$$p \cdot V = m \cdot R_i \cdot T \quad \text{wonach}$$

$$V \text{ hier } V_M = \frac{m \cdot R_i \cdot T}{p}$$

wobei

$$m = \text{Molmasse in } \frac{\text{kg}}{\text{kmol}} = 32 \frac{\text{kg}}{\text{kmol}}$$

$$R_i = 259,8 \frac{\text{Nm}}{\text{kg K}}$$

$$V_M = \frac{32 \text{ kg/kmol} \cdot 259,8 \text{ Nm/kg K} \cdot 300 \text{ K}}{6 \text{ bar} \cdot 100\,000 \text{ (N/m}^2)/\text{bar}}$$

$$= 4,15 \frac{\text{m}^3}{\text{kmol}} \text{ bei 27 °C, 6 bar}$$

Die allgemeine (molare) Gaskonstante R

Die allgemeine Zustandsgleichung der Gase hat für eine beliebige Gasmasse m gelautet

$$p \cdot V = m \cdot R_i \cdot T$$

Führt man statt V das Molvolumen V_M ein, dann muß für m die Molmasse M in kg/kmol eingesetzt werden, und man erhält zunächst

$$p \cdot V_M = M \cdot R_i \cdot T$$

$$\frac{p \cdot V_M}{T} = M \cdot R_i \quad \text{und} \quad M \cdot R_i = R$$

Für den Normalzustand 0 °C; 1,013 bar wird

$$R = p_n \cdot V_{Mn}/T_n$$

$$R = \frac{1,01325 \text{ bar} \cdot 100\,000 \text{ (N/m}^2)/\text{bar} \cdot 22,414 \text{ m}^3/\text{kmol}}{273,15 \text{ K}}$$

$$\boxed{R = 8314 \frac{\text{Nm}}{\text{kmol K}} \text{ oder } \frac{\text{J}}{\text{kmol K}} \text{ für alle Gase}}$$

Daraus erhält man die schon bekannte spezielle Gaskonstante eines bestimmten Gases R_i nach

$$\boxed{R_i = \frac{R}{M} \text{ in } \frac{\text{J}}{\text{kg K}}}$$

Das Produkt aus der Molmasse M und der speziellen Gaskonstante R_i hat für alle Gase den gleichen Wert $R = 8314$ Nm/kmol K oder J/kmol K.

In der beigefügten Tabelle sind einige Werte zusammengefaßt (ausführlichere Daten, s. Tafel 7 im Anhang).

Gas Symbol	Molmasse M kg/kmol	Molvolumen V_{Mn} m^3/kmol bei 0 °C/ 1,013 bar	spezielle Gaskonstante R_i J/kg K	Dichte ϱ kg/m^3 bei 0 °C/ 1,013 bar
Wasserstoff H$_2$	2,016	22,43	4124,0	0,08987
Stickstoff N$_2$	28,016	22,40	296,8	1,2505
Sauerstoff O$_2$	32,000	22,39	259,8	1,429
Luft —	28,964	22,40	287,0	1,293

3*

1.4.5 Einiges über Gasmischungen

Gasmischungen haben in verschiedenen Anwendungsgebieten größere Bedeutung. Eine wichtige Gasmischung ist die Luft, sowohl trockene als auch feuchte, wasserdampfhaltige Luft.

Andere Mischungen sind das Leuchtgas, Erdgas, Klärgas, Gichtgas und die Rauchgase als Verbrennungsprodukte von Feuerungen und Verbrennungskraftmaschinen.

Gase lassen sich leicht und in jedem Verhältnis gleichmäßig mischen.

Bei der Untersuchung eines Gasgemisches (Gasanalyse) werden mit verschiedenen Methoden, wie beispielsweise mit dem *Orsat*-Apparat, die Anteile, meist die Raumanteile (Volumenanteile) ermittelt, die das Einzelgas innerhalb der Gasmischung hat (trockene Luft besteht aus 21 Raumteilen O_2 und 79 Raumteilen N_2, zusammen 100 RT oder 100%).

Da die Zusammensetzung von Gasmischungen verschieden ist, beispielsweise verschiedene Arten von Erdgasen, müssen bestimmte Werte, die man für Rechnungsgänge benötigt, für jede beliebige Mischung erfaßbar sein. Dazu gehören besonders:

— Gaskonstante der Mischung,
— Zustandsgrößen der Einzelgase,
— Teildrücke der Einzelgase,
— Zusammensetzung nach Raum und Gewichtsteilen der Einzelgase.

Diese Größen beeinflussen auch das physikalische Verhalten einer Gasmischung, wie beispielsweise das Ausscheiden von Feuchtigkeit in Form von Nebel oder Wasser bei feuchter Luft.

Die folgenden Ableitungen gelten alle unter der Voraussetzung, daß innerhalb der Gasmischung keine chemischen und keine Wärmeumsetzungen vorkommen.

Gasgesetze

Die Gasgesetze gelten auch für Gasmischungen. Es gilt also auch hier

$$p \cdot v = R_i \cdot T \text{ und } p \cdot V = m \cdot R_i \cdot T$$

spez. Volumen

$$v = \frac{V}{m} \text{ in } \frac{m^3}{kg}$$

und Dichte

$$\varrho = \frac{1}{v} = \frac{m}{V} \text{ in } \frac{kg}{m^3}$$

Verhalten der Einzelgase innerhalb der Gasmischung

Leitet man gleichzeitig oder hintereinander verschiedene Gase in einen Behälter, dann füllt jedes einzelne Gas den vorhandenen *Gesamtraum* aus; Beispiel: Ausbreitung von Zigarettenrauch im Zimmer. Jedes Einzelgas hat außerdem sehr schnell die Temperatur der Gesamtmischung angenommen.

Dagegen sind die *Drücke*, unter denen das Einzelgas innerhalb der Gesamtmischung steht, nicht gleich dem Gesamtdruck der Mischung. Vielmehr steht jedes Einzelgas unter seinem Teildruck; die Teildrücke summieren sich zum Gesamtdruck.

Zunächst kann man sich nicht gut vorstellen, daß in der Gasmischung trockene Luft, die zu 23 Gewichts-% aus O_2 und zu 77 Gewichts-% aus N_2 besteht, der O_2 unter 0,23 bar und der N_2 unter 0,73 bar steht, wenn der Luftdruck 1 bar beträgt. Diese Vorstellung kann aber über einen Versuch nach Bild 1.16 gestützt werden.

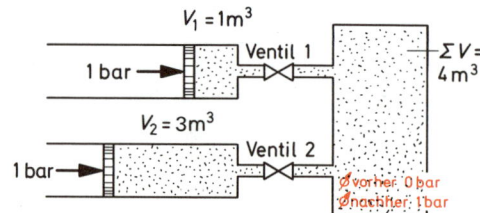

Bild 1.16 Gasmischung

Die Zylinder 1 und 2, mit den Volumen $V_1 = 1 \text{ m}^3$ und $V_2 = 3 \text{ m}^3$, jeder unter dem Druck von 1 bar stehend, enthalten zwei verschiedene Gase mit den Gaskonstanten R_{i1} und R_{i2}. Angeschlossen ist ein auf $p = 0$ bar evakuierter Behälter mit $V = 4 \text{ m}^3$ Rauminhalt. Nach Öffnen von Ventil 1 strömt Gas 1 über und füllt den Raum V vollständig aus. Ist die Temperatur vorher und nachher gleich, dann fällt der Druck im Gas 1 im Verhältnis der Volumenvergrößerung nach

$$p_1 \cdot V_1 = p \cdot V \text{ auf } p = \frac{V_1}{V} \cdot p_1 = \frac{1}{4} \cdot 1$$

$$= 0,25 \text{ bar.}$$

Danach wird Ventil 2 geöffnet. Gas 2 nimmt ebenfalls den Gesamtraum V ein. Sein Druck fällt auf $\frac{3}{4} \cdot 1 = 0,75$ bar. Der Gesamtdruck ist $p = 0,25 + 0,75 = 1,0$ bar.

Gaskonstante der Mischung R_{ms}

Gegeben sind die Gase 1 und 2 wie auf Bild 1.16. Es ist

Gas 1 $p_1 \cdot V = m_1 \cdot R_{i1} \cdot T$

Gas 2 $p_2 \cdot V = m_2 \cdot R_{i2} \cdot T$ vor der Mischung

$(p_1 + p_2) \cdot V = (m_1 \cdot R_{i1} + m_2 \cdot R_{i2}) \cdot T$ nach der Mischung

wobei V das gemeinsame Volumen und T die Temperatur.

Mit $p_1 + p_2 = p$ wird daraus

$$p \cdot V = (m_1 \cdot R_{i1} + m_2 \cdot R_{i2}) \cdot T$$

Für die Gasmischung gilt die allg. Zustandsgleichung ebenfalls, und man erhält, wenn $p \cdot V = m \cdot R_{ms} \cdot T$ durch Einsetzen

$$m \cdot R_{ms} \cdot T = (m_1 \cdot R_{i1} + m_2 \cdot R_{i2}) \cdot T$$

$$R_{ms} = \frac{m_1}{m} \cdot R_{i1} + \frac{m_2}{m} \cdot R_{i2} + \cdots$$

Zur Abkürzung wird $\dfrac{m_1}{m} = g_1 \ldots$ eingeführt, wobei g_1 die Massenanteile des Einzelgases, zusammen $g_1 + g_2 + \cdots = 1$ kg. Zusammengefaßt

$$\boxed{R_{ms} = g_1 \cdot R_{i1} + g_2 \cdot R_{i2} + \cdots \text{ in } \frac{J}{kg\,K}}$$

Gaskonstante einer Gasmischung

Um rechnen zu können, braucht man die Gewichtsanteile der Einzelgase.

26. Beispiel (a)

Wie groß ist die Gaskonstante von trockener Luft, wenn diese aus $g_1 = 0{,}23$, d.h. 23% Gewichtsprozent O_2 und $g_2 = 0{,}77$ N_2, besteht?

Lösung

$R_{ms} = 0{,}23 \cdot 259{,}8 + 0{,}77 \cdot 296{,}8 = 287$ J/kg K vgl. die Werte auf Tafel 7 (Anhang).

Begriff „Raumanteil r" des Einzelgases in der Mischung

Der Begriff Massenanteil g ist zu verstehen. Den Begriff Raumanteil r kann man sich wie folgt erklären (Bild 1.16a).

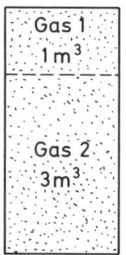

Behälterinhalt = 4 m³

Temperatur und Druck auf beiden Gasen wie vor der Trennung, aber nach der Mischung

Bild 1.16a Aufteilung einer Gasmischung in Raumanteile

Die Mischung der Gase 1 + 2 nimmt den „ganzen" Raum ein. Die „Mischung" würde die gleiche Gaskonstante, Dichte, Gesamtvolumen, Gesamtmasse haben, wenn die Einzelgase abgetrennt und jedes für sich unter gleichem Druck und gleicher Temperatur steht, den es im Fall der Mischung (nach Bild 1.16) haben würde.

Dann wäre für die Einzelgase 1 und 2

$$p \cdot V_1 = m_1 \cdot R_{i1} \cdot T$$
$$p \cdot V_2 = m_2 \cdot R_{i2} \cdot T$$

$$p \cdot (V_1 + V_2) = (m_1 \cdot R_{i1} + m_2 \cdot R_{i2}) \cdot T,$$
$$\text{was} = m \cdot R_{ms} \cdot T \text{ war}$$

Die allg. Zustandsgleichung $p \cdot V = m \cdot R_{ms} \cdot T$ gilt auch für Gasmischungen, und man kann sagen

$$p \cdot V = m \cdot R_{ms} \cdot T$$
$$\text{wobei} \quad V_1 + V_2 = V$$

Die allg. Zustandsgleichung gilt auch für die Vorstellung $V_1 + V_2 = V$.

Man bezeichnet als Raumanteil r des Einzelgases

$$\boxed{r_1 = \frac{V_1}{V}\,; \quad r_2 = \frac{V_2}{V}\,; \quad \ldots \quad \text{Raumanteile}}$$

wobei die Summe $r_1 + r_2 + \cdots = 1$ m³ $(= 100\%)$ ist.

Anmerkung

Bei der Gasanalyse mit dem *Orsat*apparat werden die Raumanteile der Gasmischung durch Absorption ermittelt.

Dichte ϱ_{ms} einer Gasmischung

Entsprechend der Vorstellung nach Bild 1.16a, Trennung innerhalb der Mischung, sind:

ϱ_1, ϱ_2 in kg/m³ die Dichte der Einzelgase

v_1, v_2 in m³/kg das spez. Volumen der Einzelgase

$$\varrho_1 = 1/v_1; \quad \varrho_2 = 1/v_2$$

Die Summe $r \cdot \varrho$ der Massen der zu 1 m³ vereinigten Einzelgase, also $r_1 \cdot \varrho_1 + r_2 \cdot \varrho_2 + \cdots =$ Masse von 1 m³ Gemisch $= \varrho_{ms} =$ Dichte der Mischung

Die Dichte der Einzelgase ist entsprechend dem Zustand p und T der „Mischung" einzusetzen. Dann ist

$$\varrho_{ms} = r_1 \cdot \varrho_1 + r_2 \cdot \varrho_2 \text{ in kg/m}^3$$

Dichte einer Gasmischung

Hierzu muß man also die Raumanteile der Einzelgase kennen.

26. Beispiel (b)

Wie groß ist die Dichte trockener Luft bei 0 °C, 1,013 bar, die aus $r_1 = 0,21$ O_2 und $r_2 = 0,79$ N_2 besteht?

Lösung

$$\varrho_{ms} = r_1 \cdot \varrho_1 + r_2 \cdot \varrho_2$$

aus Tafel 7

$\varrho_1 = 1,43$ kg/m³ für O_2 bei 0°/1,013 bar

$\varrho_2 = 1,25$ kg/m³ für N_2 bei 0°/1,013 bar

$\varrho_{ms} = 0,21 \cdot 1,43 + 0,791 \cdot 1,25 = 1,293$ kg/m³ bei 0 °C/1,013 bar

Die Molmasse M_{ms} der Mischung

Wie für Einzelgase, muß auch für Gasmischungen der Begriff der allgemeinen Gaskonstanten R_M gelten. Es war $R_M = M \cdot R_i = 8314$ in Nm/kmol K oder J/kmol K.

An die Stelle der Molmasse M des Einzelgases tritt die Molmasse der Mischung M_{ms} und man

erhält

$$M_{ms} = \frac{8314 \text{ J/kmol K}}{R_{ms} \text{ J/kg K}} \text{ in } \frac{\text{kg}}{\text{kmol}}$$

Molmasse einer Gasmischung

Man erhält sie auch aus

$$M_{ms} = r_1 \cdot M_1 + r_2 \cdot M_2 + \cdots \frac{\text{kg}}{\text{kmol}}$$

Molmasse einer Gasmischung

indem in der Gleichung $\varrho_{ms} = r_1 \cdot \varrho_1 + \cdots$ mit $\varrho = 1/v$ oder $= M/V_M$ (mit dem Molvolumen V_M) umgerechnet wird:

$$\frac{M_{ms}}{V_M} = r_1 \cdot \frac{M_{ms}}{V_M} + \cdots \text{und dividieren durch } V_M$$

26. Beispiel (c)

Wie groß ist die Molmasse trockener Luft, von der die Zusammensetzung mit $g_1 = 0,23$ O_2 und $g_2 = 0,77$ N_2 gegeben und daraus $R_{ms} = 287$ J/kg K berechnet war, s. 26. Beispiel (a)?

Lösung

$$M_{ms} = \frac{8314 \text{ J/kmol K}}{287 \text{ J/kg K}} = 28,9 \frac{\text{kg}}{\text{kmol}}$$

Massenanteile g und Raumanteile r der Einzelgase in der Mischung

Sind

$$r_1 \cdot \varrho_1, r_2 \cdot \varrho_2 \quad \text{wegen} \quad \frac{\text{m}^3}{\text{m}^3} \cdot \frac{\text{kg}}{\text{m}^3}$$

die Massenanteile der zu 1 m³ vereinigten Einzelgase und

$$\varrho_{ms} = r_1 \cdot \varrho_1 + r_2 \cdot \varrho_2 + \cdots \text{in kg/m}^3$$

die Dichte von 1 m³ Gasmischung, dann ist der Massenanteil des Einzelgases

$$g_1 = \frac{r_1 \cdot \varrho_1}{r_1 \cdot \varrho_1 + r_2 \cdot \varrho_2 + \cdots}$$

oder

$$g_1 = r_1 \cdot \frac{\varrho_1}{\varrho_{ms}}$$

Da andererseits

$$\varrho_1 = \frac{M_1}{V_M} = \frac{\text{Molmasse}}{\text{Molvolumen}}$$

und wegen allgemeiner Gültigkeit der Gasgesetze

$$\varrho_{ms} = \frac{M_{ms}}{V_M}$$

kann man den Massenanteil g des Einzelgases auch aus seinem Raumanteil r (aus Gasanalyse) und der Molmasse der Mischung für beiderseits gleichen Gaszustand der Mischung, beispielsweise 0 °C, 1,013 bar, berechnen nach

$$g_1 = r_1 \cdot \frac{M_1}{M_{ms}} \quad \text{in} \quad \frac{kg}{kg} \cdots$$

Massenanteil des Einzelgases in der Mischung

26. Beispiel (d)
Wie groß sind die Massenanteile von O_2 und N_2 in trockener Luft, wenn die Raumanteile mit $r_1 = 0,21$ (21%) O_2 und $r_2 = 0,79$ (79%) N_2 gegeben sind? Daraus hatte sich $M_{ms} = 28,9$ kg/kmol errechnet (s. Beispiel 26c).

Lösung
Mit der Molmasse $M_1 = 32$ kg/kmol für O_2 wird

$$g_1 = 0,21 \cdot \frac{32}{28,9} = 0,23 \, \frac{kg}{kg}$$

der Massenanteil von O_2 in Luft

Raumanteile:

Sind

$$g_1 \cdot v_1 \text{ wegen } \frac{kg}{kg} \cdot \frac{m^3}{kg}$$

die Volumina der in 1 kg Gemisch vorhandenen Einzelgase und $g_1 \cdot v_1 + g_2 \cdot v_2 + \cdots$ das Volumen von 1 kg Gasgemisch, also das spez. Volumen V_{ms}

der Mischung, dann beträgt der Raumanteil des Einzelgases

$$r_1 = \frac{g_1 \cdot v_1}{g_1 \cdot v_1 + g_2 \cdot v_2 + \cdots} = \frac{g_1 \cdot v_1}{v_{ms}} \text{ in } \frac{m^3}{m^3}$$

Da weiter

$$v_1 = \frac{V_M}{M_1} \quad \text{und} \quad v_{ms} = \frac{V_M}{M_{ms}}$$

$$= \frac{\text{Molvolumen m}^3/\text{kmol}}{\text{Molmasse kg/kmol}}$$

mit z.B. $V_M = 22,4$ m^3/kmol bei 0 °C, 1,013 bar für alle Gase, wird eingesetzt

$$r_1 = \frac{g_1/M_1}{1/M_{ms}} = g_1 \cdot \frac{M_{ms}}{M_1}$$

$$r_1 = g_1 \cdot \frac{M_{ms}}{M_1} \quad \text{in} \quad \frac{m^3}{m^3}$$

Raumanteil des Einzelgases in der Gasmischung

Hinweis
In einer Gasmischung können, anders als bei trockener Luft, die *Massenteile* der Einzelgase einen ganz anderen Prozentsatz ausmachen als die *Raumteile*. Dies gilt besonders für Gasgemische wie Leuchtgas, bei denen der H_2 (mit $M = 2$ kg/kmol) einen großen Raumanteil hat; der Massenanteil ist dann gering, die Gasmischung ist leicht, sie hat eine geringe Dichte.

Teildrücke der Einzelgase innerhalb der Mischung
Die Erklärung zu Bild 1.16 hatte gezeigt, daß die Einzelgase innerhalb einer Mischung unter verschiedenen Drücken stehen, die zusammen den Gesamtdruck ergeben. Die Teildrücke erhält man, je nachdem ob die Einzelgase in Massen- oder Raumanteilen gegeben sind, wie folgt:

a) Massenanteile der Einzelgase g in kg/kg gegeben:

aus $p_1 \cdot V = m_1 \cdot R_{i1} \cdot T$ für das Einzelgas

und $p \cdot V = m_{ms} \cdot R_{ms} \cdot T$ für die Mischung

39

erhält man

$$p_1 = p \cdot \frac{m_1}{m_{ms}} \cdot \frac{R_{i1}}{R_{ms}} = p \cdot g_1 \cdot \frac{R_{i1}}{R_{ms}}$$

Teildruck des Einzelgases

erhält man

$$p_1 = p \cdot \frac{V_1}{V} = p \cdot r_1$$

Teildruck des Einzelgases

b) Raumanteile der Einzelgase r in m^3/m^3 gegeben:

aus $\quad p \cdot V_1 = m_1 \cdot R_{i1} \cdot T$

Einzelgas vor der Mischung

und $\quad p_1 \cdot V = m_1 \cdot R_{i1} \cdot T$

Einzelgas in der Mischung

Allgemeiner Hinweis
Der Teildruck ist wichtig, wenn man das Verhalten des Einzelgases innerhalb der Mischung beurteilen will. So u.a. für den gasförmigen Wasserdampf, der innerhalb der Mischung „feuchte Luft" in den Grenzzustand übergehen kann, in welchem der Dampf in die Wasserphase wechselt. Maßgebend hierfür sind die Drücke und Temperaturen, denen der Wasserdampfanteil der Mischung „feuchte Luft" unterliegt (Taupunkt, wichtig beim Rauchgas von Feuerungen).

1.5 Thermische und mechanische Energie

Der Satz von der Erhaltung der Energie, der aussagt, daß Energie nicht aus Nichts entstehen und nicht vernichtet werden kann, gilt auch für die thermische Energie oder Wärmeenergie. Sie kann in einem Körper enthalten sein oder von einem auf einen anderen Körper übergehen, wie das bei anderen Energieformen, insbesondere bei mechanischer Energie oder bei elektrischer Energie möglich ist.
Jede Energieform folgt eigenen Gesetzen, aber alle lassen sich ineinander umwandeln, wie Beispiele zeigen:
mechanische Energie in thermische Energie
(Reibung bei Bremsvorgängen)
mechanische Energie in elektrische Energie
(Wasserturbine treibt Stromerzeuger)
thermische Energie in mechanische Energie
(Dieselmotor treibt Lkw)
Wärmeenergie in elektrische Energie
(Dampfturbine treibt Stromerzeuger)
elektrische Energie in mechanische Energie
(Elektromotor treibt Werkzeugmaschine)
elektrische Energie in thermische Energie
(Tauchsieder heizt Wasser).
Um **Arbeitsvermögen** und **Leistung** der verschiedenen Energieformen mit gleichwertigen (kohärenten) Größen und ohne spezielle Umrechnungsbeiwerte erfassen zu können, ist das

Internationale Einheitensystem (SI) in Kraft gesetzt worden. Danach gilt für alle Energieformen die Einheitengleichung

1 Nm = 1 J = 1 Ws
also:
Drei Namen für dieselbe Energieeinheit

Die Notwendigkeit, diesen Schritt nunmehr zu vollziehen, ergab sich aus der weltweiten Verflechtung der aus der Physik des Altertums, des Mittelalters und der Neuzeit entwickelten anwendungsbezogenen Technik, die alle bekannten Energieformen nutzbar macht.
Es ergibt sich der nachfolgend ausführlich begründete

1. Hauptsatz der Wärmelehre
als spezielle Form des Satzes von der Erhaltung der Energie:

Thermische Energie kann in mechanische Arbeit, und mechanische Arbeit kann in thermische Energie umgewandelt werden.

1.5.1 Mechanische oder elektrische Arbeit wird in thermische Energie umgewandelt; Einheiten

Mechanische Arbeit wird bei Reibungsvorgängen direkt in thermische Energie umgewandelt, was besonders bei der Betätigung von Bremsen, beispielsweise an Hebe- und Fahrzeugen, in Erscheinung tritt.

Der englische Physiker *Joule* (1818 bis 1889) hat durch mechanischen Antrieb eines in Wasser getauchten Flügelrades im Jahr 1843 den rechnerischen Zusammenhang bei der Umwandlung von mechanischer Energie in thermische Energie geklärt (Bild 1.17).

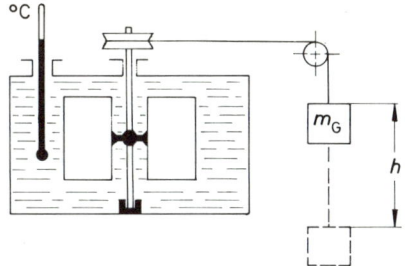

Bild 1.17 Umwandlung von mechanischer Arbeit in Wärme; Versuch von Joule

Dabei verursacht die Reibung des Rührwerkes am Wasser und die Reibung der Wasserteilchen aneinander die Umwandlung von mechanischer Arbeit in thermische Energie, was sich in einer Temperaturzunahme des Wassers äußert.

Mit der Fallhöhe h des Massestückes (Gewichtsstückes, m_G), der Wassermasse m_W, der spezifischen Wärmekapazität c_w und $(t_2 - t_1)$ der Temperaturerhöhung des Wassers besteht unter Vernachlässigung der thermischen Energie, die das Gefäß aufnimmt, die Gleichung

$$m_G \cdot g \cdot h = m_w \cdot c_w \cdot (t_2 - t_1)$$

Die mechanische Arbeit wird in die Erhöhung der thermischen Energie, hier der Inneren Energie (vgl. später), umgewandelt.

27. Beispiel
Wie groß ist die Aufwärmung Δt von 1 kg Wasser, wenn mit einem Versuch nach *Joule* (Bild 1.17) ein Gewichtsstück von 5 kg eine Fallhöhe $h = 12$ m zurücklegt? Die Erdbeschleunigung ist $g = 9,81$ m/s². Die spez. Wärmekapazität des Wassers ist 4,19 kJ/kg K = 4190 J/kg K.

Lösung

$$m_G \cdot g \cdot h = m_w \cdot c_w \cdot \Delta t_w$$

$$\Delta t_w = \frac{5 \text{ kg} \cdot 9,81 \text{ m/s}^2 \cdot 12 \text{ m}}{1 \text{ kg} \cdot 4190 \text{ J/kg K}}$$

$$= \frac{588,6 \text{ Nm}}{4190 \text{ J/K}}$$

$$\Delta t_w = 0,14 \text{ K} \quad (\text{wobei } 1 \text{ Nm} = 1 \text{ J})$$

Das Beispiel zeigt, daß große mechanische Arbeiten gefühlsmäßig kleinen thermischen Energien entsprechen.

Leistung
Für die Berechnung von Leistungen lauten die SI-Einheiten entsprechend

$$\boxed{1 \text{ Nm/s} = 1 \text{ J/s} = 1 \text{ W}}$$

Hinweis
Im Bereich der Strömungsmaschinen wird die Leistung auch auf 1 kg/s Durchsatz des Strömungsmittels bezogen. Dann wird

$$\boxed{1 \text{ W} = 1 \frac{\text{Nm}}{\text{s}}}$$

$$= 1 \frac{\text{kg m}}{\text{s}^2} \cdot 1 \frac{\text{m}}{\text{s}} =$$

$$\boxed{1 \text{ W} = 1 \frac{\text{m}^2}{\text{s}^2} \quad \text{je} \quad 1 \frac{\text{kg}}{\text{s}}}$$

Anwendung bei der *Euler*schen Turbinen- oder Pumpengleichung.

Ein Beispiel zur Berechnung der Leistung bei der Umwandlung von mechanischer in thermische Energie:

28. Beispiel
Durch einen Bremsversuch mit einer Wasserwirbelbremse soll die Leistung eines Motors gemessen werden.

Bei einer Drehzahl von $n = 3600\,\text{min}^{-1}$ wurde am Bremshebel eine Drehkraft von $F = 500\,\text{N}$ gemessen. Der Bremshebel ist $l = 1\,\text{m}$ lang. Daraus entsteht ein Drehmoment $M_t = F \cdot l = 500\,\text{N} \cdot 1\,\text{m} = 500\,\text{Nm}$ als mechanische Arbeit.

Diese Arbeit setzt sich in thermische Energie des Kühlwassers um, das mit $t_1 = 15\,°\text{C}$ in das Gehäuse der Bremse eintritt und dieses mit $\dot{m}_w = 5000\,\text{kg/h}$ durchströmt.

a) Wie groß ist die Motorleistung in kW?
b) Welche Temperatur t_2 hat das ablaufende Kühlwasser, wenn keine Wärme vom Bremsgehäuse an die Umgebungsluft abgegeben wird?

Lösung

a) Die Motorleistung aus Drehmoment mal Winkelgeschwindigkeit ist
$P = 500\,\text{Nm} \cdot 2 \cdot \pi \cdot n/60\,\text{s}^{-1} = 188\,200\,\text{Nm/s}$
$= 188\,200\,\text{W} = 188{,}2\,\text{kW}$.
b) Diese Leistung erhöht den mit dem Kühlwasser abgeführten thermischen Energiestrom, hier den Enthalpiestrom $\dot{H}$ (vgl. Abschnitt 1.5.6).

$$P = \Delta \dot{H} = \dot{m}_w \cdot c_w \cdot (t_2 - t_1)$$

$$= \frac{\text{kg}}{\text{h}} \cdot \frac{\text{kJ}}{\text{kg K}} \cdot \text{K} = \frac{\text{kJ}}{\text{h}}$$

$$P = 188{,}2\,\text{kW} = \dot{H}$$

$$= 188{,}2\,\text{kW} \cdot 3600\,(\text{kJ/h})/\text{kW}$$

$$\dot{H} = 677\,520\,\text{kJ/h}$$

$$(t_2 - t_1) = \Delta t = \frac{\dot{H}}{\dot{m}_w \cdot c_w}$$

$$= \frac{677\,520\,\text{kJ/h}}{5000\,\text{kg/h} \cdot 4{,}20\,\text{kJ/kg} \cdot \text{K}} = 32\,\text{K}$$

$$t_2 = t_1 + \Delta t = 15\,°\text{C} + 32\,\text{K} = 47\,°\text{C}$$

Elektrische Heizung (Umwandlung von elektrischer Energie in Wärme)
Bei Rechnungen mit Einheiten der Elektrotechnik verwendet man meist anstelle der Ws (Arbeit) und des W (Leistung) die größeren Einheiten kWh und kW. Dabei ist

29. Beispiel

a) Wieviel kWh werden benötigt, um 100 kg Wasser von 10 °C auf 35 °C zu erwärmen?

Lösung

$$m_w \cdot c_w \cdot \Delta t_w = 100\,\text{kg} \cdot 4{,}19\,\frac{\text{kJ}}{\text{kg K}}$$

$$\cdot (35\,\text{K} - 10\,\text{K}) = 10\,500\,\text{kJ}$$

$$= 10\,500\,\text{kJ} \cdot 0{,}278 \cdot 10^{-3}\,\text{kWh/kJ}$$

$$= 2{,}92\,\text{kWh}$$

b) Wie lange braucht man zur Aufwärmung der 100 kg Wasser von 10 °C auf 35 °C, wenn die Elektroheizung eine Leistung von
b1) = 2 kW, b2) = 20 kW hat.

Lösung

$$\text{b1): Zeit} = \frac{2{,}92\,\text{kWh}}{2{,}00\,\text{kW}} = 1{,}46\,\text{h}$$

$$\text{b2):}\ \frac{2{,}92\,\text{kWh}}{20\,\text{kW}} = 0{,}146\,\text{h} = 8{,}75\,\text{min}$$

Abstrahlungs-Wärmeverluste sind nicht berücksichtigt.

Hinweis

Eine Umrechnungstabelle zwischen den Energieeinheiten befindet sich im Anhang.

1.5.2 Umwandlung von thermischer Energie in mechanische Arbeit

Die Umwandlung von mechanischer Arbeit in thermische Energie ist über Reibung, Zerspanung, Schlag und Stoß immer möglich. Ein Teil der Energie kann hierbei auch als Verformungsarbeit verbraucht worden sein.

Anders ist es beim umgekehrten Vorgang, der sich als wesentlich vielschichtiger darstellen wird.

Wenn **mechanische Arbeit aus thermischer Energie** entstehen soll, bedeutet dies zunächst, daß unter der Wirkung einer Kraft ein Weg zurückgelegt werden muß.

Zur **Leistung,** die aus der Arbeit gewonnen werden soll, kommt die weitere Forderung nach einem möglichst raschen Geschwindigkeitsablauf des Arbeitsvorganges hinzu.

$1\,\text{kWh} = 3{,}6 \cdot 10^6\,\text{Ws} = 3{,}6 \cdot 10^6\,\text{J} = 3{,}6 \cdot 10^3\,\text{kJ}$ (Arbeit)
$1\,\text{kJ} \quad = 1/3{,}6 \cdot 10^3\,\text{kWh} = 0{,}278 \cdot 10^{-3}\,\text{kWh}$ (Arbeit)

Feste Stoffe und Flüssigkeiten als Wärmeträger sind also nicht geeignet, eine derartige Umwandlung wirtschaftlich nutzbar zu machen. Geeignet hierfür sind Gase und Dämpfe.

Die Umwandlung von **thermischer Energie in Arbeit** soll sich in sogenannten Wärmekraftmaschinen vollziehen. Beispiele hierfür sind Hubkolben- und Kreiskolbenmotore, wie Otto- und Dieselmotoren, die ihre Leistung über eine Kurbel-welle nach außen geben, oder Strömungsmaschinen, wie Gas- und Dampfturbinen, bei denen das Arbeitsmittel eine Umlenkkraft an der Beschauflung ausübt, die das Laufrad und damit die Turbinenwelle in einer Leistung erzeugenden Drehbewegung hält (Bild 1.18).

In den Kolben- und Kreisel-**Verdichtern** finden entsprechende Vorgänge statt, auf die später eingegangen werden muß.

Bild 1.18   Wirkungsweise eines Hubkolben- und eines Drehkolbenmotors; Wirkungsweise einer Dampfturbine

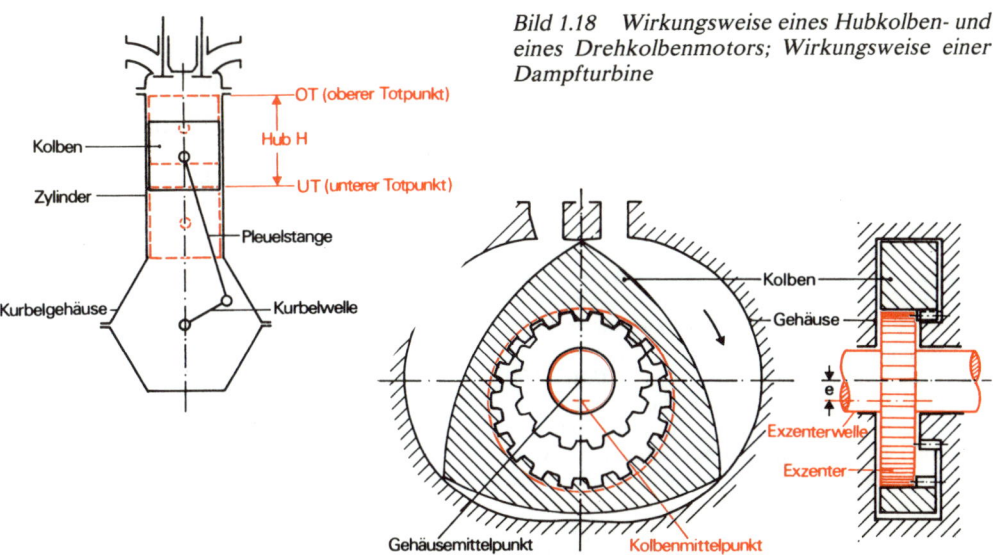

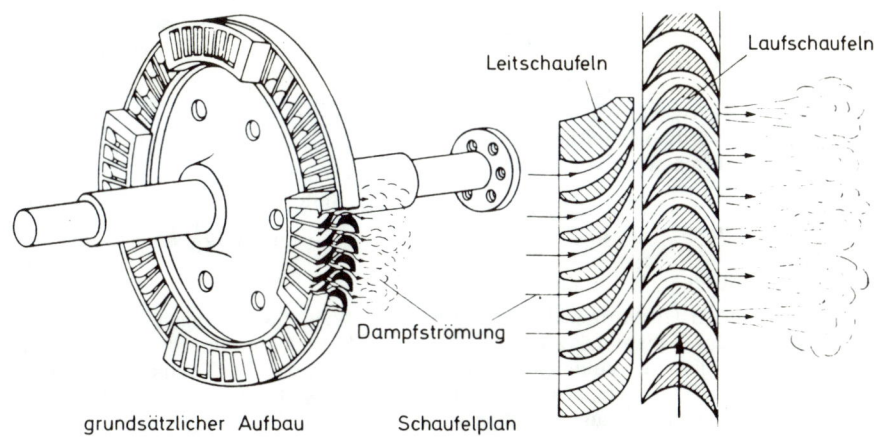

43

Wärmekraftmaschinen

Im Benzinmotor als einem Beispiel wird ein im Zylinder befindliches Gas-Luft-Gemisch nach einer Explosion auf hohe Drücke und Temperaturen gebracht und gibt anschließend Energie an den Kolben des Motors ab.

Beim Dampfkraftprozeß wird Brennstoffenergie im Dampferzeuger zunächst an Wasser übertragen, woraus Wasserdampf von hohem Druck und hoher Temperatur entsteht; dieser Heißdampf gibt einen Teil seiner Energie ebenfalls unter Druck- und Temperaturabnahme innerhalb der Beschauflung an den Läufer einer Dampfturbine ab.

Es fragt sich, wieviel von der mit den Brennstoffen aufgewendeten Wärmeenergie in den Maschinen als nutzbare mechanische Energie gewonnen werden kann.

Die von *James Watt* bereits weiterentwickelte Kolbendampfmaschine wurde schon 1769 zum Antrieb von Pumpen eingesetzt, ohne daß man in einer Vorausberechnung hätte sagen können, welches Verhältnis zwischen aufgewendeter Steinkohle und gewonnener mechanischer Energie bestand oder ob und wie hierbei mehr Energie aus weniger Kohle erzeugt werden könnte.

Bekannt waren die Gasgesetze von *Boyle-Mariotte, Gay-Lussac, Avogadro,* die Hinweise auf verschiedene, für alle Gase gültige Beziehungen gaben; bekannt war auch schon, daß beim Erwärmen der Gase Unterschiede im Wärmeverbrauch bestehen, wenn man dasselbe Gas, einmal in geschlossenem Behälter, einmal mit der Möglichkeit zu freier Wärmeausdehnung, auf gleiche End-Temperatur bringt.

Von hier ausgehend hat *Robert Mayer*, Arzt in Heilbronn, als Erster die „Gleichwertigkeit von Wärme und Arbeit" erkannt und die Größenverhältnisse bei der Umwandlung richtig bestimmt. Die alte Bezeichnung „Mechanisches Wärmeäquivalent" basierte darauf, daß man Wärme und Arbeit als Größen verschiedener Art auffaßte.

Unter der spezifischen Wärmekapazität c versteht man die Wärmemenge, die verbraucht wird, wenn eine Stoffmasse m von t_1 auf t_2 um 1 K erwärmt werden soll.

$$Q = m \cdot c \cdot (t_2 - t_1)$$

Bei Gasen ist bezüglich c zu unterscheiden

c_p wenn während der Wärmezufuhr der Druck p, unter dem das Gas steht, konstant bleibt; dies geschieht, indem der Volumenzunahme nach $V_2 = V_1 (T_2/T_1)$, die sich aus der Erwärmung ergibt, entsprechend Raum gegeben wird.

c_v wenn die Wärme einem fest eingeschlossenen Gasvolumen $V_2 = V_1$ zugeführt wird; dabei steigt der Gasdruck nach $P_2 = P_1 (T_2/T_1)$.

Erwärmt man in beiden Fällen die gleiche Gasmasse von der gleichen Anfangstemperatur t_1 auf die gleiche Endtemperatur t_2, dann zeigt sich, daß der Betrag

$$Q_p = m \cdot c_p \cdot (t_2 - t_1) \text{ größer ist als}$$

$$Q_v = m \cdot c_v \cdot (t_2 - t_1).$$

Die Wärmemengen-Differenz $Q_p - Q_v$ ist zunächst „latent"; sie ist als thermische Energie „verborgen oder verschwunden", wenn man ausschließlich die in beiden Fällen **gleiche** Temperaturdifferenz betrachtet.

Erst *Robert Mayer* hat gefunden, daß der Unterschiedsbetrag nicht „verborgen", sondern in mechanische Arbeit umgewandelt worden ist (Bild 1.19).

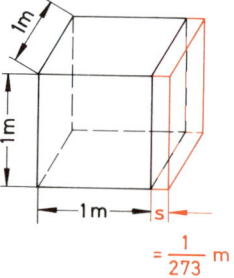

Bild 1.19 Zur Überlegung von Robert Mayer, die zum Bestimmen der Gleichheit von Wärme und Arbeit geführt hat

Mit den heute bekannten genauen c_p- und c_v-Werten von Luft soll sein Gedankengang kurz wie folgt skizziert werden:

ein würfelförmiger Kasten mit 1 m Kantenlänge ist mit 1 m³ Luft von 0 °C und 1,01325 bar (760 mm QS) gefüllt. Diese Luft hat eine Dichte $\varrho = 1,293$ kg/m³ bei 0 °C/1,013 bar (s. Anhang), so daß der Kasten $m = 1,293$ kg Luft enthält.

Weiter ist (s. Anhang) für Luft von 0 °C

$c_p = 1,006 \text{ kJ/kg K};$

$c_v = 0,719 \text{ kJ/kg K}.$

Wird die bewegliche rechte Wand des Kastens festgehalten und der Luft so viel Wärme zugeführt, daß ihre Temperatur um 1 °C steigt, müssen $Q_v = 1,293 \text{ kg} \cdot 0,716 \text{ kJ/kg K} \cdot 1 \text{ K}$ zugeführt werden.

44

Läßt man die rechte Wand sich nach rechts bewegen, dann dehnt sich die Luft je 1 K Erwärmung um $^1/_{273}$ m^3. Hier wird sich also die Seitenwand um die Strecke $s = {}^1/_{273}$ m gegen den außen wirkenden Luftdruck von 1,01325 bar nach rechts schieben. Es entsteht eine Arbeit W aus Kraft mal Weg.

Die Kraft F ist Druck mal Fläche = 1,01325 bar $\cdot$ 100 000 (N/m^2)/bar $\cdot A = 1$ m^2; der Weg ist $s = {}^1/_{273}$ m.

$$W = p \cdot A \cdot s = 101\,325\,\frac{N}{m^2}$$
$$\cdot\,1\,m^2 \cdot \frac{1}{273}\,m = 371,1\,Nm$$

Die hierfür anteilig aufgewendete Wärme ist

$$Q = Q_p - Q_v = m \cdot (c_p - c_v) \cdot (t_2 - t_1)$$

$$Q = 1,293\,kg \cdot (1,006 - 0,719)\,\frac{kJ}{kg\,K} \cdot 1\,K$$

$$= 0,3711\,kJ$$

$$Q = 371,1\,J$$

Die Wärme $Q = 371,1$ J entspricht der Arbeit $W = 371,1$ Nm

$$1\,J = 1\,Nm$$

Wärme und Arbeit sind gleich groß.

Weitere Folgerungen und Bezeichnungen
Im Falle des geschlossenen Kastens ist die Temperatur der Luft um 1 °C gesteigert worden, womit der Druck auf $p_2 = p_1 \cdot (T_2/T_1) = 1,01325$ bar $\cdot$ 274 K/273 K = 1,017 bar gestiegen.
Die „Innere Energie" der Luft ist um $u_2 - u_1 = c_v \cdot (T_2 - T_1) = 0,719$ kJ/kg K $\cdot$ 1 K = 0,719 kJ/kg gestiegen.
Der Begriff „Innere Energie" wird später weiter behandelt.
Im Falle der Temperatursteigerung mit zusätzlicher Arbeitsabgabe ist die „Enthalpie" der Luft um $h_2 - h_1 = c_p \cdot (T_2/T_1) = 1,006$ kJ/kg K $\cdot$ 1 K = 1,004 kJ/kg gestiegen.
Der Begriff „Enthalpie" wird ebenfalls später weiterbehandelt.

1.5.3 Die bezogenen Wärmekapazitäten C_{mp}, C_{mv} und c_p, c_v

Fragen der spez. Wärmekapazitäten der Stoffe sind schon im Abschnitt 1.3 behandelt worden.

Dabei wurde auf die Temperaturabhängigkeit bei festen und flüssigen Stoffen hingewiesen, derentwegen die Begriffe „wahre" und „mittlere" spezifische Wärmekapazität eingeführt werden müssen.
Bei Gasen liegen darüber hinaus besondere Verhältnisse vor.

Molare Wärmekapazität
Eine weitere zu den schon bekannten Übereinstimmungen, die für alle Gase gelten, ergibt sich wie folgt bei der Differenz der Molwärmen.
Der Unterschied in den Wärmekapazitäten, die man 1 kmol des Gases zur Erwärmung um 1 K bei $p = $ konstant und bei $v = $ konstant zuführen muß, ist gleich der allgemeinen Gaskonstanten und hat für alle Gase den gleichen Wert:

$$C_{mp} - C_{mv} = R = 8314\,\frac{J}{kmol\,K}$$

C_{mp} = molare Wärmekapazität, wenn $p = $ konst in J/kmol K
C_{mv} = molare Wärmekapazität, wenn $v = $ konst in J/kmol K
R = 8314 J/kmol K ist die schon bekannte allg. Gaskonstante

Es sei daran erinnert, daß M die Molmasse ist in kg/kmol, ein stoffgebundener Massenbegriff; die Masse von 32 kg O_2 sind ein Mol; das Molvolumen V_M aller Gase ist im Normalzustand 0 °C/1,013 bar = 22,4 m^3/Mol.

Entsprechend ist dann

$$c_p = \frac{C_{mp}}{M}\,\text{die spez. Wärmekapazität}$$

$$\text{in}\,\frac{J}{kg\,K}\qquad(p = \text{konst})$$

$$c_v = \frac{C_{mv}}{M}\,\text{die spez. Wärmekapazität}$$

$$\text{in}\,\frac{J}{kg\,K}\qquad(v = \text{konst})$$

Schließlich erhält man mit $R/M = R_i$ die Werte

$$c_p - c_v = R_i\,\text{in}\,\frac{J}{kg\,K} = \frac{Nm}{kg\,K}$$

Diese Beziehung gilt genau nur beim idealen Gas, in Näherung auch bei realen Gasen.
Grundsätzlich gilt dies also für alle Gase. Hieraus berechnete *Robert Mayer* das „mechanische Wärmeäquivalent". Die Gaskonstante R_i entspricht ihrer Einheit nach einer Arbeit, die von 1 kg des betrachteten Gases bei Erwärmung um 1 K zu gewinnen ist.

Hinweis

Für 1 kg Wasserstoff (H_2 mit R_i = 4124 Nm/kg · K) erhält man bei gleicher Erwärmung etwa 14mal mehr Arbeit als aus 1 kg Luft (R_i = 287 Nm/kg · K). Der H_2 hat ein viel größeres spez. Volumen $v = 1/\varrho$ in m³/kg, so daß 1 kg H_2 einen etwa 14mal größeren Raum einnimmt (Bild 1.19).
Für das Verhältnis der spez. Wärmekapazitäten wird nach DIN 1304 von 1978 der griech. Buchstabe γ verwendet

$$\frac{c_p}{c_v} = \gamma$$

Bei idealem Gas ist dieses Verhältnis γ gleich dem Isentropenexponenten $\varkappa$ (später), der für wärmetechnische Berechnungen besondere Bedeutung hat.
Durch Einsetzen und Umformen erhält man weiter

$$c_p = \frac{\gamma}{\gamma-1} \cdot R_i \quad \text{und} \quad c_v = \frac{1}{\gamma-1} \cdot R_i$$

Für das Verhältnis $\gamma = c_p/c_v$ gelten in Abhängigkeit von der Atomzahl folgende Werte

1atomige Gase $\gamma = {}^5/_3 = 1{,}67$ He, Ar

2atomige Gase $\gamma = {}^7/_5$
$\qquad\qquad\quad = 1{,}40$ H_2, O_2, N_2, CO, Luft

3atomige Gase $\gamma = {}^8/_6$
$\qquad\qquad\quad = 1{,}33$ CO_2, H_2O, SO_2

Diese Werte gelten für 0 °C; für höhere Temperaturen werden die Werte für mehratomige Gase kleiner, weil ihre c_p- und c_v-Werte von der Temperatur abhängig sind. Es muß also auch hier zwischen der wahren und der mittleren spez. Wärmekapazität (c_{pm}, c_{vm}) unterschieden werden. c_p bzw. c_v ist nur bei 1atomigen Gasen konst. Werte für c_p und c_v verschiedener Gase bei 0 °C in kJ/kg K auf Tafel 7 (Anhang).
Werte für c_{pm} von 0 °C bis 2500 °C für verschiedene Gase in kJ/kg K auf Tafel 10 (Anhang).

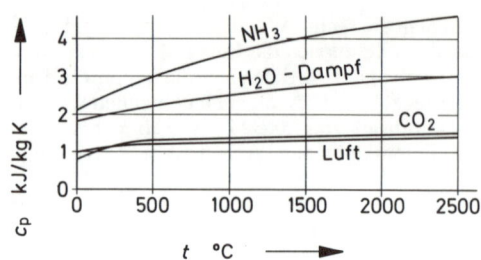

Bild 1.20   Wahre spez. Wärmekapazität c_p einiger Gase, informatorisch

Der Verlauf der „wahren" spez. Wärmekapazität in Abhängigkeit von der Temperatur auf Bild 1.20. Es sei darauf hingewiesen, daß bei nicht idealen Gasen eine gewisse Druckabhängigkeit besteht.

30. Beispiel
Wie groß ist die mittlere spez. Wärmekapazität von Luft, die bei gleichbleibendem Druck (1 bar) von t_1 = 220 °C auf t_2 = 750 °C erwärmt werden soll?

Lösung

$$c_{pm}\Big|_{t_1}^{t_2} = \frac{c_{pm}\big|_0^{t_2\,°C} \cdot t_2 - c_{pm}\big|_0^{t_1\,°C} \cdot t_1}{t_2 - t_1}$$

Die c_{pm}-Werte aus Tafel 10 interpoliert:

$$c_{pm}\Big|_{t_1}^{t_2} =$$

$$\frac{1{,}0655 \text{ kJ/kg K} \cdot 750\,°C - 1{,}0144 \text{ kJ/kg K} \cdot 220\,°C}{750\,°C - 220\,°C}$$

$$c_{pm}\Big|_{t_1}^{t_2} = 1{,}088 \text{ kJ/kg K}$$

31. Beispiel
Wie groß ist der Werk $\varkappa$ für Luft
a) zwischen 0 °C und 400 °C?
b) zwischen 800 °C und 1600 °C?

Lösung

Zunächst ist $\gamma = \dfrac{c_p}{c_v} \approx \dfrac{c_p}{c_p - R_i}$

46

a) Hier müssen die c_{pm}-Werte aus Tafel 10 benutzt werden.

$$\gamma_m\Big|_{0\,°C}^{400\,°C} = \frac{c_{pm}\Big|_0^{400}}{c_{pm}\Big|_0^{400} - R_i}$$

$$= \frac{1,029 \text{ kJ/kg K}}{1,029 \text{ kJ/kg K} - 0,287 \text{ kJ/kg K}}$$

$$= 1,387$$

b) Zur Lösung muß zunächst der c_{pm}-Wert zwischen 1600 °C und 800 °C wie im vorhergehenden Beispiel berechnet werden, wobei man c_{pm} = 1,203 kJ/kg K erhält und oben einsetzt.

$$\gamma_m\Big|_{800\,°C}^{1600\,°C} = \frac{c_{pm}\Big|_{800}^{1600}}{c_{pm}\Big|_{800}^{1600} - R_i}$$

$$= \frac{1,203 \text{ kJ/kg K}}{(1,203 - 0,287) \text{ kJ/kg K}} = 1,313$$

Hier ist bereits eine merkliche Abnahme des γ-Wertes zu erkennen.

Die spezifische Wärmekapazität von Gasmischungen

Die spezifische Wärmekapazität von Gasmischungen läßt sich berechnen, wenn die Massen- oder Raumanteile der Einzelgase bekannt sind. Sind die Massenanteile $g_1, g_2, \ldots$ bekannt, dann ist mit den c-Werten der betreffenden Einzelgase

$$c_{ms} = g_1 \cdot c_1 + g_2 \cdot c_2 + g_3 \cdot c_3 + \ldots \text{ kJ/kg K}$$

Sind die Raumanteile $r_1, r_2 \ldots$ bekannt (Gasanalyse), können diese in Massenteile umgerechnet werden. Es kann auch aus $r_1 \cdot M_1 + r_2 \cdot M_2$ über die Molmasse gerechnet werden zu $r_1 \cdot M_1 \cdot c_1$, $r_2 \cdot M_2 \cdot c_2 \ldots$, wobei man c_{ms} in kJ erhält.
Ausführliche Darstellung bei *Puschmann-Draht*, Grundlagen der Technischen Wärmelehre.

1.5.4 Möglichkeiten bei thermisch-mechanischen Umwandlungsvorgängen

Nach dem **Ersten Hauptsatz** bestehen die dort genannten Zusammenhänge bei der Umwandlung von thermischer Energie in Arbeit und von Arbeit in thermische Energie.
In der Technischen Wärmelehre (TW) interessieren hierbei besonders die Vorgänge in den sogenannten Wärmekraft- und Wärmearbeitsmaschinen. Es gibt verschiedene Möglichkeiten gegenseitiger Einwirkung der beiden Energieformen. Sie betreffen sowohl die Art der Zustandsänderung der Gase als auch die Größenordnung der Umwandlungsbeträge.
Eine systematische Ordnung unterscheidet

Geschlossene Systeme (Bild 1.21)
Mit Bezug auf das Bild bedeuten im einzelnen

1. Die im Zylinder eingeschlossene Gasmasse hat eine höhere Temperatur als die Umgebung außerhalb des Zylinders. Die Zylinderwand ist wärmedurchlässig. Je größer die Temperaturdifferenz, um so mehr Wärme geht bei einem Umwandlungs-Maschinenprozeß über die Zylinderwand verloren.

2. Die eingeschlossene Gasmasse enthält „Innere Energie" — meßbar in Druck, Volumen und vor allem Temperatur. Die Zylinderwand läßt keine Wärme nach außen übertreten. Die vorhandene thermische Energie steht also voll zur Energieumwandlung zur Verfügung.

Bild 1.21 Geschlossenes wärmetechnisches System

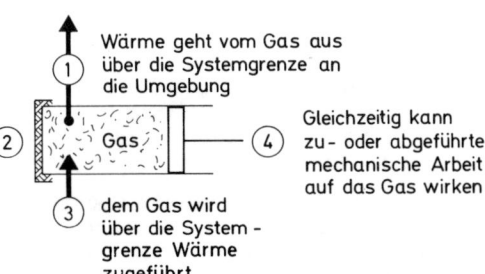

System - Grenze (Isolierung) verhindert Wärmeaustausch zwischen Gas und Umgebung

① Wärme geht vom Gas aus über die Systemgrenze an die Umgebung

③ dem Gas wird über die Systemgrenze Wärme zugeführt

④ Gleichzeitig kann zu- oder abgeführte mechanische Arbeit auf das Gas wirken

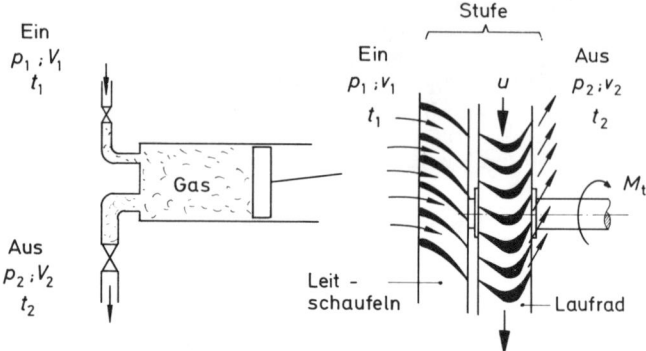

Bild 1.22 Offenes wärmetechnisches System am Beispiel einer Kolben- und einer Strömungsmaschine

3. Der Gasmasse kann von innen her, beispielsweise durch Zündung eines brennbaren Gas-Luft-Gemisches oder über die wärmedurchlässige Zylinderwand von außen her Wärmeenergie zugeführt werden.
4. Übergreifend kann gleichzeitig oder abgegrenzt für sich über Kolbenstange und Kolben auf das Gas mit zu- oder abgeführter mechanischer Arbeit eingewirkt werden.

Bei diesem „geschlossenen System" wird eine einmalige Hub-Bewegung des Kolbenmechanismus betrachtet.

Offene Systeme (Bild 1.22)
Bei diesen „Offenen Systemen" durchläuft das Arbeitsmittel die Maschine vom „Eintritt" zum „Austritt". Es handelt sich um die in der Technik angewendeten periodisch arbeitenden Kolben- und Strömungsmaschinen.
Auch hier können alle vorher mit Bild 1.21 besprochenen Einwirkungen 1 bis 4 auf die in Bewegung befindliche Gasmasse einwirken.
Die geschlossenen Systeme mit einmaliger Hubbewegung eines Kolbenmechanismus und die offenen Systeme mit Maschinenprozessen werden nachfolgend für sich, einführend, in ihren für die wärmetechnische Beurteilung wesentlichen Vorgängen behandelt.

1.5.5 Raumänderungsarbeit W, w; innere Energie U und u; Allgemeine Gleichung des 1. Hauptsatzes (1. Form)

In einem durch den verschiebbaren Kolben abgeschlossenen Teil eines Maschinenzylinders befindet sich die Masse m eines Gases mit dem Zustand p_1 und V_1 (Bild 1.23).

Die Kolbenfläche ist A. Auf der rechten Seite des Kolbens herrscht, weil dort der Zylinder offen ist, der Umgebungsdruck p_{amb}.
Auf dem Weg über die Kolbenstange wird der eingeschlossenen Gasmasse eine Arbeit zugeführt. Das Gas wird verdichtet und in der neuen Kolbenlage auf den Zustand p_2 und V_2 gebracht.
Mit dem nun erreichten Druck p_2 kann das Gas, weil der Druck auf der Kolbenrückseite gleich dem Umgebungsdruck und damit kleiner als p_2 ist, den Kolben nach rechts schieben. Das Gas kann also über Kolben und Kolbenstange eine Arbeit nach außen abgeben.
Arbeit, die bei einer Verdichtung 1···2 aufgewendet, bei einer Entspannung 2···1 abgegeben wird, erhält man nach den Gesetzen der Mechanik aus

Arbeit W = Kraft F × Weg s

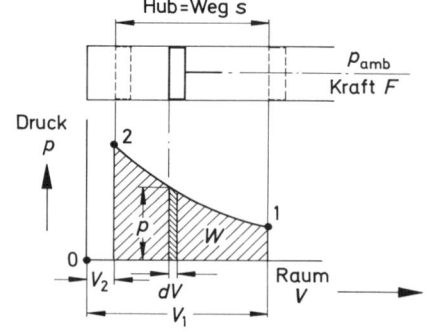

Bild 1.23 Raumänderungsarbeit W im geschlossenen System

48

Die Kraft F ergibt sich aus dem Gasdruck p mal der Kolbenfläche A zu

$$F = p \cdot A \quad \text{in N}$$

Bezüglich des Weges wird, im Hinblick auf eine dabei eintretende Druckänderung, zunächst die kleine Strecke ds betrachtet, aus der sich die kleine Raumänderung dV als d$V = A \cdot ds$ ergibt.
Zusammengefaßt ist dann

$$W = p \cdot A \cdot ds = p \cdot dV$$

Diese Arbeit wird als
Raumänderungsarbeit oder auch als
Volumenänderungsarbeit
bezeichnet.

> Bei jeder Zustandsänderung eines Gases, die mit einer Raumänderung verbunden ist, wird auch eine Raumänderungsarbeit übertragen.

In ein p,V-Koordinatensystem werden die Zustände eingetragen, die in der eingeschlossenen Gasmasse herrschen.
Trägt man zu jedem Volumen den Druck als Ordinate auf, dann entsteht die, allgemein betrachtet, irgendwie gestaltete p,V-Kurve. Der Flächeninhalt unter der Kurve, beginnend beim absoluten Druck null, entspricht der
Raumänderungsarbeit W.
Ist das Gesetz bekannt, nach dem sich die Drücke während der Hubbewegung ändern, dann kann die Arbeit W berechnet werden aus

> $$W = \int_{V_1}^{V_2} p \cdot dV$$
>
> beliebig große Gasmasse
>
> $$w = \int_{v_1}^{v_2} p \cdot dv$$
> Gasmasse $m = 1$ kg

In der Technischen Wärmelehre wird vorwiegend
dem Gas zugeführte Arbeit als negativer Wert
$$W_{zu} < 0$$
vom Gas abgegebene Arbeit als positiver Wert
$$W_{ab} > 0$$
gerechnet.

Aus dem 1. Hauptsatz folgt, daß eine gleichwertige thermische Energie verschwindet, wenn bei einer Zustandsänderung des Gases mechanische Arbeit abgegeben wird.
Die Raumänderungsarbeit des expandierenden Gases kann aus dem thermischen Energievorrat des eingeschlossenen Gases hervorgebracht werden; dabei fällt die Gastemperatur.
Bei einer Kompression des Gases wird mechanische Arbeit aufgewendet; sie wird im Gas als thermische Energie gespeichert, die Temperatur des Gases steigt.

Die Innere Energie, U und u
Wird in einem System nach Bild 1.24 einer Gasmasse mit der Temperatur t_1, die sich irgendwie ausdehnen kann, Wärme zugeführt, dann zeigt die Beobachtung im allgemeinen, daß das Gas sich ausdehnt und daß seine Temperatur steigt. Die zugeführte Wärme ist also verbraucht worden:

um die Temperatur des Gases auf t_2 zu erhöhen,
um eine Raumänderungsarbeit W abzugeben.

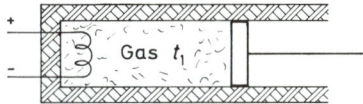

Bild 1.24 Wärmezufuhr im geschlossenen, wärmeisolierten Gefäß

Der Teil der zugeführten Wärme, der zur Temperatursteigerung verbraucht wurde und im Gas gespeichert bleibt, vergrößert die „Innere Energie" der Gasmasse. Der andere Teil verwandelt sich in mechanische Arbeit.
Hieraus wird geschlossen

a) Für den beschriebenen Vorgang kann folgende Gleichung geschrieben werden

$$Q = (U_2 - U_1) + W$$

Vorzeichenregel für Q:

$$Q_{zu} > 0$$
$$Q_{ab} < 0$$

Dabei ist U_1 die vorhandene Innere Energie der Gasmasse, bevor ihr die Wärme Q zugeführt wurde.

b) Wird die Wärme Q einem fest eingeschlossenen Gas, das sich nicht ausdehnen kann, zugeführt, dann ist $W = 0$, denn Raumänderungsarbeit kann nicht übertragen werden. Damit wird

$$Q = U_2 - U_1$$

Die zugeführte Energie erhöht die Innere Energie, was bei Gasen mit einer Temperatursteigerung verbunden ist.

c) Wird bei ungehinderter Ausdehnungsmöglichkeit des Gases die Wärmezufuhr so gesteuert, daß die Temperatur nicht steigt, dann verwandelt sich die zugeführte Wärme allein in mechanische Arbeit.

$$Q = W$$

Hier wird also keine Innere Energie hinzugespeichert.

d) Einzuschließen in diese Betrachtung ist auch der Fall, daß dem Gas ausschließlich mechanische Arbeit zugeführt wird. Das System sei dabei (wie auf Bild 1.24) vollständig wärmedicht. Da Energie nicht verlorengehen kann, muß diese Arbeit in Form von Wärme also mit einer Erhöhung der Inneren Energie des Gases verbunden sein; die Temperatur in der Gasmasse steigt.

$$U_1 - U_2 = W$$

Was ist die Innere Energie?
Die Innere Energie ist eine **Eigenschaft** des Systems. Sie überschreitet nicht die Grenzen des Systems. Was die Grenzen überschreiten kann, ist „Wärme" oder „Arbeit" oder beides gleichzeitig.

Bewertung der Inneren Energie
Für die Bewertung der in einem System (Bild 1.24) vorhandenen Inneren Energie ist zunächst die Temperatur ein Maßstab; außerdem ist es die spezifische Wärmekapazität des betreffenden Gases und die vorhandene Gasmasse.
Daß Druck und spez. Volumen hierbei und nur bei idealem Gas keinen Einfluß haben, haben schon *Gay-Lussac* und *Joule* mit folgendem Versuch gezeigt (Bild 1.25).
Die beiden wärmeisolierten Behälter I und II sind durch ein zunächst geschlossenes Ventil verbunden.

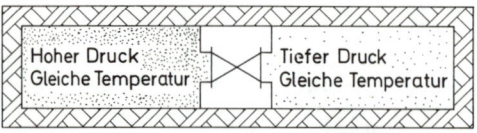

| Hoher Druck | Tiefer Druck |
| Gleiche Temperatur | Gleiche Temperatur |

Bild 1.25   Versuch von Gay-Lussac und Joule zur Frage der Inneren Energie

In I hat das Gas einen hohen, in II einen sehr niedrigen Druck. Die Temperaturen sind in I und II **gleich** hoch.
Das Ventil wird geöffnet: Aus I strömt so lange Gas nach II über, bis Druckausgleich eingetreten ist.
Während dieses Vorganges kühlt sich das Gas in I ab, in II erwärmt es sich.
Nach einiger Zeit hat das Gas in I und II die ursprüngliche Anfangstemperatur wieder angenommen, $\Delta t = 0$.
Grund: Da die Behälter wärmedicht sind und während des Druckausgleiches weder Arbeit noch Wärme zu- oder abgeführt wurden, ist auch die Innere Energie konstant geblieben, $\Delta U = 0$. Dies ist so, obwohl sich Druck und spez. Volumen v auf beiden Seiten geändert haben.
Die Innere Energie ist also bei idealem Gas nur eine Funktion der Temperatur. Man bezeichnet sie als **Kalorische Zustandsgröße.**
Es ist

$$U_2 - U_1 = m \cdot c_v \cdot (t_2 - t_1)$$
z.B. in kJ für m kg Gas

$$u_2 - u_1 = c_v \cdot (t_2 - t_1)$$
z.B. in kJ/kg für 1 kg Gas

Von Interesse sind bei Berechnungen nur die Differenzbeträge $u_2 - u_1$. Die Festlegung eines Nullpunktes ist hierbei ohne Bedeutung. Gelegentlich, so bei Wasser, legt man die Innere Energie bei 0 °C zu 0 fest.

Hinweis
Zur Inneren Energie eines Stoffes gehören auch die Energien, die zur Änderung seines Aggregatzustandes notwendig sind, die beispielsweise zum Schmelzen oder zum Verdampfen zugeführt werden müssen. Sie bewirken keine Temperaturerhöhung, werden als Wärme im Stoff gespeichert und wurden früher als „latente Wärme" bezeichnet (vgl. Bild 1.13).

Gleichung des 1. Hauptsatzes
Unter Bezugnahme auf die gegebenen Erklärungen können die Vorgänge bei der Umwandlung von zu- oder abgeführter Wärme, anteilig in eine Änderung der **Inneren Energie** und in **Raumänderungsarbeit,** wie folgt als Gleichung geschrieben werden:

$$Q = (U_1 - U_2) + W$$

50

Für Zustandsänderungen von 1 kg Gas erhält man

$$q = c_{vm} \cdot \Delta T + \int p \cdot dv$$

Je nach Verlauf und Steuerung der Vorgänge kann also zugeführte Wärme im Extremfall dazu verwendet werden,

a) eine Änderung der Inneren Energie allein zu bewirken, ohne daß Raumänderungsarbeit entsteht,

$$q = \Delta u = c_{vm} \cdot \Delta T = c_{vm} \cdot (T_2 - T_1)$$

Im Zylinder wird der Kolben festgehalten, so daß $v = $ konst

b) keine Änderung der Inneren Energie, sondern Umsetzung zugeführter Wärme ausschließlich in Raumänderungsarbeit,

$$q = \int p \cdot dv, \quad \text{wobei bei idealem Gas}$$

$$T_2 = T_1; t = \text{konst.}$$

Dazwischen liegen — betrachtet man ein System mit Zylinder, Kolben und wärmedichter oder wärmedurchlässiger Wand — zahlreiche Möglichkeiten der Verteilung zugeführter Wärme auf eine Änderung von Innerer Energie und Raumänderungsarbeit. Verhältnisgleiches gilt für eine Wärmeabfuhr.

Hinweis
Bis auf ein nachfolgendes Beispiel sollen die Möglichkeiten der Energieumwandlungen und der Zustandsänderungen an dieser Stelle nicht weiterbehandelt werden, weil spätere Zusätze bezüglich der **Technischen Arbeit** und danach eine straffe Übersicht folgen — getrennt nach einzelnen Zustandsänderungen.

32. Beispiel
Einer Luftmasse von $m = 1,0$ kg, $p_1 = 1,8$ bar, $t_1 = 20\,°C$ werden über eine Heizspirale $Q = 0,10$ kWh elektrische Arbeit zugeführt.
Das Gas befindet sich in einem wärmedichten, mit verschiebbarem Kolben versehenen Zylinder (Bild 1.24).

a) Was ändert sich am Zustand der Luft, wenn der Kolben während der Wärmezufuhr festgehalten wird?

Lösung
Hier kann Arbeit nicht abgegeben werden; die zugeführte Wärme bleibt im Gas und erhöht dessen Temperatur. Dabei ist nach

$$Q = m \cdot c_v \cdot (t_2 - t_1) + 0$$

$$t_2 = \frac{Q}{m \cdot c_v} + t_1$$

Zugeführt werden

$$Q = 0,10 \text{ kWh}$$

$$= 0,10 \text{ kWh} \cdot 3600 \frac{\text{kJ}}{\text{kWh}} = 360 \text{ kJ}$$

Es wird mit $c_v = 0,719$ kJ/kg K gerechnet und davon abgesehen, später den genauen c_{vm}-Wert einzusetzen, weil die Zahlenwerte hier mehr informativen Charakter haben.

$$t_2 = \frac{360 \text{ kJ}}{1 \text{ kg} \cdot 0,719 \text{ kJ/kg K}} + 20\,°C$$

$$= 503\,°C + 20\,°C = 523\,°C$$

$$T_2 = 523\,°C + 273\,°C = 796 \text{ K}$$

Bei $V = $ konstant steigt der Druck in der Luft nach

$$\frac{p_2}{p_1} = \frac{T_2}{T_1},$$

so daß $p_2 = 1,8$ bar $\cdot (796 \text{ K}/293 \text{ K}) = 4,89$ bar. Das spez. Volumen wird

$$v_2 = \frac{R_i \cdot T_2}{p_2} = 0,467 \frac{\text{m}^3}{\text{kg}} = v_1$$

Die Innere Energie ist, wenn für $t = 0\,°C$ hier $u = 0$ gesetzt wird,

$$u_1 = c_v \cdot t_1 = 0,719 \text{ kJ/kg K} \cdot 20\,°C$$

$$= 14,3 \text{ kJ/kg}$$

$$u_2 = 0,716 \text{ kJ/kg K} \cdot 523\,°C$$

$$= 374,3 \text{ kJ/kg}$$

Im Gas sind also $u_2 - u_1 = 360$ kJ/kg zusätzlich gespeichert, die als elektrische Energie zugeführt wurden.

b) (Mit hier mehr hinweisendem Charakter, informatorisch)
Welche Raumänderungsarbeit läßt sich aus der vorhandenen Inneren Energie gewinnen, wenn

b1) das Gas auf 1,8 bar (wie vor der Wärmezufuhr) entspannt wird?

b2) das Gas auf 1 bar = Umgebungsdruck entspannt wird?

b3) das Gas auf 20 °C entspannt wird; wie groß wird dabei der Enddruck?

In allen Fällen ist der Zylinder wärmedicht, so daß keine Wärmeenergie an die Umgebung verlorengehen kann. Zur Rechnung wird der ideale Gaszustand in guter Näherung angenommen.

Hinweis
Eine solche Zustandsänderung, wie sie unter Frage b vor sich gehen soll, heißt „adiabatisch" oder „isentrop"; sie wird später eingehend behandelt.

Lösung
Hierfür gilt mit $x = \gamma = 1{,}40$ (s. früher)

b1

— bezüglich der Temperaturänderung

$$T_3 = T_2 \cdot (p_3/p_2)^{\frac{x-1}{x}}$$
$$= 796 \text{ K} \cdot (1{,}8/4{,}9)^{0{,}286} = 598 \text{ K}$$
$$t_3 = 325 \text{ °C}$$

Daraus

$$v_3 = \frac{R_i \cdot T_3}{p_3} = 0{,}953 \text{ m}^3/\text{kg}$$
$$= v_2 \left(\frac{p_2}{p_3}\right)^{1/K}, \text{ das wird später noch erklärt}$$

Raumänderungsarbeit

$$w = c_v \cdot (T_2 - T_3)$$
$$= 0{,}719 \text{ kJ/kg K} \cdot (796 - 598) \text{ K}$$
$$w = 142 \text{ kJ/kg}$$

Die im Gas noch enthaltene Innere Energie ist mit $t_3 = 325$ °C hier $u_3 = 0{,}719 \cdot 312 = 232{,}7$ kJ/kg.

Abzüglich der vorher vorhandenen $u_1 = 0{,}719 \cdot 20$ °C $= 14{,}3$ kJ/kg ergibt sich also folgende Wärmebilanz (Bild 1.26):

zugeführt = 360 kJ/kg, davon in Raumänderungsarbeit umgewandelt	= 142 kJ/kg
restliche Innere Energie	= 218 kJ/kg
Summe	= 360 kJ/kg

b2

— bei Expansion bis auf 1 bar wird

$$T_4 = 796 \text{ K} \cdot (1{,}0/4{,}9)^{0{,}286} = 507 \text{ K};$$
$$t_2 = 234 \text{ °C}$$

$$w = 0{,}719 \text{ kJ/kg K} \cdot (796 - 507) = 207{,}8 \text{ kJ/kg}$$
$$u_4 - u_1 = 0{,}719 \text{ kJ/kg K} \cdot (234 - 20) = 152{,}2 \text{ kJ/kg}$$

$$360{,}0 \text{ kJ/kg}$$

b3

— um so weit zu expandieren, daß $t_5 = 20$ °C wird, muß die Luft auf 0,148 bar, also auf einen tiefen Unterdruck, entspannen können.
Dabei ist dann $w = 0{,}719 \cdot (523 - 20) = 360$ kJ/kg.
Um dies zu verwirklichen, muß der Zylinder an einen unter dem genannten **Unterdruck** stehenden Behälter von entsprechend großen Abmessungen angeschlossen sein.

In das p,v-Diagramm auf Bild 1.26 sind die Drücke und spez. Volumen in den berechneten Fällen b_1 bis b_3 eingetragen.
Es zeigt sich, daß das spez. Volumen zwischen Zustand 2 und Zustand 5 auf das 12fache zunimmt. Dies bedingt einen entsprechend großen Kolbenhub. Das Gesamtdruckverhältnis ist 4,89/0,148 = 33 : 1.
Auf Bild 1.26 ist außerdem die jeweilige Energiebilanz in einem Sankey-Diagramm dargestellt.

Ergebnisbetrachtung
Die zugeführte Energie führt hier zu einer Temperatur- und Drucksteigerung.
Soll die so erzeugte Innere Energie durch Expansion bis auf den Ausgangsdruck (1,8 bar) in Arbeit (Raumänderungsarbeit) umgewandelt werden, dann zeigt sich, daß nur ein Teil umgewandelt wird und ein Rest an Innerer Energie im Gas bleibt.
Dies ist eine vorläufige Erkenntnis, die bei der Umwandlung von Wärme in Arbeit in Maschinen große Bedeutung hat und später eingehender behandelt wird.

1.5.6 Technische Gasarbeit W_t, w_t; Enthalpie H, h

Gleichung des 1. Hauptsatzes (2. Form)
Die im vorhergehenden Abschnitt behandelte Raumänderungs-, auch Volumenänderungsarbeit W bzw. w erhält man, wie die Bilder gezeigt haben, aus einem einzelnen Kolbenhub.
Bei den in der Technik eingesetzten Maschinen muß ein fortlaufend kontinuierlicher Prozeß hintereinandergeschalteter Vorgänge stattfinden. Diese beginnen mit der Zufuhr und enden mit der

52

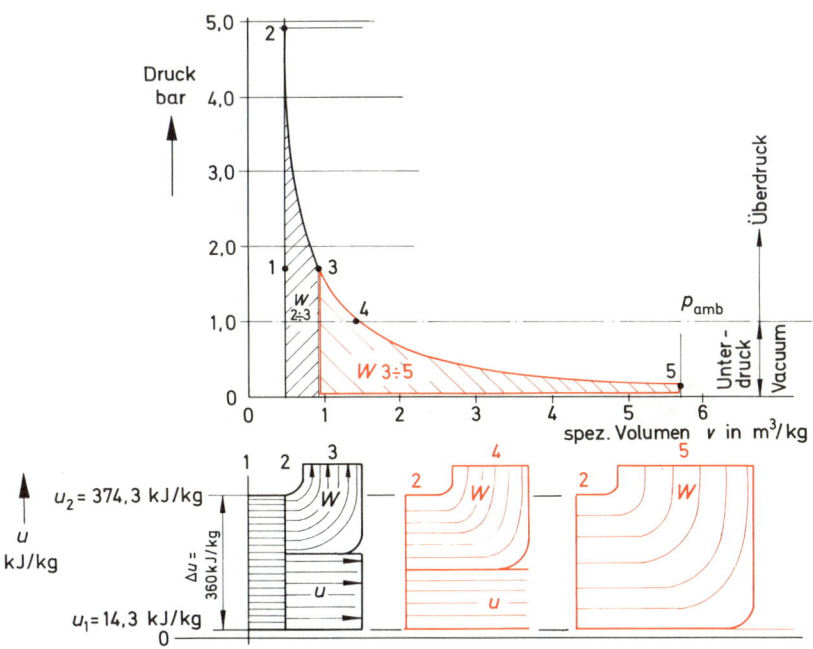

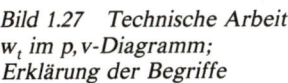

Bild 1.26 Ergebnisse des Berechnungsbeispiels zur Raumänderungsarbeit w im geschlossenen System; Darstellung im p,v-Diagramm und Darstellung von Energiebilanzen

Bild 1.27 Technische Arbeit w_t im p,v-Diagramm; Erklärung der Begriffe

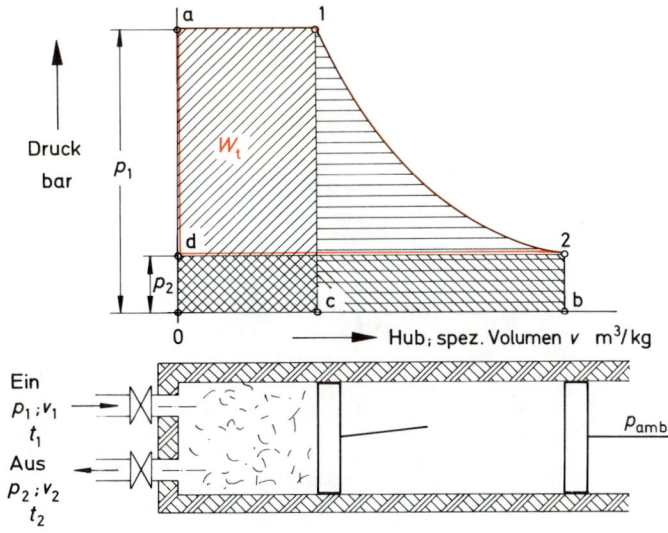

53

Abführung des Arbeitsmittels; dazwischen liegt eine gesondert zu betrachtende Zustandsänderung des Arbeitsmittels, dem hierbei ein möglichst großer Teil seiner Inneren Energie entzogen und zusätzlich in Arbeit umgewandelt wird (Bild 1.27).

Die insgesamt gewonnene Arbeit, die auf dem Bild im p,v-Diagramm als Fläche erscheint, heißt Technische Arbeit w_t.

Auf dem Bild ist dargestellt, wie aus einem Hin- und Rückgang des Kolbens (eine Umdrehung der Kurbelwelle) die Technische Arbeit w_t gewonnen wird:

Voraussetzung zu der folgenden Betrachtung ist ein vollständig wärmeisolierter Zylinder; über die Zylinderwand kann in diesem Fall Wärme weder zu- noch abgeführt werden (adiabates System).

Der Kolben befindet sich in der linken Totlage. Ein Ventil öffnet und läßt das Arbeitsmittel (Gas, Dampf), das aus einem Vorrat entnommen wird, mit gleichbleibendem Druck p_1 in den Zylinder einströmen. Der Kolben wird von a nach 1 geschoben.

In 1 schließt das Ventil. Das Gas expandiert unter Abnahme seiner Inneren Energie bis auf den vorgesehenen Druck p_2, der erreicht wird, wenn der Kolben in die rechte Totlage gekommen ist.

Bei der Zustandsänderung von 1 nach 2 handelt es sich hier um eine Adiabate (= Isentrope), von der schon einmal kurz die Rede war. Die unter 1 bis 2 entstandene Raumänderungsarbeit w (bis zur p = 0-Linie) stammt ausschließlich aus der Inneren Energie des Arbeitsmittels. Dieser Vorgang ist im vorigen Abschnitt besprochen worden.

In 2 öffnet ein Auslaßventil. Der Kolben kehrt um und schiebt das Arbeitsmittel in einen Raum (auch in die Umgebung), in dem ein gleichbleibender Druck p_2 herrscht. Diese Ausschiebearbeit muß aufgewendet werden; sie wird den Schwungmassen des Triebwerkes entnommen, fehlt also an der Nutzarbeit.

In d ist die linke Totlage erreicht; ein voller Arbeitsgang mit einer Kurbelumdrehung des Triebwerkes ist abgeschlossen.

Die Nutzarbeit, die Technische Arbeit w_t also, besteht demnach aus den Flächen unter den angesprochenen Punkten bis zur 0-bar-Linie:

$$\begin{array}{ll} (a-1) & \text{entsprechend } p_1 \cdot v_1 = a, 1, c, 0 \\ + (1-2) & \text{Raumänderungsarbeit, wie früher} \\ & \text{besprochen, } = 1, 2, b, c, \\ - (2-d) & \text{entsprechend } p_2 \cdot v_2 = 2, b, 0, d \end{array}$$

Das ergibt die Fläche

$$w_t = p_1 \cdot v_1 + w - p_2 \cdot v_2,$$

bezogen auf 1 kg Gas

Für sich betrachtet ist dann

$$w_t = -\int_1^2 v \cdot \mathrm{d}p$$

(Bild 1.28).

Das Minuszeichen erscheint, weil der Druck von 1 nach 2 fällt, weswegen dp negativ wird. Die Ausrechnung ergibt aber einen positiven Wert für w_t.

Setzt man für die Raumänderungsarbeit $w = u_1 - u_2$, was dann gilt, wenn, wie im Abschnitt 1.5.5 behandelt, diese nur aus der Inneren Energie des Arbeitsmittels entsteht (wärmeisolierter Zylinder), dann wird

$$w_t = p_1 \cdot v_1 + u_1 - u_2 - p_2 \cdot v_2$$
$$w_t = (u_1 + p_1 \cdot v_1) - (u_2 + p_2 \cdot v_2)$$

Nun wird mit
$$u_1 + p_1 \cdot v_1 = h_1 = \text{Enthalpie}$$
$$u_2 + p_2 \cdot v_2 = h_2 = \text{Enthalpie}$$

eine neue Zustandsgröße eingeführt.

Die Enthalpie h in kJ/kg
$\qquad\qquad\quad H$ in kJ
ist die Summe aus Innerer Energie und Verdrängungsarbeit.

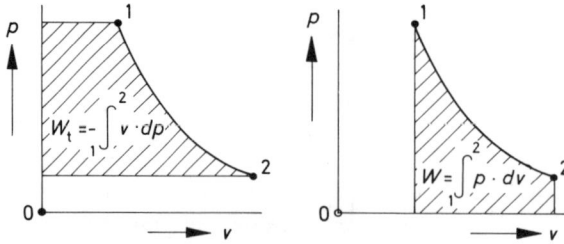

Bild 1.28 Technische Arbeit w_t und Raumänderungsarbeit w bei einer Expansion $1 \cdots 2$ im wärmeisolierten Zylinder. In beiden Fällen findet die Expansion vom gleichen Anfangszustand aus auf den gleichen Enddruck statt; die Fläche $w_t = \varkappa \cdot w$

54

Die Enthalpie ist eine Zustandsgröße. Sie wird vom Zustand des Arbeitsmittels beeinflußt.

Wie auch bei der Inneren Energie kommt es wesentlich auf Enthalpiedifferenzen an; der Nullpunkt kann beliebig festgelegt werden und wird bei Rechnungen im Bereich der Gas- und Dampfturbinen meist bei 0 °C gewählt.

Es ist also die Technische Arbeit bei wärmedichtem System

$$w_t = h_1 - h_2 \text{ in kJ/kg oder in kNm/kg}$$

Weiterer Zusammenhang u und h

Mit $u = c_v \cdot T$ wird $h = c_v \cdot T + p_1 \cdot v_1$. Über die Zustandsgleichung der Gase $p \cdot v = R_i \cdot T$ wird auch

$$h = c_v \cdot T + R_i \cdot T = T \cdot (c_v + R_i)$$

Weiter wird mit $R_i = c_p - c_v$, wie früher gezeigt

$$h = c_p \cdot T = c_p \cdot t \quad \text{in kJ/kg}$$

Gleichung des 1. Hauptsatzes (2. Form)

Für kleine Schritte bei der Änderung der Enthalpie $h = u + p \cdot v$ wird durch Differentiieren

$$dh = du + (p \cdot dv + v \cdot dp)$$

$$dh = du + p \cdot dv + v \cdot dp$$

dabei $du + p \cdot dv = dq$ nach der allgemeinen Wärmegleichung 1. Form (Abschnitt 1.5.5), weswegen

$$dq = dh - v \cdot dp$$

und integriert zwischen 1 und 2

$$\int_1^2 dq = \int_1^2 dh - \int_1^2 v \cdot dp,$$

wobei $- \int_1^2 v \cdot dp = w_t$

Daraus erhält man eine 2. Form der Gleichung des 1. Hauptsatzes bei vernachlässigten kinetischen und potentiellen Energien, mit

$$Q_{1,2} = H_2 - H_1 + W_{t1,2} \text{ z.B. in kJ/kg}$$

Diese allgemeine Form sagt aus, daß aus zugeführter Wärmeenergie q eine Änderung der Enthalpie und das Entstehen Technischer Arbeit folgen kann.

Im wärmedichten System ist $Q = 0$, hier muß die Technische Arbeit allein aus der Enthalpie des Wärmeträgers entnommen werden.

Hinweis

Dies entspricht der 1. Form der allgemeinen Wärmegleichung der Gase und Dämpfe mit $q_{1,2} = u_2 - u_1 + w$, woraus $w = u_1 - u_2 + q_{1,2}$, nach der im wärmedichten System Raumänderungsarbeit allein aus der Inneren Energie des Wärmeträgers entnommen wird.

Von weiteren Erörterungen zu diesen Fragen wird hier abgesehen. Bei den Maschinenprozessen kommen Einwirkungen von Wärme, die über die Zylinderwand auf das Arbeitsmittel wirken, gewollt und nicht gewollt vor. In späteren Abschnitten wird auf die gegebenen Formulierungen zurückgegriffen.

So wie mechanische Energie als potentielle und kinetische Arbeit in Erscheinung tritt, kann thermische Energie in den Formen

Innere Energie, Enthalpie, Wärme

erscheinen. Dabei ist Wärme derjenige Anteil zu- oder abgeführter Energie, der die wärmedurchlässige Systemgrenze (Zylinderwand) infolge eines Temperaturunterschiedes des Arbeitsmittels zur Außenumgebung überschritten hat.

Wärme und Arbeit treten beim Überschreiten der Systemgrenzen auf, im Innern des Systems gibt es diese Größen nicht; dort gibt es nur Innere Energie und Enthalpie.

33. Beispiel (mit ebenfalls hinweisendem, informatorischem Charakter)

Unter Bezugnahme auf das 32. Beispiel (Abschnitt 1.5.5), bei dem 1 kg Luft von 1,8 bar, 20 °C über eine Heizspirale 0,10 kWh elektrische Arbeit bei v = konst zugeführt wurden, so daß der Druck auf 4,89 bar bei 523 °C gebracht wurde, wird wie folgt weiter gerechnet:

1 kg Luft von $p_1 = 4,89$ bar und 523 °C (796 K) expandiert adiabatisch (= isentrop), also ohne Wärmeeinwirkung über die isolierte Zylinderwand, auf $p_2 = 1$ bar.

a) Welche Technische Arbeit w_t wird bei einer Kurbelumdrehung (Hin- und Rückgang des Kolbens) gewonnen?

b) Wie ist der Unterschied zwischen w_t und w in kJ/kg bei gleicher Expansion von 1 nach 2?

55

Lösung

a) $w_t = p_1 \cdot v_1 + w - p_2 \cdot v_2$

Die Zustandswerte p_1, v_1, p_2, v_2 sollen hier als gegeben betrachtet werden wie folgt

$p_1 = 4,89$ bar; $v_1 = 0,467$ m³/kg

$p_2 = 1,0$ bar; $v_2 = 1,451$ m³/kg

$t_1 = 523\,°C$; $T_1 = 796$ K

$t_2 = 233\,°C$; $T_2 = 506$ K

Einzelrechnungen

$$p_1 \cdot v_1 = 4,89 \text{ bar} \cdot 100\,000 \; \frac{N}{m^2 \cdot bar}$$

$$\cdot \, 0,467 \; \frac{m^3}{kg} = 228 \; \frac{kNm}{kg}$$

$$= 228 \; \frac{kJ}{kg}$$

$$u_1 - u_2 = c_v \cdot (t_1 - t_2)$$

$$= 0,716 \text{ kJ/kg K} \cdot 290 \text{ K}$$

$$= 208 \text{ kJ/kg}$$

$$p_2 \cdot v_2 = 1 \text{ bar} \cdot 100\,000 \; \frac{N}{m^2 \cdot bar}$$

$$\cdot \, 1,451 \; \frac{m^3}{kg} = 145,1 \; \frac{kNm}{kg}$$

$$= 145,1 \; \frac{kJ}{kg}$$

Das ergibt

$$w_t = 228\,kJ/kg + 208\,kJ/kg - 145,4\,kJ/kg$$

$$w_t = 291 \text{ kJ/kg}$$

b) Im 32. Beispiel war berechnet, daß bei adiabater Expansion von 4,89 bar, 523 °C auf 1 bar eine Raumänderungsarbeit $w = 208$ kJ/kg (s. oben) entsteht.

Betrachtet man $w_t : w = 291 : 208 = 1,40$, so ist dies der Wert $\varkappa = c_p/c_v$ für Luft. Es ist also

$$w_t = \varkappa \cdot w = 1,4 \cdot w$$

Dies gilt für den Fall einer Expansion oder Kompression im **wärmedichten** System.

56

2 Die Zustandsänderung der Gase und ihre Darstellung im p, v- und T, s-Diagramm

Eine wesentliche Aufgabe der Technischen Wärmelehre ist die Berechnung der Prozesse, die in den Kraft- und Arbeitsmaschinen stattfinden.

Mit diesen Prozessen, bei denen thermische Energie in mechanische Arbeit umgewandelt oder mechanische Arbeit aufgewendet wird, um Gase auf ein höheres Druckniveau zu bringen, sind Zustandsänderungen verbunden, die dargestellt und berechnet werden können.

Ein derartiger Prozeß, bei dem während einer Kurbelumdrehung einer Kolbenmaschine die Technische Arbeit w_t in kJ/kg oder in kNm/kg eines Gases gewonnen wurde, ist schon im Abschnitt 1.5.6 vorgestellt worden (Bild 1.27).

Dabei wurde zuletzt darauf hingewiesen, daß für den Ablauf der Maschinenprozesse außer „Innerer Energie" und „Enthalpie" auch die die Zylinderwand (Systemgrenze) überschreitende „Wärme" zu berücksichtigen ist.

Weiter sind Zusammenhänge zwischen thermischer Energie und Arbeit mit den beiden Gleichungen des 1. Hauptsatzes (1. Form und 2. Form) besprochen worden.

Als erster Schritt zur Beurteilung der genannten Maschinenprozesse bezüglich ihres Energiebedarfes und wärmetechnischen Wirkungsgrades müssen die hierbei wirkenden Zustandsänderungen der Gase besprochen werden.

Die Zustandsänderungen der Gase (ZÄ)
Der Zustand eines Gases ist gekennzeichnet durch

Thermische Zustandsgrößen:
Volumen
V in m³ v in m³/kg
Druck
p in bar oder in P_a = N/m² u.a.
Temperatur
T in K oder t in °C, $T = 273 + t$
Kalorische Zustandsgrößen:
Innere Energie
Δu meist in kJ/kg = $c_v \cdot (T_2 - T_1)$
Enthalpie
Δh meist in kJ/kg = $c_p \cdot (T_2 - T_1)$

Mit den Zustandsänderungen werden jeweils folgende Zusammenhänge geklärt:
Änderung von Volumen, Druck, Temperatur zwischen 1···2
zu- oder abgeführte Arbeit w und w_t
ab- oder zugeführte Wärmeenergie q
Dabei ist
1 = Anfangszustand vor der ZÄ
2 = Endzustand nach der ZÄ

Bezüglich der Vorzeichen gilt:
bei der Arbeit
zugeführte Arbeit = negativer Wert (Aufwand)
abgeführte Arbeit = positiver Wert (Nutzen)
bei der Wärme
abgeführte Wärme   = negativ
zugeführte Wärme   = positiv

2.1 Isochore ZÄ (gleichbleibendes Volumen), Isovolume

Um diese ZÄ durchzuführen, muß dem Gas, das sich in einem *geschlossenen Raum* befindet, Wärme zugeführt oder entnommen werden.

Dabei ändert sich die Innere Energie des Gases, Raumänderungsarbeit kann *nicht* entstehen.

Beispielsweise kann sich der Kolben innerhalb

eines Maschinenzylinders im Totpunkt befinden, wobei seine Bewegung im Augenblick Null ist. In diesem Augenblick wird im Gas enthaltener Brennstoff gezündet. Das Gas befindet sich also in einem abgeschlossenen Raum, es ist $V_2 = V_1$ oder für 1 kg Gas $v_2 = v_1$ = konst.

Änderung der Zustandsgrößen

Die Änderung der Zustandsgrößen erhält man aus der allgemeinen Zustandsgleichung der Gase:

$$\frac{p_1 \cdot v_1}{T_1} = \frac{p_2 \cdot v_2}{T_2} = R_i;$$

für $v_1 = v_2$ wird also

$$\frac{p_1}{p_2} = \frac{T_1}{T_2} \qquad \text{Isochore ZÄ}$$

Steigt die Temperatur eines in abgeschlossenem Raum befindlichen Gases, dann steigt der Druck im Verhältnis der *absoluten* Temperaturen.
Im p,V-Diagramm (Bild 2.1) ist die ZÄ dargestellt.

Zu- oder abgeführte Arbeit w und w_t

Da eine Raumänderung nicht stattfindet, ist die Raumänderungsarbeit $w = 0$
Die Technische Arbeit ist

$$w_t = - \int_1^2 v \cdot \mathrm{d}p = v \cdot (p_1 - p_2)$$

(Bild 2.1).

$$
\begin{array}{ll}
\text{Raumänderungsarbeit} & w = 0 \\
\text{Technische Arbeit} & w_t = v \cdot (p_1 - p_2) \\
& \text{in kNm/kg}
\end{array}
$$

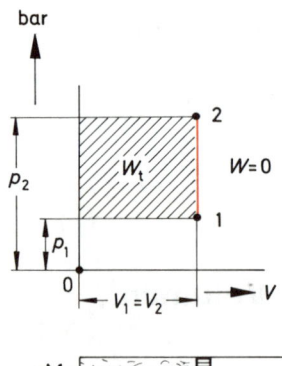

Bild 2.1 Isochore (V = konst) ZÄ im p,v-Diagramm; Darstellung von Raumänderungsarbeit w und Technischer Arbeit w_t

Zu- oder abgeführte Wärmeenergie q_v

Aus der Allgemeinen Wärmegleichung (1. Form)

$$q_v = c_{vm} \cdot (T_2 - T_1) + w$$

wird mit $w = 0$ hier

$$q_v = c_{vm} \cdot (T_2 - T_1) = c_{vm} \cdot (t_2 - t_1)$$
$$\text{in kJ/kg}$$

Für genaue Rechnungen und bei größeren Temperaturunterschieden, etwa T größer als 300 K, muß mit der mittleren spezifischen Wärmekapazität c_{vm} gerechnet werden.

34. Beispiel

Im Zylinder eines Otto-Benzinmotors befindet sich ein Luft-Benzin-Gemisch. Es ist beim Kolbenhingang mit Atmosphärendruck angesaugt und beim Kolbenrückgang auf 8 bar, 300 °C vorverdichtet worden.
In der Kolbentotlage wird das Gemisch elektrisch gezündet, wobei der Gasdruck schlagartig (explosionsartig) auf 28 bar ansteigt.

a) Wie hoch wird die Gastemperatur?
b) Welche Wärmemenge wurde zugeführt?

Lösung

a) Die Temperatur aus

$$T_2 = T_1 \cdot \left(\frac{p_2}{p_1}\right) = (273 + 300)\,\text{K} \cdot \frac{28\ \text{bar}}{8\ \text{bar}}$$

$$= 2003\ \text{K}$$

$$t_2 = 1730\,°\text{C}$$

b) Die Wärmezufuhr

$$q_v = c_{vm} \cdot (T_2 - T_1)$$

Dabei

$$c_{vm}\big|_{t_1}^{t_2} = \frac{c_v\big|_{t_0}^{t_2} \cdot t_2 - c_v\big|_{t_0}^{t_1} \cdot t_1}{t_2 - t_1}$$

58

Da in der Tafel 10 die c_p-Werte der Einzelgase und Luft gegeben sind, wird zuerst $c_{pm}|_{t_1}^{t_2}$ wie oben berechnet; daraus weiter

$$c_{vm} = c_{pm} - R_i$$

Es werden die Werte für Luft eingesetzt, weil der Anteil der Verbrennungsprodukte sehr gering ist.

$$c_{pm}|_{t_1}^{t_2} =$$

$$\frac{1{,}145 \text{ kJ/kg K} \cdot 1730\,°C - 1{,}02 \text{ kJ/kg K} \cdot 300\,°C}{1730\,°C - 300\,°C}$$

$$= 1{,}17 \; \frac{\text{kJ}}{\text{kg K}}$$

mit R_i-Luft $= 287$ J/kg K $= 0{,}287$ kJ/kg K wird

$$c_{vm}|_{t_1}^{t_2} = 1{,}170 - 0{,}287 = 0{,}883 \text{ kJ/kg K}$$

$$q_{Zu} = 0{,}883 \text{ kJ/kg K} \cdot (1730 - 300)\text{ K}$$
$$= 1260 \text{ kJ/kg}$$

Diese Wärmemenge ist je 1 kg Luft zuzuführen. Da Benzin einen Heizwert von rd. 42 000 kJ/kg hat, mußten 1260/42 000 = 0,03 kg Benzin je 1 kg Luft zugeführt werden.

Weiter wäre zu berechnen, wieviel kg Luft im Zylinder enthalten sind. Dazu müßte man das Volumen V in der Kolbentotlage kennen und m berechnen aus

$$m = \frac{p \cdot V}{R_i \cdot T} \quad \text{mit } p_1 \text{ und } T_1 \text{ oder } p_2 \text{ und } T_2, \; V \text{ in m}^3$$

Hinweis
Soll die Temperatur wegen der Festigkeit der Werkstoffe und wegen der Kolbenschmierung bestimmte Werte nicht überschreiten, dann muß die Wärmezufuhr, somit die Brennstoffzugabe, begrenzt werden.

2.2 Isobare ZÄ (gleichbleibender Druck)

Um diese ZÄ durchzuführen, wird dem Gas bei *gleichbleibendem Druck Wärme zugeführt oder entzogen.*
Dies kann im Zylinder einer Kolbenmaschine vor sich gehen, wobei die Wärmezufuhr so gesteuert werden muß, daß das Gas sich ausdehnt, ohne daß der Druck steigt. Dabei entsteht Raumänderungsarbeit. Die Temperatur des Gases ist am Ende höher als zu Beginn.
Die isobare ZÄ kommt außerdem bei allen Feuerungen und solchen Anlagen häufig vor, bei denen das Gas während der Wärmezufuhr oder Abkühlung stetig, mit $p =$ konst, durch einen Wärmetauscher strömt.

Änderung der Zustandsgrößen
Nach der allgemeinen Zustandsgleichung $p \cdot v = R_i \cdot T$ ist mit $p_1 = p_2 =$ konst.

$$\frac{v_1}{v_2} = \frac{T_1}{T_2} = \frac{V_1}{V_2} \qquad \text{Isobare ZÄ}$$

Erwärmt oder kühlt man ein Gas, wobei es sich ausdehnen kann, so daß der Druck konstant

bleibt, dann nehmen die Volumen im Verhältnis der absoluten Temperaturen zu oder ab.
Diese ZÄ ist auf Bild 2.2 im p,V-Diagramm dargestellt.

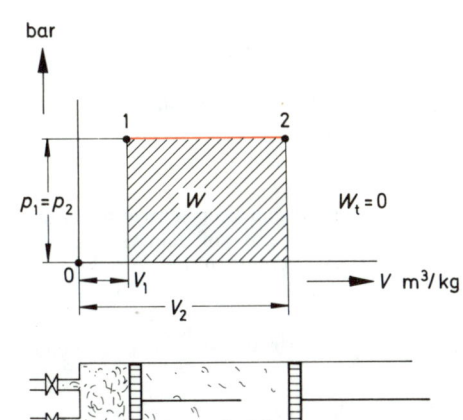

Bild 2.2 Isobare (p = konst) ZÄ im p,v-Diagramm; Darstellung von Raumänderungsarbeit w und Technischer Arbeit w_t

59

Zu- oder abgeführte Arbeit w und w_t

Die Raumänderungsarbeit w ist gleich dem Inhalt der gekennzeichneten Fläche unter der Isobaren $1 \cdots 2$ zwischen 0 und p mit

$$w = p \cdot (v_2 - v_1) \text{ in kNm/kg}$$

Die Technische Arbeit

w_t aus $-\int_1^2 v \cdot \mathrm{d}p = 0$ weil $\mathrm{d}p = 0$.

$$w_t = 0$$

Auf die p-Achse projiziert, entsteht keine Fläche; Arbeit bei Hingang gleich Arbeit bei Rückgang.

Zu- oder abgeführte Wärmeenergie q_p

$$q_p = c_{pm} \cdot (T_2 - T_1) = c_{pm} \cdot (t_2 - t_1)$$
$$\text{in kJ/kg}$$

Bei Wärmezufuhr mit $p =$ konst an strömendes Medium wird dessen Enthalpie vergrößert. Ausgewählte Beispiele zeigen Anwendungsfälle isobarer ZÄ.

35. Beispiel
In einem Scheiben-Gasbehälter befinden sich $V = 100\,000\ \mathrm{m^3}$ Stadtgas, $R_i = 735$ J/kg K, bei $t_1 = 5\,°\mathrm{C}$. Welches Volumen nimmt das Gas ein bei $t_2 = 27\,°\mathrm{C}$?

Lösung
Beim Scheiben-Gasbehälter schwimmt eine gewichtsbelastete Scheibe auf dem Gas. Das Gas kann daher sein Volumen bei $p =$ konst ändern.

$$V_2 = V_1 \cdot \frac{T_2}{T_1} = 100\,000 \cdot \frac{300}{278} = 108\,000\ \mathrm{m^3}$$

Vollkommen falsch wäre es, mit $t_2/t_1 = 27/5 = 5{,}4$ zu multiplizieren.

36. Beispiel
Von einem Dieselmotor ist beim Kolbenhingang Luft aus der Atmosphäre angesaugt worden. Sie erwärmt sich an den heißen Zylinderwänden und hat vor dem Kolbenrückgang 1 bar, 60 °C. Beim Kolbenrückgang wird diese Luft auf 30 bar verdichtet, wobei ihre Temperatur auf 500 °C steigt.
Von der Kraftstoffpumpe wird anschließend Dieselöl in den Zylinder gespritzt, und zwar so gesteuert, daß das Volumen V_1 bei $p = 30$ bar $=$ konst auf $V_2 = 3 \cdot V_1$ zunimmt. Der Kraftstoff entzündet sich in der heißen Luft. An den Vorgängen sind $m = 0{,}1$ kg Luft beteiligt.

a) Wie groß wird t_2?
b) Welche Raumänderungsarbeit wird gewonnen?
c) Welche Wärmemenge muß zugeführt werden?
d) Welche Brennstoffmenge, Dieselöl mit 42 000 kJ/kg Heizwert?
e) Wie groß ist die innere Energie u_1, u_2, und U_1, U_2?
f) Was ergibt eine Wärmebilanz?

Lösung
a) Zustand 1

$$p_1 = 30 \text{ bar}, t_1 = 500\,°\mathrm{C}, m = 0{,}1 \text{ kg}$$

$$V_1 = \frac{m \cdot R_i \cdot T_1}{p_1}$$

$$V_1 = \frac{0{,}1 \text{ kg} \cdot 287 \text{ Nm/kg K } 773 \text{ K}}{30 \text{ bar} \cdot 100\,000 \text{ (N/m}^2)/\text{bar}}$$

$$= 0{,}004\,45\ \mathrm{m^3}$$

Bei R_i für Luft wurde statt J/kg K hier Nm/kg K eingesetzt

$$V_2 = 3 \cdot V_1 = 3 \cdot 0{,}004\,45 = 0{,}0134\ \mathrm{m^3},$$

daraus

$$T_2 = \frac{p_2 \cdot V_2}{m \cdot R_i}$$

$$= \frac{30 \text{ bar} \cdot 100\,000 \text{ (N/m}^2)/\text{bar} \cdot 0{,}0134 \text{ m}^3}{0{,}1 \text{ kg} \cdot 287 \text{ Nm/kg K}}$$

$$= 2333\ \mathrm{K}$$

$$t_2 = 2060\,°\mathrm{C}$$

b) Raumänderungsarbeit

$$W = p \cdot (V_2 - V_1) = 30 \cdot 100\,000 \text{ N/m}^2$$
$$\cdot (0,0134 - 0,004\,45) \text{ m}^3$$
$$W = 44\,700 \text{ Nm} = 44\,700 \text{ J} = 44,7 \text{ kJ}$$

c) Wärmezufuhr

$$Q_p = m \cdot c_{pm}|_{500}^{2060} \cdot (t_2 - t_1) \text{ mit } c_{pm} = 1,22$$
(berechnet)

$$Q_p = 0,1 \text{ kg} \cdot 1,22 \text{ kJ/kg K} \cdot 1560 \text{ K}$$
$$= 190,3 \text{ kJ}$$

d) Brennstoffverbrauch

$$B = \frac{Q_p}{H} = \frac{190,3 \text{ kJ}}{42\,000 \text{ kJ/kg}} = 0,004\,53 \text{ kg}$$
$$= 4,53 \text{ g/Arbeitshub}$$

e) Innere Energie

$$u_2 = c_{vm} \cdot (t_2 - t_0) \quad \text{und} \quad u_1 = c_{vm} \cdot (t_1 - t_0)$$

Dabei $\quad c_{vm} = c_{pm} - R_i$

Aus Tafel 10:

$c_{pm}|_0^{2060} = 1,164 \text{ kJ/kg K};$

$c_{pm}|_0^{500} = 1,040 \text{ kJ/kg K}$

$R_i \quad = 287 \text{ J/kg K} = 0,287 \text{ kJ/kg K}$

$c_{vm}|_0^{2060} = 0,877 \text{ kJ/kg K};$

$c_{vm}|_0^{500} = 0,753 \text{ kJ/kg K}$

$u_2 = 0,877 \cdot 2060 = 1806 \text{ kJ/kg}$

$u_1 = 0,753 \cdot 500 = 376,5 \text{ kJ/kg}$

$U_2 = m \cdot u_2 = 0,1 \text{ kg} \cdot 1813 \text{ kJ/kg} = 180,6 \text{ kJ}$

$U_1 = m \cdot u_1 = 0,1 \text{ kg} \cdot 368 \text{ kJ/kg} = 37,6 \text{ kJ}$

Die Innere Energie hat um $U_2 - U_1 = 123$ kJ zugenommen.

f) Wärmebilanz (Kontrolle)
$Q_p = 190,3$ kJ zugeführte Brennstoffwärme
$W = 44,7$ kJ Raumänderungsarbeit
$U = 123$ kJ Zunahme an Innerer Energie
Da $Q_p = U + W$ hier $190,3 = 44,7 + 123 = 167,7$ ergibt, stimmt die Wärmebilanz angenähert. Die Differenz liegt bei c_{pm}.

37. Beispiel
In der Brennkammer einer Gasturbinen-Anlage, Bild 2.3, sollen $m = 200$ kg/s Luft von 6 bar, 200 °C auf 820 °C erhitzt werden.
(Die Anlage ergibt eine Kupplungsleistung von 28 000 kW am Stromerzeuger.)

a) Welche Wärmemenge muß zugeführt werden?
b) Wie groß ist der Brennstoffverbrauch, leichtes Heizöl $H = 42\,000$ kJ/kg?
c) Welche Enthalpie h_1 und h_2 hat die Luft?
d) Welches Luftvolumen kommt zur Gasturbine?

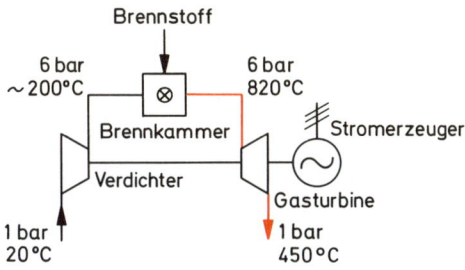

Bild 2.3 Schema einer Gasturbinenanlage

Lösung

a) $Q_p = m \cdot c_{pm} \cdot (t_2 - t_1)$

$m = 200 \text{ kg/s} \cdot 3600 \text{ s/h} = 720\,000 \text{ kg/h}$

$c_{pm}|_{200}^{820} = 1,1 \text{ kJ/kg K}$

$Q_p = 720\,000 \text{ kg/h} \cdot 1,1 \text{ kJ/kg K}$
$\quad\quad \cdot (820 - 200) \text{ K}$

$Q_p = 491\,000\,000 \text{ kJ/h} = 491 \text{ GJ/h}$

b) Brennstoffverbrauch

$$B = \frac{Q_p}{H} = \frac{491\,000\,000 \text{ kJ/h}}{42\,000 \text{ kJ/kg}} = 11\,630 \text{ kg/h}$$
$$B = 11,6 \text{ t/h}$$

c) Enthalpie der Luft
$h_2 = c_{pm} \cdot (t_2 - t_0) \quad c_{pm}$ aus Tafel 10
$\quad = 1,072 \text{ kJ/kg K} \cdot (820 - 0) \text{ K}$
$\quad = 880 \text{ kJ/kg}$
$h_1 = 1,013 \cdot (200 - 0) = 203 \text{ kJ/kg}$

61

d) Luftvolumen

$$V = \frac{m \cdot R_i \cdot T_2}{p} = \frac{200 \text{ kg/s} \cdot 287 \text{ Nm/kg K} \cdot 1093 \text{ K}}{6 \text{ bar} \cdot 100\,000 \text{ (N/m}^2\text{)/bar}}$$

$V = 105 \text{ m}^3/\text{s}$

Anmerkung: Die Gasturbine treibt den Verdichter und den Stromerzeuger.

2.3 Isotherme ZÄ (gleichbleibende Temperatur)

Hier soll die beim Zustand 1 herrschende *Temperatur* gleich bleiben, wenn das Gas in den Zustand 2 gebracht wird.
Aus der allgemeinen Zustandsgleichung $p \cdot v = R_i \cdot T$ erhält man in diesem Fall mit

$$p_1 \cdot v_1/T_1 = p_2 \cdot v_2/T_2 \text{ wenn } T_1 = T_2$$

die Beziehung

$$p_1 \cdot v_1 = p_2 \cdot v_2.$$

Änderung der Zustandsgrößen
Man erhält

$$\boxed{\frac{p_1}{p_2} = \frac{v_2}{v_1} = \frac{V_2}{V_1} \qquad \text{Isothermische ZÄ}}$$

Bei einer Änderung des Gaszustandes, bei der die Temperaturen gleich bleiben, ändern sich die Volumen im umgekehrten Verhältnis wie die Drücke.
Diese Beziehung ist bereits als Gesetz von *Boyle-Mariotte* bekannt.

Zu- oder abgeführte Arbeit w und w_t (Bild 2.4)

Die Raumänderungsarbeit

$$W = \int_1^2 p \cdot dV \quad \text{ist}$$

mit $p = m \cdot R_i \cdot T/V$ und bei $T = $ konstant

$$\boxed{\begin{aligned} W &= m \cdot R_i \cdot T_1 \cdot \ln(V_2/V_1) \\ W &= p_1 \cdot V_1 \cdot \ln(p_1/p_2) \\ w &= R_i \cdot T_1 \cdot \ln(v_2/v_1) \qquad \text{Isotherme ZÄ} \\ w &= p_1 \cdot v_1 \cdot \ln(p_1/p_2) \end{aligned}}$$

Bei einer Expansion wird Arbeit nach außen abgegeben, der Wert für W wird positiv.
Die Größe der Arbeit hängt von der Anfangstemperatur und vom Druckverhältnis ab.

Die Technische Arbeit W_t erhält man aus

$$W_t = -\int_1^2 V \cdot dp;$$

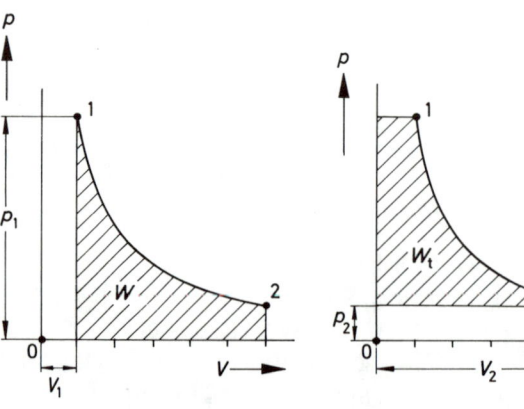

Bild 2.4   Isotherme (T = konst) ZÄ; Raumänderungsarbeit w und Technische Arbeit W_t im p, v-Diagramm

62

mit $V = m \cdot R_i \cdot T/p$ wird bei $T = $ konst

$$W_t = - m \cdot R_i \cdot T_1 \cdot \ln (p_2/p_1)$$
$$= m \cdot R_i \cdot T_1 \cdot \ln (p_1/p_2)$$

Dabei zeigt sich, wie aus dem Vergleich mit den Gleichungen oben für W zu erkennen, daß bei der Isotherme $W = W_t$ bzw. $w = w_t$ ist

$$W_t = W$$
$$w_t = w \qquad \text{Isotherme ZÄ}$$

Hinweis
Bei der Isotherme ist $p_1 \cdot v_1 = p_2 \cdot v_2$. Auf den beiden p,v-Diagrammen oben sind die entsprechenden Flächen links mit $p_1 \cdot v_1 = $ rechts mit $p_2 \cdot v_2$, weswegen hier $w = w_t$. Die Kurve $1 \cdots 2$ ist dabei eine gleichseitige Hyperbel, die hier in beiden Fällen vom gleichen Zustand 1 (p_1, v_1 und t_1) ausgeht.

Ab- oder zugeführte Wärmeenergie q
Aus der Allgemeinen Wärmegleichung (1. Form) mit $q = c_v \cdot (T_2 - T_1) + w$ erhält man wegen $T_2 = T_1$

$$q = w \text{ und } q = w_t \qquad \text{Isotherme ZÄ}$$

Gleichzeitig ist dabei $u_2 = u_1$, die Innere Energie bleibt wegen $T_2 = T_1 = $ konst.
Dies bedeutet, daß gewonnene Raumänderungs- oder hier auch Technische Arbeit ausschließlich aus Wärme entsteht, die während der Expansion dem Gas zugeführt werden muß.

Bei einer Verdichtung muß während der Kompression die aus der Umwandlung der mechanischen Arbeit entstehende Wärme über die Zylinderwand (Systemgrenze) durch Kühlung des Gases abgeführt werden.

38. Beispiel
2 kg Luft von $p_1 = 0,9$ bar, $t_1 = 15\,°C$ sollen isothermisch auf 7,2 bar verdichtet werden.

a) Wie groß sind die Anfangs- und Endvolumen V_1, V_2, v_1, v_2?

b) Welche Arbeit ist für den Verdichtungsvorgang aufzuwenden?

c) Welche Wärmemenge Q und q ist abzuführen?

Lösung
a) Aus $\quad p_1 \cdot V_1 = m \cdot R_i \cdot T_1$ wird

$$V_1 = m \cdot R_i \cdot T_1/p_1$$

$$V_1 = \frac{2 \text{ kg} \cdot 287 \text{ Nm/kg K} \cdot 288 \text{ K}}{0,9 \cdot 100\,000 \text{ N/m}^2}$$

$$= 1,84 \text{ m}^3$$

$$v_1 = \frac{V_1}{m} = \frac{1,84 \text{ m}^3}{2 \text{ kg}} = 0,92 \text{ m}^3/\text{kg}$$

$$V_2 = V_1 \cdot (p_1/p_2) = 1,84 \cdot 0,9/7,2 = 0,23 \text{ m}^3$$

$$v_2 = 0,114 \text{ m}^3/\text{kg}$$

b) $W = p_1 \cdot V_1 \cdot \ln p_2/p_1$

$$W = 0,9 \cdot 100\,000 \text{ N/m}^2 \cdot 1,84 \text{ m}^3 \cdot \ln 0,9/7,2$$

$$= - 345\,000 \text{ Nm}$$

c) $Q = W = -345 \text{ kJ}$, Wärme entziehen

$$q = w = - \frac{345 \text{ kJ}}{2 \text{ kg}} = -172,5 \text{ kJ/kg}$$

2.4 Adiabate (isentrope) ZÄ (ohne Wärmeeinwirkung)

Eine adiabate ZÄ ergibt sich, wenn das Gas expandiert oder komprimiert, ohne daß ihm hierbei *Wärme* zugeführt oder entzogen wird. Es bleibt sich im wärmedichten System selbst überlassen.

Hinweis

Die Bezeichnung als isentrope ZÄ, wie sie später für diese ZÄ verwendet werden wird, wird im Abschnitt 2.7 und dort in 2.7.4 erklärt.

Alle bisher besprochenen ZÄ entstehen erst durch Wärmezu- oder -abfuhr (q_v, q_p, $q = w$).

Bei einer adiabaten ZÄ darf also auch keine Wärme an die (kältere) Umgebung oder aus der (wärmeren) Umgebung an das Gas übergehen. Das ist nicht selbstverständlich, wenn das Gas im Maschinenzylinder einer Kolbenmaschine oder in den Entspannungsdüsen einer Strömungsmaschine mit Temperaturen um 2000 °C (Diesel) bzw. 850 °C (Gasturbine) oder 535 °C (Dampfturbine) adiabatisch in Arbeit umgesetzt werden soll. Man spricht deswegen auch davon, daß sich der Expansionsvorgang in einem „wärmedichten" Gefäß vollziehen muß.

Bei der Expansion gibt das Gas Arbeit ab. Diese Arbeit entsteht aus der Inneren Energie, kenntlich durch Druck und Temperatur des Anfangszustandes. Am Ende der Expansion ist die Innere Energie des Gases kleiner, Druck und Temperatur sind niedriger. Die entsprechende Wärme ist als „Wärme" verschwunden, sie ist in mechanische Energie umgewandelt worden.

Bei der Kompression vollzieht sich der umgekehrte Vorgang. Die aufgewendete Arbeit, aber nur diese selbst, verwandelt sich in Wärme, die Innere Energie des Gases nimmt entsprechend zu.

Aus der „Allgemeinen Wärmegleichung" der Gase

$$q = c_v \cdot (T_2 - T_1) + w \quad \text{wird mit } q = 0$$

$$w = -c_v \cdot (T_2 - T_1) = c_v \cdot (T_1 - T_2) = u_1 - u_2$$

Die rechte Seite der Gleichung wird positiv, wenn $t_2 < t_1$, wenn also die Endtemperatur kleiner ist als die Anfangstemperatur. Es wird Arbeit gewonnen.

Bei adiabater Verdichtung steigt die Temperatur des Gases. Eine Wärmemenge, die der aufgewendeten Verdichtungsarbeit entspricht, geht auf das Gas über.

Änderung der Zustandsgrößen

Mit $dq = 0$ wird $0 = c_v \cdot dT + p \cdot dv$, wobei $c_v = R_i/(\kappa - 1)$

also

$$0 = \frac{R_i \cdot dT}{\kappa - 1} + p \cdot dv;$$

aus Differentiation von

$$p \cdot v = R_i \cdot T$$

wird

$$p \cdot dv + v \cdot dp = R_i \cdot dT,$$

daraus folgt

$$v \cdot dp + \kappa \cdot p \cdot dv = 0;$$

mit

$$v = R_i \cdot T/p \quad \text{und} \quad p = R_i \cdot T/v$$

wird

$$\frac{dp}{p} + \kappa \cdot \frac{dv}{v} = 0 \quad \text{oder}$$

$$\frac{dp}{p} = -\kappa \cdot \frac{dv}{v}$$

und durch Integration

$$\ln \frac{p_2}{p_1} = \kappa \cdot \ln \frac{v_2}{v_1} \quad \text{oder} \quad \frac{p_1}{p_2} = \left(\frac{v_2}{v_1}\right)^\kappa$$

und

$$\frac{v_2}{v_1} = \left(\frac{p_1}{p_2}\right)^{\frac{1}{\kappa}}$$

oder

$$p_1 \cdot v_1^\kappa = p_2 \cdot v_2^\kappa \qquad \text{Adiabate ZÄ (isentrope ZÄ)}$$

Mit $p_1 \cdot v_1 = R_i \cdot T_1$ und $p_2 \cdot v_2 = R_i \cdot T_2$ erhält man weitere Zusammenhänge für die Berechnung der Änderung der drei Zustandsgrößen, beispielsweise:

$$\frac{T_1}{T_2} = \frac{p_1 \cdot v_1}{p_2 \cdot v_2} = \frac{p_1/p_2}{v_2/v_1} = \frac{(v_2/v_1)^\kappa}{v_2/v_1} = \left(\frac{v_2}{v_1}\right)^{\kappa - 1}$$

64

Durch entsprechende Umformungen insgesamt:

$$\frac{T_1}{T_2} = \left(\frac{v_2}{v_1}\right)^{\kappa-1} \quad \text{oder} \quad \frac{T_1}{T_2} = \left(\frac{p_1}{p_2}\right)^{\frac{\kappa-1}{\kappa}}$$

Adiabate (isentrope)

$$\frac{v_2}{v_1} = \left(\frac{T_1}{T_2}\right)^{\frac{1}{\kappa-1}} \quad \text{und} \quad \frac{p_1}{p_2} = \left(\frac{T_1}{T_2}\right)^{\frac{\kappa}{\kappa-1}}$$

ZÄ

Bei der adiabaten ZÄ ändern sich alle drei Zustandsgrößen gleichzeitig. Da solche Berechnungen öfter vorkommen, können die meist gefragten Werte aus Tafel 11 genommen oder überschlagen werden.

Zu- oder abgeführte Arbeit w und w_t (Bild 2.5)
Weil die adiabate (isentrope) ZÄ vor sich geht, ohne daß dabei dem Gas von außen Wärme zugeführt oder nach außen Wärme abgeführt wird, ist in der allgemeinen Wärmegleichung $q = 0$ zu setzen, und man erhält aus

$$q = c_v \cdot (T_2 - T_1) + w$$

hierbei also

$$w = -c_v \cdot (T_2 - T_1) = c_v \cdot (T_1 - T_2)$$

Weiter mit $c_v = R_i/(\varkappa - 1)$

$$w = \frac{R_i}{\kappa - 1} \cdot (T_1 - T_2)$$
$$= \frac{1}{\kappa - 1} \cdot (p_1 \cdot v_1 - p_2 \cdot v_2)$$
für 1 kg Gas

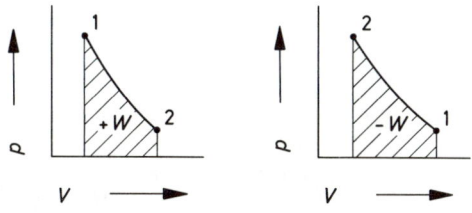

Bild 2.5 Adiabate (isentrope) ZÄ im p,v-Diagramm; Zustand 1 und 2 bei Expansion und Kompression im p,v-Diagramm

$$W = \frac{m \cdot R_i}{\kappa - 1} \cdot (T_1 - T_2)$$
$$= \frac{1}{\kappa - 1} \cdot (p_1 \cdot V_1 - p_2 \cdot V_2)$$
für m kg Gas

Durch Umstellungen erhält man noch folgende Gleichungen

$$w = \frac{p_1 \cdot v_1}{\kappa - 1} \cdot \left(1 - \frac{T_2}{T_1}\right) \quad \text{für 1 kg Gas}$$

$$w = \frac{p_1 \cdot v_1}{\kappa - 1} \cdot \left[1 - \left(\frac{p_2}{p_1}\right)^{\frac{\kappa-1}{\kappa}}\right] \quad \text{für 1 kg Gas}$$

$$w = \frac{p_1 \cdot v_1}{\kappa - 1} \cdot \left[1 - \left(\frac{v_1}{v_2}\right)^{\kappa-1}\right] \quad \text{für 1 kg Gas}$$

Wenn (1) der Anfangs- und (2) der Endzustand ist, gelten diese Gleichungen sowohl für Expansion als auch für Kompression.
Für Expansion erhält man positive Werte für w, für Kompression erhält man negative Werte für w (s. Bild 2.5).

Technische Arbeit w_t
Unter „Änderung der Zustandsgrößen" hatte sich aus der Differentiation von $p \cdot v = R_i \cdot T$ schließlich eine für die Adiabate gültige Gleichung

$$\frac{dp}{p} = -\varkappa \cdot \frac{dv}{v}$$

ergeben, die wie folgt geschrieben wird

$$v \cdot dp + \varkappa \cdot p \cdot dv = 0$$

oder

$$-v \cdot dp = \varkappa \cdot p \cdot dv$$

Es bedeuten

$$\int p \cdot dv = w \quad \text{die Raumänderungsarbeit}$$
$$\int v \cdot dp = w_t \quad \text{die Technische Arbeit}$$

woraus man für die Adiabate (Isentrope) erhält

$$w_t = \varkappa \cdot w$$

Daraus ergeben sich entsprechend die Gleichungen

$$w_t = c_p \cdot (T_1 - T_2)$$

$$w_t = \frac{\varkappa}{\varkappa - 1} \cdot R_i \cdot (T_1 - T_2)$$

$$w_t = \frac{\varkappa}{\varkappa - 1} \cdot (p_1 \cdot v_1 - p_2 \cdot v_2)$$

$$w_t = \frac{\varkappa}{\varkappa - 1} \cdot p_1 \cdot v_1 \cdot \left[1 - \left(\frac{p_2}{p_1} \right)^{\frac{\varkappa - 1}{\varkappa}} \right]$$

Anmerkung
Die Gleichungen gelten für $\varkappa$ = konst. Bei höheren Temperaturunterschieden berechnet man gegebenenfalls zunächst

$$\varkappa_m \Big|_{T_1}^{T_2} = \frac{c_{pm} \big|_{T_1}^{T_2}}{c_{vm} \big|_{T_1}^{T_2}}$$

Ab- oder zugeführte Wärme q
Während der Expansion oder Kompression wird dem Gas Wärme weder zu- noch abgeführt, so daß $q = 0$ wird. Damit ergibt sich aus der allgemeinen Wärmegleichung

$$q = c_v \cdot (T_2 - T_1) + w$$
$$w = c_v \cdot (T_1 - T_2) = u_1 - u_2$$

Die Arbeit kommt ausschließlich aus einer Änderung der Inneren Energie des Gases.

Bei adiabater (isentroper) Expansion fällt die Temperatur des Gases.
Bei adiabater (isentroper) Verdichtung steigt die Temperatur des Gases

39. Beispiel
8 m³ Luft von 0,9 bar und 20 °C sollen adiabatisch auf 8,1 bar verdichtet werden. Es sei $\kappa = 1,4$ = konst.
Wie groß sind

a) Endvolumen
b) Endtemperatur
c) Raumänderungsarbeit

66

Lösung, Bild 2.6

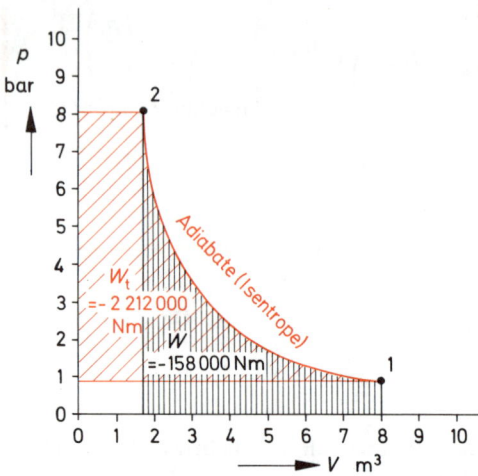

Bild 2.6 Adiabate (isentrope) Verdichtung im p, v-Diagramm; Darstellung von w und w_t mit den Werten des 39. Beispiels

Lösung, Bild 2.6

a) Endvolumen aus

$$\frac{V_1}{V_2} = \left(\frac{p_2}{p_1} \right)^{\frac{1}{\kappa}} = 9^{\frac{1}{1,4}} = 4,804$$

$$V_2 = V_1/4,804 = 8/4,804 = 1,665 \text{ m}^3$$

b) Endtemperatur aus

$$\frac{T_2}{T_1} = \left(\frac{p_2}{p_1} \right)^{\frac{\kappa - 1}{\kappa}} = 9^{0,4/1,4} = 1,873$$

$$T_2 = 293 \cdot 1,873 = 549 \text{ K} = 276\,^\circ\text{C}$$

c) $$W = \frac{p_1 \cdot V_1}{\kappa - 1} \cdot \left[1 - \left(\frac{p_2}{p_1} \right)^{\frac{\kappa - 1}{\kappa}} \right]$$

$$= \frac{0,9 \cdot 100\,000 \text{ N/m}^2 \cdot 8 \text{ m}^3}{0,4} \cdot (1 - 1,873)$$

$$w = -1\,580\,000 \text{ Nm}$$

$$w_t = -1,4 \cdot w$$

40. Beispiel

1 kg Luft von 25 °C soll durch adiabate Expansion auf $-55\,°C$ abgekühlt werden.

a) Welchen Anfangsdruck muß die Luft haben, wenn der Enddruck 1 bar beträgt?

b) Welche Arbeit wird dabei gewonnen?

Lösung

a) aus

$$\frac{p_1}{p_2} = \left(\frac{T_1}{T_2}\right)^{\frac{\kappa}{\kappa-1}} = \left(\frac{298}{218}\right)^{1,4/0,4} = 2{,}987$$

wird

$$p_1 = 2{,}987 \cdot 1 \approx 3 \text{ bar}$$

b) $w = c_v \cdot (T_1 - T_2)$

$\quad = 0{,}716 \text{ kJ/kg K} \cdot (298 - 218) \text{ K}$

$\quad w = 57{,}2 \text{ kJ/kg} = 57\,200 \text{ Nm/kg}$

41. Beispiel

Der Verdichtungsraum einer Brennkraftmaschine ist 18% vom Hubraum (Bild 2.7). Der Anfangszustand ist 0,9 bar, 80 °C, $\kappa = 1{,}38$.

a) Wie groß ist der Enddruck bei adiabater Verdichtung?

b) Wie hoch wird die Endtemperatur?

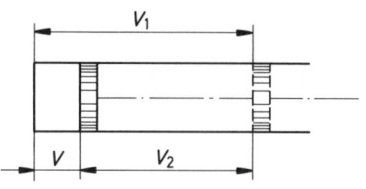

Bild 2.7   Verdichtungs- und Hubraum, 41. Beispiel

Lösung

a) Der Zylinderraum ist

$$V_1 = V_2 + V = V_2 + V_2/0{,}18 = 6{,}56 \cdot V_2$$

$$\text{Enddruck } \frac{p_2}{p_1} = \left(\frac{V_1}{V_2}\right)^{\kappa} = 6{,}56^{1,38} = 13{,}4$$

$$p_2 = 13{,}4 \cdot 0{,}9 = 12{,}1 \text{ bar}$$

b) $\dfrac{T_2}{T_1} = \left(\dfrac{V_1}{V_2}\right)^{\kappa-1} = 6{,}56^{0,38} = 2{,}04$

$$T_2 = T_1 \cdot 2{,}04 = 353 \cdot 2{,}04 = 721 \text{ K}$$

$$t_2 = 448\,°C$$

2.5   Polytropische ZÄ

Die Bezeichnung „Polytrope" bedeutet, daß es sich bei dieser ZÄ, zum Unterschied von den bisher definierten ZÄ, um einen Verlauf handelt der bezüglich der Wärmeeinwirkung verschiedenen Einflüssen unterliegt.

Es gibt nicht „eine" bestimmte Polytrope, sondern unterschiedliche, ähnliche ZÄ.

Der Begriff „Polytrope" kann schließlich auch so weit gefaßt werden, daß die schon bekannten ZÄ darin unterzubringen sind.

In den meisten Fällen liegt die Polytrope zwischen der Isotherme $p \cdot v^1 =$ konst und der Adiabate $p \cdot v^\kappa =$ konst und folgt einem Gesetz $p \cdot v^n =$ konst, wobei n als „Polytropenexponent" bezeichnet wird.

Der Exponent n kann also verschiedene Werte, meist zwischen $1 \ldots \kappa$ annehmen, was folgende Gründe hat:

Bei der isothermen ZÄ mit $n = 1$ ist Bedingung, daß die Wärmezu- oder -abfuhr $q = w$ genau ausreicht, um während der Expansion oder Kompression des Gases eine Temperaturänderung zu verhindern. Dies ist nur bei sehr langsam verlaufenden ZÄ möglich, wobei Wärmeüberschuß oder -bedarf an die Umgebung abgegeben oder aus ihr entnommen werden können. Bei schnell verlaufenden technischen Maschinenprozessen ist diese Bedingung nur unvollkommen einzuhalten.

Bei adiabater ZÄ mit $n = \kappa$ darf keine, aus der inneren Energie des Gases kommende Wärme nach außen gehen, es darf auch keine Wärme aus der Umgebung zusätzlich an das Gas übergehen. Da bei technischen Maschinenprozessen möglichst hohe Arbeitstemperaturen angewendet werden müssen, ist auch diese Bedingung schwer

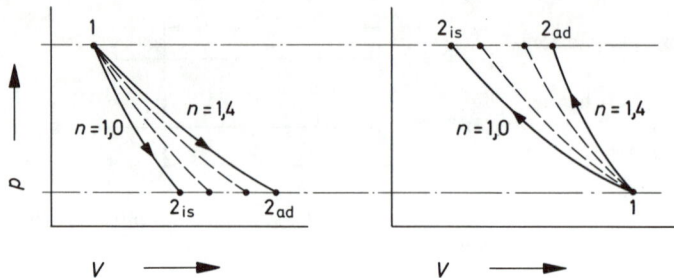

Bild 2.8 Verlauf von ZÄ mit n = 1 bis n = ϰ für Expansion und Kompression im p, v-Diagramm

einzuhalten. Im Gegenteil: bei Kolben-Brennkraftmaschinen müssen die Zylinder gekühlt und damit Wärme abgeführt werden.

Der Polytropenexponent liegt also im allgemeinen zwischen $n = 1$ und $n = \kappa$, er kann aber auch höhere und tiefere Werte annehmen. Beispielsweise, wenn bei einer Kompression mit so kaltem Kühlmittel gekühlt wird, daß die Endtemperatur niedriger ist als die Ansaugetemperatur, oder wenn bei einer Expansion eine zusätzliche Wärmezufuhr an das Gas, z.B. aus mechanischer Reibung, hinzukommt.

Änderung der Zustandsgrößen

Die Zustandsänderung bei einer Polytrope verläuft also nach

$$p_1 \cdot v_1^n = p_2 \cdot v_2^n \quad \text{Polytrope ZÄ}$$

Mathematisch bedeutet dies bei Darstellung im p,v-Diagramm einen Verlauf nach einer Hyperbel höherer Ordnung.

Es gelten dieselben Gleichungen wie für die Adiabate, nur daß n anstelle von κ tritt.

$$\frac{T_2}{T_1} = \left(\frac{p_2}{p_1}\right)^{\frac{n-1}{n}} = \left(\frac{v_1}{v_2}\right)^{n-1} = \left(\frac{V_1}{V_2}\right)^{n-1}$$

Polytrope

$$\frac{v_2}{v_1} = \left(\frac{p_1}{p_2}\right)^{\frac{1}{n}} \quad \text{und} \quad \frac{p_1}{p_2} = \left(\frac{v_2}{v_1}\right)^n$$

ZÄ

Auf Bild 2.8 ist der Verlauf der verschiedenen ZÄ zwischen $n = 1$ und $n = \kappa$ skizziert.

Die Werte p_2, v_2, T_2 können z.T. aus der Tafel 11 entnommen werden.

Zu- oder abgeführte Arbeit

Während bei der ZÄ nach einer Isotherme $q = w$ und nach einer Adiabate $q = 0$ ist, muß bei den dazwischenliegenden Polytropen eine mehr oder weniger große Wärmeeinwirkung berücksichtigt werden.

Zunächst ist wie bei der Adiabate

$$w = \frac{1}{n-1} \cdot (p_1 \cdot v_1 - p_2 \cdot v_2)$$

$$= \frac{R_i}{n-1} \cdot (T_1 - T_2)$$

$$R_i = c_p - c_v = c_v \cdot (\kappa - 1),$$

woraus

$$w = c_v \cdot \left(\frac{\kappa - 1}{n - 1}\right) \cdot (T_1 - T_2)$$

Für die Raumänderungsarbeit gelten die bei der Adiabate angegebenen Gleichungen, wobei n statt κ einzusetzen ist.

Für $m = 1$ kg Gas ist:

$$w = \frac{R_i}{n-1} \cdot (T_1 - T_2)$$

$$= \frac{1}{n-1} \cdot (p_1 \cdot v_1 - p_2 \cdot v_2)$$

polytrope ZÄ

$$w = \frac{R_i \cdot T_1}{n-1} \cdot \left(1 - \frac{T_2}{T_1}\right)$$

$$= c_v \cdot \frac{\kappa - 1}{n-1} \cdot (T_1 - T_2)$$

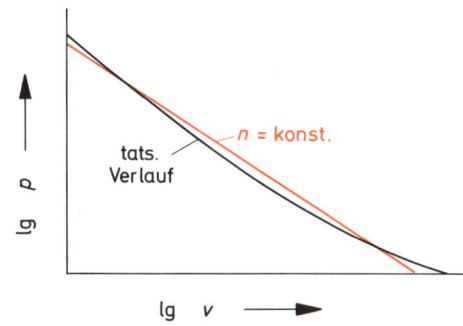

Technische Arbeit w_t

Ebenso, wie bei der Adiabate, wird bei der Polytrope κ durch n ersetzt, und man erhält

$$w_t = n \cdot w$$

Bild 2.9   Kontrolle, ob n = konst verläuft

Ab- oder zugeführte Wärme q

Den vorher für die Raumänderungarbeit gefundenen Ausdruck

$$w = c_v \cdot \left(\frac{\kappa - 1}{n-1}\right)(T_1 - T_2)$$

in die allgemeine Wärmegleichung

$$q = c_v \cdot (T_2 - T_1) + w$$

eingesetzt, ergibt

$$q = c_v \cdot \left(\frac{n - \kappa}{n-1}\right)(T_2 - T_1)$$

Polytropenexponent n

Für ZÄ in Wärmekraft- und Arbeitsmaschinen, bei denen es auf die Vorausberechnung der Arbeit und der Temperaturen ankommt, ist es wichtig, die Größe des Polytropenexponenten n möglichst richtig vorauszuschätzen. Anhaltspunkte ergeben sich als Erfahrungswerte aus Messungen. Dabei wird der Verlauf der Polytropen durch Indikatoren aufgezeichnet, woraus sich n rechnerisch oder zeichnerisch bestimmen läßt.

Bei solchen Prüfungen wird man feststellen, daß n während einer ZÄ oft nicht konstant bleibt, so daß man mit Mittelwerten rechnen muß. Je größer die Temperaturdifferenz zwischen dem Gas und den Zylinderwänden, um so größer ist auch der Wärmeaustausch.

Liegt das wirkliche p,v-Diagramm vor, dann kann n punktweise aus $p \cdot v^n$ = konst nachgerechnet werden. Zeichnerisch trägt man entspr. $p \cdot v^n$ =

konst die Werte $\lg p + n \cdot \lg V = \lg \kappa$ auf, was bei n = konst, im lg-Maßstab, eine Gerade ergibt. Weicht der Verlauf hiervon ab, dann ist n an diesen Stellen (Bild 2.9) verschieden groß.

Allgemeine Bedeutung der Polytrope

Nimmt man für n jeden beliebigen Wert zwischen 0 und ∞ an, dann erhält man eine Kurvenschar von Polytropen, zu denen man dann auch die Isobare und Isovolume als extreme Grenzen rechnen kann (Bild 2.10).

Als Grundlage für diese Betrachtung kann dienen:

$$p \cdot v^n = \text{konst}$$

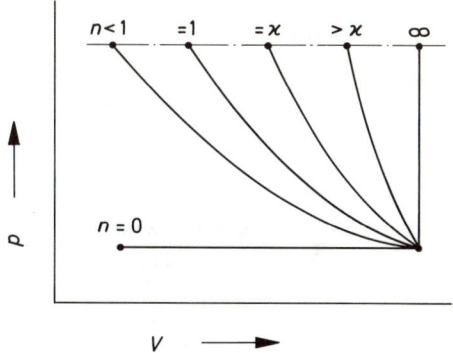

Bild 2.10   Polytropen zwischen $n = 0$ und $n = \infty$

69

Man erhält:

$n = 0$	p	$= $ konst	Isobare
$n = 1$	$p \cdot v$	$= $ konst	Isotherme
$n = 1{,}2$	$p \cdot v^n$	$= $ konst	Polytrope
$n = \kappa$	$p \cdot v^\kappa$	$= $ konst	Adiabate
$n = \infty$	$p \cdot v^\infty$	$= $ konst	Isovolume

Auf dem Bild ist der Verlauf dargestellt.

42. Beispiel

8 m³ Luft von 0,9 bar und 20 °C werden polytropisch mit $n = 1{,}2$ auf 8,1 bar verdichtet.

a) Wie groß ist die Endtemperatur?
b) Wie groß ist das Endvolumen?
c) Welche Arbeit muß aufgewendet werden?
d) Wie groß ist die abzuführende Wärmemenge?

Lösung (vgl. 39. Beispiel)

a) Endtemperatur

$$\frac{T_2}{T_1} = \left(\frac{p_2}{p_1}\right)^{\frac{n-1}{n}} = 9^{0{,}167} = 1{,}44$$

$$T_2 = 293 \cdot 1{,}44 = 423 \text{ K}; \; t_2 = 150\,°\text{C}$$

b) Endvolumen

$$\frac{V_1}{V_2} = \left(\frac{p_2}{p_1}\right)^{1/n} = 9^{0{,}832} = 6{,}24$$

$$V_2 = 8/6{,}24 = 1{,}28 \text{ m}^3$$

c) Aufzuwendende Arbeit

$$W = \frac{p_1 \cdot V_1}{n-1} \cdot \left[\left(\frac{p_2}{p_1}\right)^{\frac{n-1}{n}} - 1\right]$$

$$= \frac{0{,}9 \cdot 100\,000 \text{ N/m}^2 \cdot 8 \text{ m}^3}{1{,}2 - 1} \cdot (1{,}44 - 1)$$

$$W = 1\,570\,000 \text{ Nm}$$

d) Abzuführende Wärme

$$Q = m \cdot c_v \cdot \left(\frac{n-\kappa}{n-1}\right) \cdot (T_2 - T_1)$$

$$m = p_1 \cdot V_1 / R_i \cdot T_1$$

$$= \frac{0{,}9 \cdot 100\,000 \text{ N/m}^2 \cdot 8 \text{ m}^3}{287 \text{ Nm/kg K} \cdot 293 \text{ K}} = 8{,}4 \text{ kg}$$

$$Q = 8{,}4 \text{ kg} \cdot 0{,}716 \text{ kJ/kg K}$$

$$\cdot \left(\frac{1{,}2 - 1{,}4}{1{,}2 - 1}\right) \cdot (152 - 20) \text{ K}$$

$$Q = 780 \text{ kJ}$$

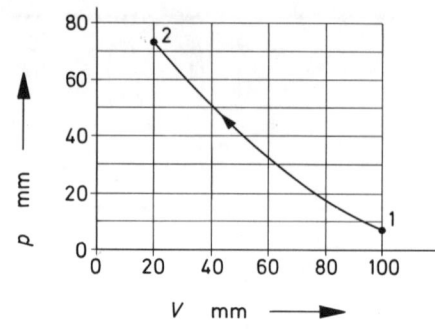

Bild 2.11 p,v-Diagramm eines Verdichters (Indikatordiagramm), Beispiel

43. Beispiel

In einem auf dem Prüfstand aufgenommenen p,v-Diagramm eines Kolbenverdichters (Bild 2.11) hat sich ergeben

$v_1 = 100$ mm, $p_1 = 9$ mm, $v_2 = 20$ mm, $p_2 = 72$ mm

Wie groß ist der Polytropenexponent n?

Lösung

Es verhält sich

$$v_1/v_2 = 100/20 = 5$$
$$p_2/p_1 = 72/9 = 8$$

$$n \cdot \lg \frac{v_1}{v_2} = \lg \frac{p_2}{p_1}$$

daraus

$$n = \frac{\lg 8}{\lg 5} = 1{,}29$$

44. Beispiel

3 m³ Luft von 5,4 bar und 45 °C expandieren auf 1,5 bar und nehmen 10 m³ Raum ein.

a) Wie groß ist n?
b) Wie groß ist t_2?
c) Welche Arbeit wird gewonnen?
d) Welche Wärme-Einwirkung?

Lösung

a) Polytropenexponent n

Aus $p \cdot V^n = $ konst. folgt

$$\lg p_1/p_2 = n \lg V_2/V_1$$

$$n = \frac{\lg p_1 - \lg p_2}{\lg V_2 - \lg V_1} = \frac{\lg 5{,}4 - \lg 1{,}5}{\lg 10 - \lg 3}$$

$$= 1{,}064$$

70

b) Endtemperatur t_2

Aus $p_1 \cdot V_1/T_1 = p_2 \cdot V_2/T_2$ wird

$$T_2 = T_1 \cdot \frac{p_2 \cdot V_2}{p_1 \cdot V_1} = 318 \cdot \frac{1,5 \text{ bar} \cdot 10 \text{ m}^3}{5,4 \text{ bar} \cdot 3 \text{ m}^3}$$

$$= 294 \text{ K}$$

$$t_2 = 21\,^\circ\text{C}$$

c) Gewonnene Arbeit

$$W = \frac{1}{n-1} \cdot (p_1 \cdot V_1 - p_2 \cdot V_2)$$

Bemerkung: $V = m \cdot v$ ist hier in m³ gegeben, so daß mit m nicht multipliziert wird.

$$W = \frac{1}{1,064 - 1}$$

$$\cdot (5,4 \cdot 100\,000 \text{ N/m}^2 \cdot 3 \text{ m}^3 - 1,5$$

$$\cdot 100\,000 \text{ N/m}^2 \cdot 10 \text{ m}^3)$$

$$W = 15,6 \cdot (1\,620\,000 - 1\,500\,000)$$

$$= 1\,870\,000 \text{ Nm} = 1\,870 \text{ kJ}$$

d) Zu- oder abgeführte Wärmemenge?

$$Q = m \cdot c_v \cdot \left(\frac{n - \varkappa}{n - 1}\right) \cdot (T_2 - T_1)$$

$$m = \frac{p_1 \cdot V_1}{R_i \cdot T_1} = 17,4 \text{ kg mit}$$

$$m = \frac{5,4 \text{ bar} \cdot 100\,000 \text{ (N/m}^2)/\text{bar} \cdot 3 \text{ m}^3}{287 \text{ Nm/kg} \cdot \text{K} \cdot 318 \text{ K}}$$

$$Q = 17,4 \text{ kg} \cdot 0,716 \text{ kJ/kg} \cdot \frac{1,064 - 1,4}{1,064 - 1}$$

$$\cdot (294 - 318) \text{ K}$$

$$Q = 1700 \text{ kJ zugeführt}$$

Daß die Wärme zugeführt ist (Q ist positiv), sieht man auch daran, daß trotz Expansion $p_2/p_1 = 3{,}6$fach, die Temperatur fast gleich bleibt ($t_1 = 45\,^\circ\text{C}$, $t_2 = 21\,^\circ\text{C}$).

2.6 Die Entropie und das T,s-Diagramm (Wärmediagramm)

Der Zustand eines Gases läßt sich, wie gezeigt wurde, ändern

— durch Zu- oder Abfuhr von Wärme,
— durch Aufwand oder Entnahme von Arbeit.

Wärme und Arbeit wirken bei diesen Vorgängen meist gleichzeitig zusammen.
Die Arbeit läßt sich im p,v-Diagramm (Arbeitsdiagramm) als Fläche darstellen.
Um auch zu- oder abgeführte Wärmemengen als Flächen aufzeichnen zu können, muß ein entsprechendes, allgemein gültiges Verfahren gefunden werden.
Die Beziehung $q = c \cdot (T_2 - T_1)$ ist hierfür nicht geeignet, weil man für jeden Stoff wegen seiner, vom anderen Stoff unterschiedlichen, außerdem temperatur- und druckabhängigen Veränderlichkeit der spez. Wärmekapazität, ein eigenes Diagramm benutzen müßte.

Die Temperatur, als wesentliche Einflußgröße jeder Wärmeeinwirkung, muß bei der zeichnerischen Darstellung von Wärmemengen in Erscheinung treten. Als weitere Größe hat *Clausius* (1822 bis 1888) den Begriff „*Entropie*" (Umwandlungsgröße) in die Wärmetechnik eingeführt. Die Entropie S oder s muß zur Darstellung von Wärmemengen als Flächen die Gleichung erfüllen

$$dQ = T \cdot dS \quad \text{oder} \quad Q = \int_{S_1}^{S_2} T \cdot dS$$

Die Abszisse des Entropie- oder Wärmediagrammes muß so gewählt sein, daß alle Wärme-Einflüsse sowie auch Druck- und Volumenlinien,

71

berücksichtigt und wiedergegeben werden können. Dabei ist die Entropie:

> Entropie $dS = dQ/T$ für m kg Gas und
> $ds = dq/T$ für 1 kg Gas

Das Entropiediagramm hat die Koordinaten T und s (Bild 2.12).

Als Skizze zeigt Bild 2.12, wie beispielsweise eine Isochore mit q_v und eine Isobare mit q_p im Wärmediagramm verlaufen:

Unter der v = konst-Linie muß die mit zunehmender Temperatursteigerung zunehmende Wärmezufuhr $q_v = c_v \cdot (T_2 - T_1)$ eine entsprechende Fläche ergeben. Die q_p-Fläche unter der Isobaren p = konst muß bei gleicher Temperaturdifferenz größer sein, denn es ist $c_p = \kappa \cdot c_v$; die Fläche ist breiter, die p = konst-Linie verläuft flacher.

Der Nullpunkt der Ordinate liegt bei 0 K, also bei −273 °C, so daß man auch Temperaturen berücksichtigen kann, die unter 0 °C liegen.

Setzt man nach Clausius in die „allgemeine Wärmegleichung" der Gase

$$dq = c_v \cdot dT + p \cdot dv$$

die Größe $dq = T \cdot ds$ ein, dann wird

$$ds = c_v \cdot dT/T + p \cdot dv/T$$

oder aus $T = p \cdot v/R_i$

$$ds = c_v \cdot dT/T + R_i \cdot dv/v$$

Für eine beliebige ZÄ zwischen T_1, v_1 und T_2, v_2 wird durch Addition der kleinen Änderungen d_{s1}, d_{s2} ... der ganze Zuwachs, den die Größe s erfährt

$$s_2 - s_1 = c_v \cdot \ln T_2/T_1 + R_i \cdot \ln v_2/v_1$$

Exakt gültig für das ideale Gas.

Die Größe s ist kein absoluter Wert. Sie zeigt, wie der augenblickliche Zustand (2) gegenüber einem Anfangszustand (1) liegt.

Den Anfangszustand kann man beliebig wählen. Die Entropie kann dann, ähnlich wie die Celsius-Temperatur, auch negativ werden, wie Beispiele zeigen sollen.

Die Entropie ist somit wie Druck, Volumen, Temperatur, innere Energie und Enthalpie eine Zustandsgröße, weil sie von Zustandsgrößen abhängt.

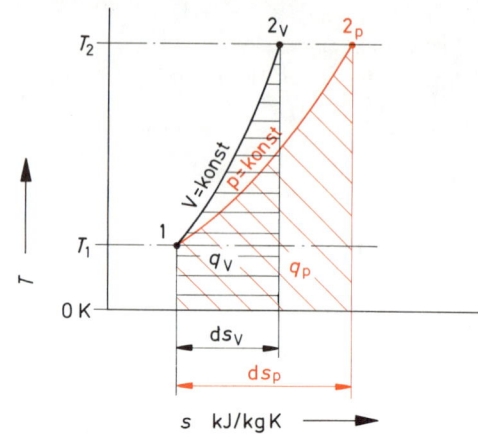

Bild 2.12 *Entwurf zu einem T,s- oder Wärmediagramm*

2.6.1 Entropie-Diagramme, allgemeine Grundlage

Zur Berechnung der Abszisse im Entropie-Diagramm kann man Gleichungen benutzen, die je nach gegebenen Größen p, v, T angewendet werden:

Wie zuletzt abgeleitet:

Gl. a:

$$s_2 - s_1 = c_v \cdot \ln \frac{T_2}{T_1} + R_i \cdot \ln \frac{v_2}{v_1}$$

t und v gegeben

Aus

$$\frac{p_2 \cdot v_2}{p_1 \cdot v_1} = \frac{T_2}{T_1} \quad \text{und } R_i = c_p - c_v$$

folgt

$$s_2 - s_1 = c_v \cdot \ln \frac{p_2 \cdot v_2}{p_1 \cdot v_1} + (c_p - c_v) \cdot \ln \frac{v_2}{v_1}$$

und nach Ausklammern und Vereinfachen:

Gl. b:

$$s_2 - s_1 = c_v \cdot \ln \frac{p_2}{p_1} + c_p \cdot \ln \frac{v_2}{v_1}$$

p und v gegeben

72

Schließlich durch weitere Umformung:
Gl. c:

$$s_2 - s_1 = c_p \cdot \ln \frac{T_2}{T_1} - R_i \cdot \ln \frac{p_2}{p_1}$$

T und p gegeben

Die Gleichungen gelten in dieser Form für c_v und c_p = konst. Gegebenenfalls rechnet man mit c_{vm} und c_{pm}, wenn eine größere Genauigkeit erwünscht ist.
Der Entropiebegriff gilt auch für Flüssigkeiten und Dämpfe wie Wasserdampf und Dämpfe in der Kältetechnik.
In „Entropietafeln" für Gase und Dämpfe (s. hier Bild 2.26, S. 84 und Bild 4.6, S. 141 ist die Veränderlichkeit von c_v und c_p berücksichtigt.

Anwendungen hierzu
Liegt eine beliebige Kurve im p,v-Diagramm vor, dann kann man sie mit einer der Gleichungen a bis c nach schrittweiser Berechnung der Entropiedifferenzen in das T,s-Diagramm übertragen.

45. Beispiel
Eine ZÄ für 1 kg Luft ist im p,v-Diagramm mit folgenden Koordinaten gegeben:

Punkt	1	2	3	4	
p	8	6	4	2	bar
v	0,14	0,178	0,250	0,444	m³/kg

Sie soll in das T,s-Diagramm übertragen werden, wozu die Koordinaten der Punkte 1 bis 4 zu berechnen sind. Das Ergebnis ist zu besprechen.

Lösung
Zunächst werden die Temperaturen aus jeweils $T = p \cdot v/R_i$ berechnet, wobei für Luft R_i = 287 J/kg K = 287 Nm/kg K.
Punkt 1:

$$T_1 = p_1 \cdot v_1/R_i$$

$$= \frac{8 \cdot 100\,000 \; N/m^2 \cdot 0,14 \; m^3/kg}{287 \; Nm/kg \; K}$$

$$= 391 \; K$$

Im T,s-Diagramm (Bild 2.13), wird Punkt 1 mit T = 391 K und beliebiger Entropie angenommen. Für die weiteren Punkte wird dann die Entropiedifferenz in bezug auf Punkt 1 berechnet.
Punkt 2:

$$T_2 = \frac{6 \cdot 100\,000 \cdot 0,178}{287} = 373 \; K$$

Entropiedifferenz $s_2 - s_1$
Da p und v gegeben, wird Gleichung b) benutzt, also

$$s_2 - s_1 = c_v \cdot \ln \frac{p_2}{p_1} + c_p \cdot \ln \frac{v_2}{v_1}$$

$$s_2 - s_1 = 0,716 \; kJ/kg \; K \cdot \ln 6/8$$
$$+ \; 1,004 \; kJ/kg \; K \cdot \ln 0,178/0,140$$

$$s_2 - s_1 = -0,208 + 0,244 = 0,036 \; kJ/kg \; K$$

Es wird ein Maßstab für die Entropie gewählt und die Strecke 0,036 kJ/kg K auf der Abszisse von 1 aus nach rechts (positive Richtung) abgetragen. So erhält man Punkt 2 mit T_2 = 373 K, Bild 2.13.

Punkt 3:

$$T_3 = \frac{4 \cdot 100\,000 \cdot 0,250}{287} = 348 \; K$$

$$s_3 - s_1 = 0,716 \; kJ/kg \; K \cdot \ln 4/8$$
$$+ \; 1,004 \; kJ/kg \; K \cdot \ln 0,25/0,14$$

$$s_3 - s_1 = -0,503 + 0,591 = 0,088 \; kJ/kg \; K$$

Punkt 4:

$$T_4 = 310 \; K \quad und \quad s_4 - s_1 = 0,166 \; kJ/kg \; K$$

s. Darstellung auf Bild 2.13, S. 74.

Ergebnis:
Bei der ZÄ handelt es sich um eine Expansion mit Wärmezufuhr, also um eine Polytrope, deren Polytropenexponent n noch berechnet werden könnte (s. das 43. Beispiel).
Während der Expansion ist Wärme, und zwar $q = T \cdot ds$, hier T_m = 345 K und $ds = s_4 - s_1 = 0,166$ kJ/kg K, also q = 57 kJ/kg zugeführt worden. Die Entropieänderung ist positiv.
Hätte man keine Wärme zugeführt, dann müßte, bei adiabater ZÄ entsprechend dem Druckverhältnis p_1 = 8 und p_4 = 2, also p_1/p_4 = 4, die

73

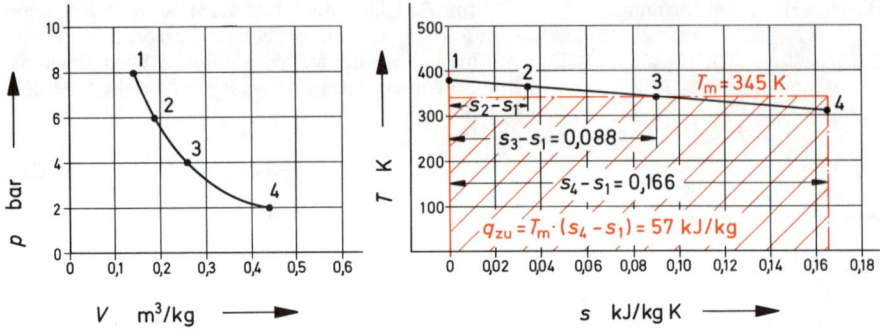

Bild 2.13   Eine im p,v-Diagramm gegebene ZÄ wird in das T,s-Diagramm umgerechnet

Temperatur wegen $T_1/T_4 = 1,487$ (Tabelle 11) auf $T_4 = T_1/1,487 = 391\,\text{K}/1,487 = 263\,\text{K}$ gefallen sein. Sie liegt jedoch bei $T_4 = 310\,\text{K}$.

46. Beispiel
1 kg Luft von 1 bar, 15 °C wird auf 5 bar, 100 °C gebracht. Wie groß ist die Entropieänderung und um welche Art ZÄ kann es sich handeln?

Lösung
Da p und T gegeben, wird Gl. c benutzt, und es wird

$$s_2 - s_1 = c_p \cdot \ln \frac{T_2}{T_1} - R_i \cdot \ln \frac{p_2}{p_1}$$

$$s_2 - s_1 = 1,004\,\text{kJ/kg K} \cdot \ln 1,29$$

$$- 0,287\,\text{kJ/kg K} \cdot \ln 5$$

$$s_2 - s_1 = 0,262 - 0,462 = -0,2\,\text{kJ/kg K}$$

$$= \text{Wärmeabfuhr}$$

Es handelt sich um eine polytrope Verdichtung mit Kühlung (Bild 2.14).
Die Entropie ist bei beliebig gewähltem Maßstab von Punkt 1 aus nach links abzutragen. Die abgeführte Wärmemenge ist

$$q = T_m \cdot (s_2 - s_1)$$

$$= \left(\frac{288 + 373}{2}\right)\,\text{K} \cdot 0,2\,\text{kJ/kg K} = 66,0\,\text{kJ/kg}$$

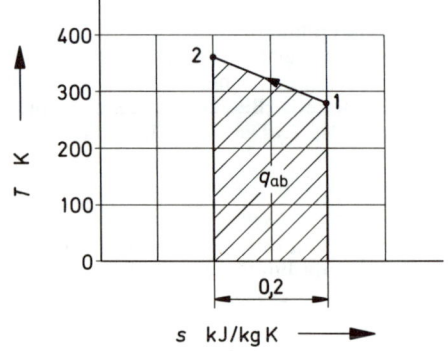

Bild 2.14   46. Beispiel: abgeführte Wärme im T,s-Diagramm

47. Beispiel
1 kg Luft von 8 bar, 140 °C expandiert auf $p_2 = 2$ bar, $v_2 = 0,55\,\text{m}^3/\text{kg}$. Wie groß ist die Entropieänderung und welche Art von ZÄ liegt vor?

Lösung
Um Gl. b benutzen zu können, ist zunächst v_1 zu berechnen:

$$v_1 = R_i \cdot T_1/p_1 = \frac{287\,\text{Nm/kg K} \cdot 413\,\text{K}}{8 \cdot 100\,000\,\text{N/m}^2}$$

$$= 0,15\,\text{m}^3/\text{kg}$$

74

$$s_2 - s_1 = c_v \cdot \ln \frac{p_2}{p_1} + c_p \cdot \ln \frac{v_2}{v_1}$$

$$s_2 - s_1 = 0{,}716 \text{ kJ/kg K} \cdot \ln 0{,}25 +$$

$$+ \ 1{,}004 \cdot \ln 3{,}64$$

$$s_2 - s_1 = -1{,}0 + 1{,}307 = 0{,}307 \text{ kJ/kg K}$$

Es handelt sich um eine Expansion, bei der Wärme zugeführt worden ist. Um die zugeführte Wärmemenge zu erhalten, müßte man T_2 und weiter T_m ausrechnen.

2.7 Die T,s-Diagramme der besprochenen ZÄ

Unter Bezug auf die drei Gleichungen a) bis c) zur Berechnung der Entropiedifferenzen folgen noch Gleichungen zur Darstellung der besprochenen ZÄ im T,s-Diagramm. Als Zusammenfassung wird abschließend ein vollständiges T,s-Diagramm für Luft berechnet und gezeichnet.

2.7.1 Die Isochore ($v = $ konst) im T,s-Diagramm

Aus Gleichung b) mit $s_2 - s_1 = c_v \cdot \ln (p_2/p_1) + c_p \cdot \ln (v_2/v_1)$ wird mit $v_2 = v_1$ und $\ln (v_2/v_1) = \ln 1 = 0$

$$s_2 - s_1 = c_v \cdot \ln (p_2/p_1) \quad \text{oder}$$

$$s_2 - s_1 = c_v \cdot \ln (T_2/T_1)$$

Isochore ZÄ

Die zu- oder abgeführte Wärmemenge erscheint im T,s-Diagramm als Fläche, Bild 2.15. Dabei ist die $v = $ konst-Linie eine logarithmische Kurve.

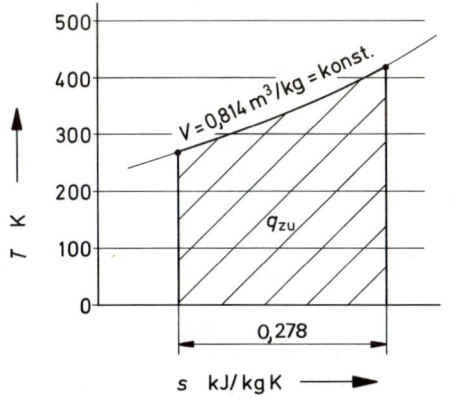

Bild 2.15 Isochore ($v = $ konst) im T,s-Diagramm, Zahlenwerte des 48. Beispiels

48. Beispiel
1 kg Luft soll bei $v = $ konst (in geschlossenem Raum) von 1 bar, 15 °C auf 150 °C erwärmt werden.

a) Welcher Enddruck?
b) Zugeführte Wärme?
c) Entropiedifferenz?
d) Darstellung im T,s-Diagramm
e) Welche Raumänderungsarbeit?

Lösung

a) Enddruck aus

$$p_2/p_1 = T_2/T_1$$

$$p_2 = 1 \text{ bar} \cdot (423 \text{ K}/288 \text{ K}) = 1{,}47 \text{ bar}$$

b) Wärme

$$q_{zu} = c_v \cdot (t_2 - t_1)$$

$$q_{zu} = 0{,}716 \text{ kJ/kg K} \cdot (150\,°C - 15\,°C)$$

$$= 0{,}716 \text{ kJ/kg K} \cdot 135 \text{ K} = 96{,}6 \text{ kJ/kg}$$

c) Entropiedifferenz

$$s_2 - s_1 = c_v \cdot \ln (T_2/T_1)$$

$$s_2 - s_1 = 0{,}716 \text{ kJ/kg K} \cdot \ln (423/288)$$

$$= 0{,}278 \text{ kJ/kg K}$$

d) Im T,s-Diagramm wird auf der Abszisse vom beliebig gewählten Anfangspunkt $p_1 = 1$ bar, $T_1 = 288$ K die Strecke $s_2 - s_1 = 0{,}278$ kJ/kg K nach rechts abgetragen. Der Nullpunkt der Ordinate liegt bei 0 K. Bildet man T_m, dann muß die Fläche aus $T_m \cdot (s_2 - s_1)$ $= 96{,}6$ kJ/kg $= $ der zugeführten Wärme entsprechen (Bild 2.15).
Bei der $v = $ konst-Linie handelt es sich um

$$v_1 = v_2 = R_i \cdot T_1/p_1$$

$$= 287 \text{ Nm/kg K} \cdot 288 \text{ K}/1 \cdot 100\,000 \text{ N/m}^2$$

$v_1 = v_2 = 0{,}814 \text{ m}^3/\text{kg} = \text{konst}$

e) Raumänderungsarbeit: bei $v = $ konst wird Raumänderungsarbeit nicht abgegeben.

2.7.2 Die Isobare ($p = $ konst) im T,s-Diagramm

Aus Gleichung b) mit $s_2 - s_1 = c_v \cdot \ln (p_2/p_1) + c_p \cdot \ln (v_2/v_1)$ wird mit $p_2 = p_1$, also $\ln p_2/p_1 = \ln 1 = 0$.

$$s_2 - s_1 = c_p \cdot \ln (v_2/v_1) \quad \text{oder}$$

$$s_2 - s_1 = c_p \cdot \ln (T_2/T_1)$$

Isobare ZÄ

Die zu- oder abgeführte Wärmemenge erscheint als Fläche unter der $p = $ konst-Linie. Die $p = $ konst-Linie ist eine logarithmische Kurve. Bei gleicher Erwärmung desselben Gases vom gleichen Anfangszustand aus ist die q_p-Fläche größer als die entsprechende q_v-Fläche, weil bei $p = $ konst zusätzlich Raumänderungsarbeit entsteht.

49. Beispiel
1 kg Luft wird bei $p = $ konst und 1 bar/15 °C auf 150 °C erwärmt.

a) Welches spez. Volumen wird erreicht?
b) Wie groß ist q_p?
c) Wie groß ist die Raumänderungsarbeit?
d) Wie groß ist die Entropieänderung?
e) Darstellung im T,s-Diagramm

Lösung

a) Endvolumen

$$v_2 = \frac{R_i \cdot T_2}{p_2} = \frac{287 \text{ Nm/kg K} \cdot 423 \text{ K}}{1 \cdot 100\,000 \text{ N/m}^2}$$

$$= 1{,}24 \frac{\text{m}^3}{\text{kg}}$$

b) Wärmezufuhr

$$q_p = c_p \cdot (t_2 - t_1)$$

$$q_p = 1{,}004 \text{ kJ/kg K} \cdot (150 - 15) \text{ K}$$

$$= 136 \text{ kJ/kg}$$

c) Raumänderungsarbeit

$$w = R_i \cdot (t_2 - t_1)$$

$$w = 287 \text{ Nm/kg K} \cdot (150 - 15) \text{ K}$$

$$= 38\,700 \text{ Nm/kg}$$

d) Entropieänderung

$$s_2 - s_1 = c_p \cdot \ln (T_2/T_1)$$

$$s_2 - s_1 = 1{,}004 \text{ kJ/kg K} \cdot \ln (423/288)$$

$$= 0{,}387 \text{ kJ/kg K}$$

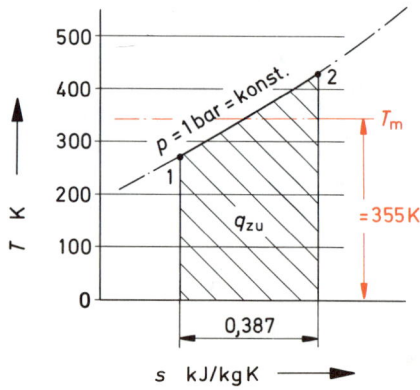

Bild 2.16 Isobare ($p = $ konst) im T,s-Diagramm, Zahlenwerte des 49. Beispiels

e) Im T,s-Diagramm, Bild 2.16, wird auf der Abszisse von beliebig gewähltem Anfangszustand $p_1 = 1$ bar, $T_1 = 288$ K die Strecke $s_2 - s_1 = 0{,}387$ kJ/kg K nach rechts abgetragen. Der Nullpunkt der Ordinate liegt bei 0 K. Bildet man T_m, dann muß die Fläche unter der $p = 1$ bar $= $ konst-Kurve aus $T_m \cdot (s_2 - s_1) = q_p = 136$ kJ/kg ergeben.

Hinweis und Vergleich:
50. Beispiel
Die Ergebnisse der beiden letzten Beispiele sollen in ein gemeinsames T,s-Diagramm übertragen und besprochen werden. Ausgangspunkt der Isochore im 42. Beispiel und der Isobare im 43. Beispiel war der gemeinsame Anfangszustand mit $p_1 = 1$ bar, $t_1 = 15$ °C.

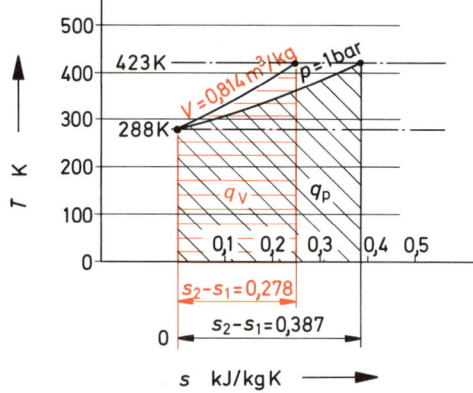

Bild 2.17 Gemeinsame Darstellung der Ergebnisse des 48. und 49. Beispiels im T,s-Diagramm

Auf Bild 2.17 sind die beiden Kurven $v =$ konst und $p =$ konst vom Anfangszustand aus aufgetragen. Die Entropiedifferenzen sind den Beispiellösungen entnommen. Die Endtemperaturen sind 423 K = 150 °C in beiden Flächen gleich. Man sieht, daß die q_p-Fläche größer ist. Die Flächendifferenz entspricht dem Mehraufwand an Wärme, die für die Raumänderungsarbeit gebraucht wird.
Die $v =$ konst-Linie verläuft steiler als die p-Linie.

2.7.3 Die Isotherme ($T =$ konst) im T,s-Diagramm

Soll die Temperatur bei Expansion oder Kompression eines Gases konstant bleiben, muß Wärme zu- bzw. abgeführt werden.
Im T,s-Diagramm verläuft die ZÄ als horizontale Gerade zwischen zwei Drucklinien.
Aus Gleichung a) mit $s_2 - s_1 = c_v \cdot \ln (T_2/T_1) + R_i \cdot \ln (v_2/v_1)$ wird mit $T_2 = T_1$ und $\ln 1 = 0$:

$$s_2 - s_1 = R_i \cdot \ln (v_2/v_1) \quad \text{oder}$$

$$s_2 - s_1 = R_i \cdot \ln (p_1/p_2)$$

Isotherme

Die zu- oder abgeführte Wärme erscheint als Fläche unter der Isotherme.

50. Beispiel
1 kg Luft von 1 bar, 15 °C soll bei $t =$ konst auf 8 bar verdichtet werden.

a) Wie groß ist die Entropieänderung?
b) Welche Wärmemenge ist abzuführen?
c) Welche Verdichtungsarbeit ist aufzuwenden?
d) Darstellung im T,s-Diagramm

Lösung

a) Entropieänderung

$$s_2 - s_1 = R_i \cdot \ln (p_1/p_2)$$

$$s_2 - s_1 = 0{,}287 \text{ kJ/kg K} \cdot \ln (\tfrac{1}{8})$$

$$= -0{,}60 \text{ kJ/kg K}$$

Die Wärme ist abzuführen.

b) Abzuführende Wärmemenge

$$q = (s_2 - s_1) \cdot T$$

$$q = -0{,}60 \text{ kJ/kg K} \cdot 288 \text{ K} = -172 \text{ kJ/kg}$$

c) Verdichtungsarbeit

$$w = q \text{ bei der Isotherme}$$

$$w = -172 \text{ kJ/kg} = 172\,000 \text{ J/kg}$$

$$= -172\,000 \text{ Nm/kg}$$

d) Im T,s-Diagramm (Bild 2.18) wird vom beliebig angenommenen Nullpunkt aus die Entropie mit 0,60 kJ/kg K nach links abgetragen. Die Isotherme verläuft horizontal von $p_1 = 1$ bar bis $p_2 = 8$ bar.

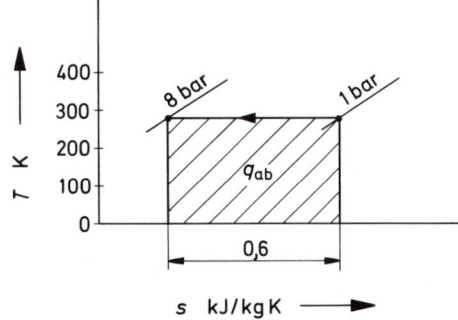

Bild 2.18 Isothermische Kompression im T,s-Diagramm, Zahlenwerte des 50. Beispiels

2.7.4 Die isentrope (adiabatische) ZÄ im T,s-Diagramm

Diese ZÄ vollzieht sich als Expansion aus der Inneren Energie des Gases oder führt nach einem Aufwand an mechanischer Arbeit zur Erhöhung der Inneren Energie des Gases. In beiden Fällen findet hierbei im Gegensatz zu den bisher behandelten ZÄ eine Einwirkung von zu- oder abgeführter Wärme auf das Gas nicht statt.

Mit $q = 0$ wird $s_2 - s_1 = 0$, und die ZÄ erscheint im T,s-Diagramm als senkrechte Gerade.

$$s_2 - s_1 = 0 \qquad \text{Isentrope (Adiabate)}$$

Da sich die Entropie während der ZÄ nicht ändert, wird sie auch als „*Isentrope ZÄ*" bezeichnet.

Setzt man $s_2 - s_1 = 0$ beispielsweise in die Gleichung a) ein, dann erhält man nach dem Delogarithmieren die Adiabaten-Gleichung $p \cdot v^\kappa = $ konst.

51. Beispiel

1 kg Luft von 8 bar, 150 °C expandiert isentrop auf 1 bar.

a) Welche Endtemperatur?
b) Welche Arbeit wird gewonnen?
c) Darstellung im T,s-Diagramm

Lösung

a) Endtemperatur aus

$$T_2/T_1 = (p_2/p_1)^{\frac{\kappa-1}{\kappa}}$$

$$T_2 = T_1 \cdot (\tfrac{1}{8})^{0,4/1,4} = 423 \text{ K} \cdot 0,55 = 233 \text{ K}$$

$$t_2 = -40 \text{ °C}$$

b) Raumänderungs-Arbeit aus $w = c_v \cdot (T_2 - T_1)$

$$w = 0,716 \text{ kJ/kg K} \cdot (233 - 423) \text{ K}$$

$$= -136 \text{ kJ/kg}$$

$$w = -136\,000 \text{ J/kg} = -136\,000 \text{ Nm/kg}$$

Die Arbeit entsteht aus der inneren Energie des Gases vor Beginn der Expansion.

c) Darstellung im T,s-Diagramm (Bild 2.19) Im T,s-Diagramm liegt der Anfangszustand mit $T_1 = 273 + 150 = 423$ K auf der Drucklinie $p_1 = 8$ bar. Der Endpunkt der Expansion liegt, wie berechnet, bei $T_2 = 233$ K und 1 bar. Die ZÄ ist als senkrechte Gerade eingezeichnet.

Die unter der $v = 0,155$ m³/kg- und unter der $p = 8$ bar-Kurve gezeichneten Flächen enthalten die Differenzen an Innerer Energie $\Delta u = w$ bzw. Enthalpie $\Delta h = w_t$, die der Abgabe von Raumänderungs- bzw. Technischer Expansionsarbeit aus dem Gas heraus entsprechen.

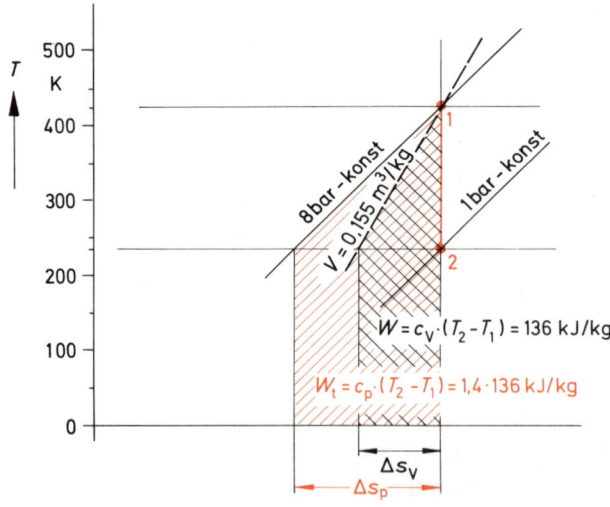

Bild 2.19 Isentrope Kompression im T,s-Diagramm mit zusätzlicher Darstellung von w und w_t als Fläche im Wärmediagramm; Zahlenwerte des 51. Beispiels

2.7.5 Die polytropische ZÄ im T,s-Diagramm

Die Polytrope liegt im allgemeinen zwischen der Isothermen und der Isentrope. Während der ZÄ findet eine Wärmeeinwirkung statt: bei einer Kompression wird das Gas gekühlt, aber nicht so stark, daß T = konst bleibt; bei einer Expansion wird Wärme zugeführt.

Hinweis

Diese Wärmeeinwirkungen können auch vom Prozeßablauf innerhalb der Maschine verursacht werden, wie Wechselwirkung zwischen heißen Maschinenteilen und zunächst kaltem Gas (und umgekehrt) oder unvollkommene Energieumsetzung in der Beschauflung von Strömungsmaschinen, wobei Teile der Wärmeenergie unausgenutzt im Gas bleiben.

Darstellung im T,s-Diagramm
Entsprechend

$$q_n = c_v \cdot \left(\frac{n - \varkappa}{n - 1}\right) \cdot (T_1 - T_2)$$

wird allgemein

$$s_2 - s_1 = c_v \cdot \left(\frac{n - \varkappa}{n - 1}\right) \cdot \ln(T_2/T_1)$$

Weitere Gleichungen ergeben sich aus den Grundgleichungen a) bis c) wie folgt:

$$s_2 - s_1 = c_v \cdot \ln \frac{T_2}{T_1} + R_i \cdot \ln \frac{v_2}{v_1}$$

$$s_2 - s_1 = c_v \cdot \ln \frac{p_2}{p_1} + c_p \cdot \ln \frac{v_2}{v_1} \quad \text{polytrope}$$

$$s_2 - s_1 = c_p \cdot \ln \frac{T_2}{T_1} - R_i \cdot \ln \frac{p_2}{p_1}$$

$$s_2 - s_1 = c \cdot \ln \frac{T_2}{T_1} \quad \text{s. oben}$$

Die Polytrope erscheint im T,s-Diagramm als logarithmische Kurve. Die Fläche unter der Kurve der Polytrope ist die während der ZÄ zu- oder abgeführte Wärme (Bild 2.20). Die Neigung

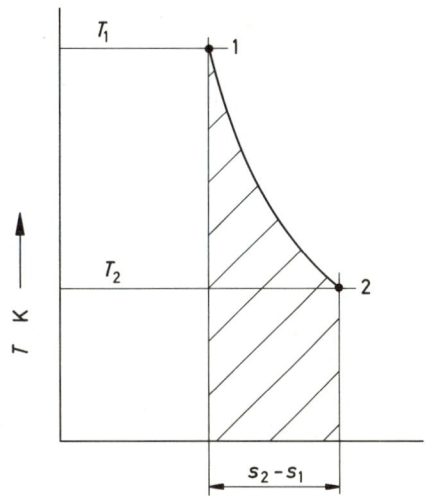

Bild 2.20   Polytropische ZÄ im T,s-Diagramm

der Polytrope zeigt, ob sie sich mehr der Adiabate oder mehr der Isotherme nähert.

52. Beispiel
1 kg Luft von 1 bar, 20 °C wird polytropisch mit $n = 1,2$ auf 8 bar verdichtet.

a) Welche Endtemperatur?
b) Wie groß ist die Entropieänderung?
c) Wie groß ist die abgeführte Wärmemenge?
d) Darstellung der ZÄ im T,s-Diagramm

Lösung
a) Endtemperatur aus

$$T_2/T_1 = (p_2/p_1)^{\frac{n-1}{n}}$$

$$T_2 = 293 \text{ K} \cdot \left(\tfrac{8}{1}\right)^{0,2/1,2} = 293 \text{ K} \cdot 1,414$$

$$= 413 \text{ K}$$

$$t_2 = 140 \,°C$$

b) Entropieänderung aus

$$s_2 - s_1 = c_v \cdot \frac{n - \varkappa}{n - 1} \cdot \ln(T_2/T_1)$$

$$= 0,716 \cdot \frac{1,2 - 1,4}{1,2 - 1} = -0,716 \text{ kJ/kg K}$$

$$s_2 - s_1 = -0,716 \text{ kJ/kg K} \cdot \ln(413/293)$$

$$= -0,25 \text{ kJ/kg K}$$

79

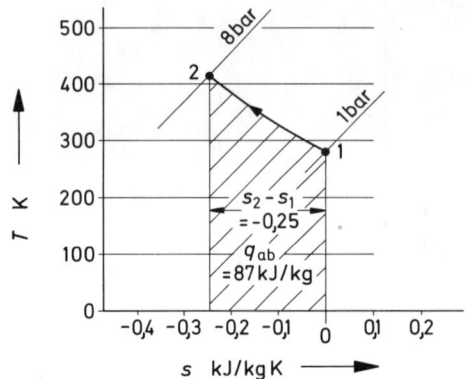

Bild 2.21   Polytropische Kompression im T,s-Diagramm, Zahlenwerte des 52. Beispiels

c) Abgeführte Wärmemenge aus

$$q_n = c_v \cdot \frac{(n - \varkappa)}{(n - 1)} \cdot (t_2 - t_1)$$

$$q_n = -0{,}716 \cdot (140 - 20) = -87 \text{ kJ/kg}$$

d) Darstellung im T,s-Diagramm auf Bild 2.21

53. Beispiel

1 kg Luft von 6 bar, 20 °C expandiert polytropisch mit $n = 1{,}3$ auf 1 bar.

a) Endtemperatur?
b) Wärmezufuhr?
c) Raumänderungsarbeit?
d) Darstellung im T,s-Diagramm

Lösung

a) Endtemperatur aus

$$(T_2/T_1) = (p_2/p_1)^{\frac{n-1}{n}}$$

$$T_2 = T_1 \cdot (6)^{0{,}3/1{,}3} = 293 \cdot 0{,}66 = 193 \text{ K}$$

$$t_2 = -80 \text{ °C}$$

b) zugeführte Wärme aus

$$q_n = c_v \cdot \frac{(n - \varkappa)}{(n - 1)} \cdot (T_2 - T_1)$$

$$q_n = 0{,}716 \text{ kJ/kg K} \cdot \frac{(1{,}3 - 1{,}4)}{(1{,}3 - 1)}$$

$$\cdot (193 - 293) \text{ K}$$

$$q_n = 23{,}8 \text{ kJ/kg}$$

c) Arbeit aus

$$w = c_v \cdot \frac{\kappa - 1}{n - 1} \cdot (T_1 - T_2)$$

$$w = 0{,}716 \text{ kJ/kg K} \cdot \frac{1{,}4 - 1}{1{,}3 - 1}$$

$$\cdot (293 - 193) \text{ K} = 95 \text{ kJ/kg}$$

$$w = 95\,000 \text{ J/kg} = 95\,000 \text{ Nm/kg}$$

d) Darstellung im T,s-Diagramm Entropiedifferenz aus

$$s_2 - s_1 = c_v \cdot \frac{(\varkappa - 1)}{(n - 1)} \cdot \ln (T_2/T_1)$$

$$s_2 - s_1 = -0{,}238 \cdot \ln 0{,}705$$

$$= -0{,}238 \cdot -0{,}42 = 0{,}10 \text{ kJ/kg K}$$

Auf Bild 2.22 ist die Polytrope dargestellt. Die Fläche unter der Polytrope entspricht der zugeführten Wärmemenge. Kontrolle: $q = T_m \cdot (s_2 - s_1)$, wobei T_m aus $(293 + 193)/2 = 243$ K.
$q = 243$ K $\cdot$ 0,1 kJ/kg K $= 24$ kJ/kg. Die Mitteltemperatur ist nicht genau, weil die Linie 1...2 eine logarithmische Kurve.

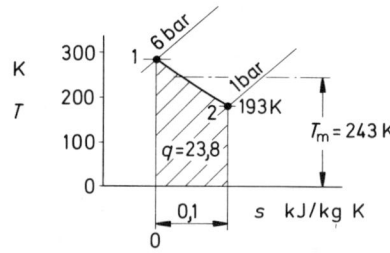

Bild 2.22   Polytropische Expansion im T,s-Diagramm, Zahlenwerte des 53. Beispiels

80

2.8 Ein T,s-Diagramm für Luft

Ein vollständiges T,s-Diagramm für Gase und Luft enthält p- und v- = konst-Linien. Damit lassen sich viele Aufgaben grafisch lösen. Man erhält eine schnelle Übersicht über den Verlauf von ZÄ, beispielsweise beim Vergleich von Prüfstandsergebnissen.

Verlauf der p- und v- = konst-Linien

Für die Entropiedifferenz gilt:

Isobare

$$s_2 - s_1 = c_{pm} \cdot \ln (T_2/T_1) \text{ oder } c_{pm} \cdot \ln (v_2/v_1)$$

Isochore

$$s_2 - s_1 = c_{vm} \cdot \ln (T_2/T_1) \text{ oder } c_{vm} \cdot \ln (p_2/p_1)$$

Alle Isobaren und Isochoren verlaufen also etwa unabhängig vom jeweiligen Druck und Volumen als logarithmische Kurven. Bei höheren Drücken und Temperaturen hat die sich ändernde spez. Wärmekapazität einen Einfluß auf den Verlauf. Für den Temperaturbereich zwischen $-100\,°C$ und $+400\,°C$, für welchen das später folgende T,s-Diagramm von Luft gezeichnet ist (Bild 2.26), erhält man die Entropiedifferenzen $s_2 - s_1$ nach den Werten auf Tafel A.
Die Werte sind auf Bild 2.23 aufgetragen, es entsteht eine Isobare und Isovolume für Luft.

Abstand der p = konst-Linien untereinander
Den Abstand der p = konst-Linien erhält man nach Gl. c) s. Polytrope, aus

$$s_2 - s_1 = \Delta s = c_p \cdot \ln \frac{T_2}{T_1} - R_i \cdot \ln \frac{p_2}{p_1}$$

Auf einer Horizontalen, also T = konst abgetragen, ist dann wegen $c_p \cdot \ln T_2/T_1 = 1$, $\ln 1 = 0$ und der Abstand:

$$s = -0,287 \text{ kJ/kg K} \cdot \ln (p_2/p_1)$$

Beispielsweise für den Abstand der $p_2 =$ 2-bar-Kurve gegenüber der $p_1 =$ 1-bar-Kurve:

$$\Delta s = -0,287 \text{ kJ/kg K} \cdot \ln 2 = -0,287 \cdot 0,693$$

$$= -0,2 \text{ kJ/kg K}$$

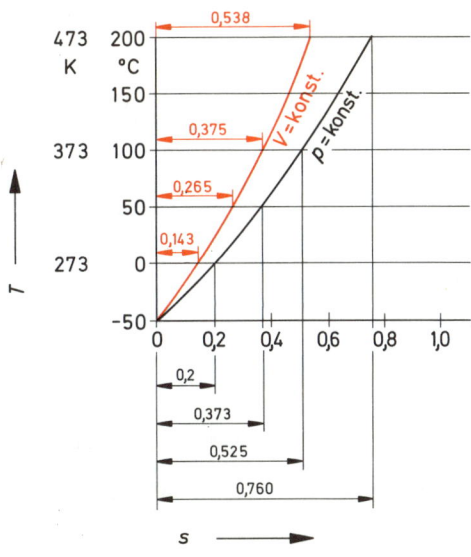

Bild 2.23 Verlauf der Isobaren und Isochoren von Luft im T,s-Diagramm

Tafel A Verlauf von $s_2 - s_1$ für die Isobaren und Isochoren zwischen $t = -50\,°C$ und $330\,°C$

T_1	t_2	T_2	T_2/T_1	$\ln T_2/T_1$	c_{pm}	p = konst $s_2 - s_1$	c_{vm}	v = konst $s_2 - s_1$
K	°C	K	—	—	kJ/kg K	kJ/kg K	kJ/kg K	kJ/kg K
223	− 50	223	1,00	0	1,000	0	0,716	0
	0	273	1,22	0,20	1,004	0,200	0,716	0,143
	+ 50	323	1,44	0,37	1,005	0,373	0,716	0,265
	100	373	1,67	0,52	1,007	0,525	0,718	0,375
	200	473	2,11	0,75	1,013	0,76	0,727	0,538
	300	573	2,58	0,95	1,020	0,97	0,732	0,695

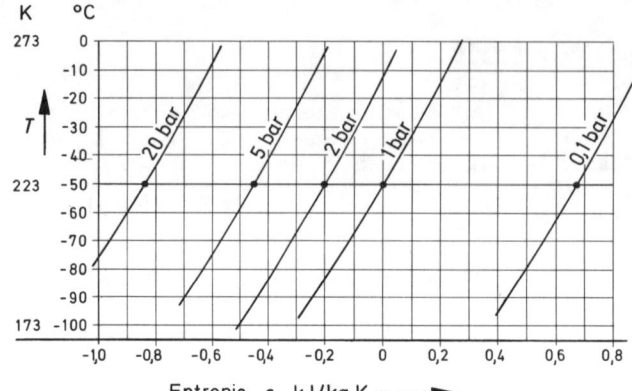

Bild 2.24 Aufzeichnen weiterer Isobaren (p = konst) zum T,s-Diagramm für Luft

Auf Bild 2.24 ist gezeigt, wie auf der $t = -50$-°C-Isotherme die Abstände der Isobaren für verschiedene Drücke liegen.

Der Nullpunkt auf der Abszisse ist willkürlich gewählt. Hier liegt er bei $-50\,°C$, 1 bar. Von da aus werden positive und negative Δs-Werte nach rechts und links abgetragen.

Genauso könnte man den Nullpunkt auf 0 °C, 100 bar legen. Dabei ändert sich an der Größe der Entropiedifferenzen Δs und am Verlauf der $p = $ konst-Kurve nichts.

Die Isobaren sind äquidistant (mit gleichem Abstand) zu der vorausberechneten $p = $ 1-bar-Isobaren (s. Bild 2.23) in das T,s-Diagramm einzutragen.

Für andere Drücke ergibt sich der Abstand gegenüber der 1-bar-Kurve nach folgenden Werten

p_2	0,1	1	2	5	20	bar
$\ln p_2/p_1$	$-0{,}23$	0	0,693	1,61	3,00	—
Δs	$+0{,}66$	0	$-0{,}20$	$-0{,}462$	$-0{,}861$	kJ/kg K

Abstand der $v = $ konst-Kurven untereinander:
Den Abstand der $v = $ konst-Kurven erhält man analog aus Gleichung a) für die Polytrope mit

$$s_2 - s_1 = \Delta s = c_v \cdot \ln \frac{T_2}{T_1} + R_i \cdot \ln \frac{v_2}{v_1}$$

Trägt man Δs auf einer Isothermen ab, vgl. die $p = $ konst-Kurven, dann wird der Abstand der Isochoren also

$$\Delta s = R_i \cdot \ln v_2/v_1$$

Im Punkt $p_1 = 1$ bar, $-50\,°C$, dem auf den Bildern 2.23 und 2.24 der Abszissenwert $s = 0$ zugeordnet war, ist

$$v_1 = R_i \cdot T_1/p_1$$
$$= 287 \text{ Nm/kg K} \cdot 223 \text{ K}/1 \cdot 100\,000 \text{ N/m}^2$$
$$= 0{,}68 \text{ m}^3/\text{kg}.$$

Die $v_2 = 1{,}0 \text{ m}^3/\text{kg} = $ konst-Kurve liegt ihr gegenüber verschoben um

$$\Delta s = R_i \cdot \ln v_2/v_1 = 0{,}287 \text{ kJ/kg K} \cdot \ln (1/0{,}68)$$
$$= 0{,}113 \text{ kJ/kg K, Bild 2.25.}$$

Die Koordinaten einer $v = $ konst-Kurve waren auf Tafel A schon berechnet, der Verlauf auf Bild 2.23 eingezeichnet.

Weitere $v = $ konst-Kurven liegen gegenüber der $v_1 = 0{,}68 \text{ m}^3/\text{kg}$-Kurve, beispielsweise verschoben um:

v_2	0,01	0,1	0,68	1	5	m³/kg
$\ln v_2/v_1$	$-4{,}23$	$-1{,}91$	0	0,395	2,00	—
Δs	$-1{,}22$	$-0{,}55$	0	0,113	0,572	kJ/kg K

82

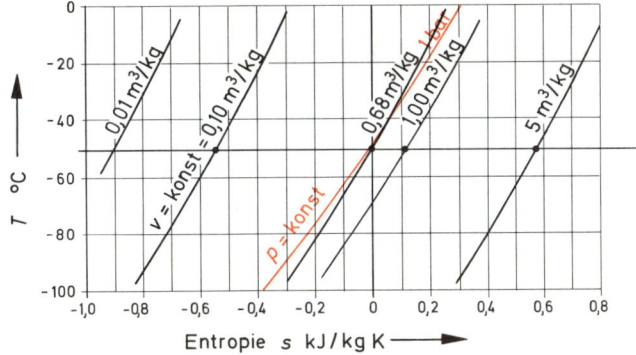

Bild 2.25 Aufzeichnen weiterer Isochoren (v = konst) zum T,s-Diagramm für Luft

Auf Bild 2.25 sind weitere v = konst-Kurven eingetragen. Auch hier ist für das Ablesen von Werten unwesentlich, wo der Nullpunkt auf der Abszisse liegt, denn bei den Rechnungen kommt es nur auf die Größe von Entropiedifferenzen an.

werte auftreten. Dadurch wird das Ausplanimetrieren von Flächen vereinfacht. An sich kann auch auf einen Nullpunkt verzichtet werden, wenn man in einer Nebenfigur den Maßstab und die Einheit angibt.

2.8.1 Zusammenfassung zu einem T,s-Diagramm für Luft (Bild 2.26)

Die Isobaren und Isochoren werden in einem beliebigen, zweckentsprechend gewählten Koordinatenmaßstab in das T,s-Diagramm übertragen.

Hier ist T_0 = 0 K als Anfang der Ordinate gewählt, damit die bei den verschiedenen ZÄ entstehenden Flächen vollständig in Erscheinung treten. Da es bequemer ist, die Temperaturen in °C anzugeben, ist auf Bild 2.26 nicht 0 K, sondern -273 °C als Ordinatenanfang eingetragen.

Der Abszissen-Nullpunkt wurde so gewählt, daß bei den üblichen Aufgaben nur positive Entropie-

Verlauf von Polytropen

Polytropen verlaufen je nach der Größe des Einflusses einer Wärmezu- oder -abfuhr, erkennbar am Polytropenexponenten n, mit mehr oder weniger großer Neigung gegenüber der adiabaten (isentropen) ZÄ. Für die Berechnung der Entropieänderung gilt allgemein

$$\Delta s = c \cdot \ln \frac{T_2}{T_1} \quad \text{wobei} \quad c = c_v \cdot \frac{n - \kappa}{n - 1}$$

Für Kompression $(T_2 > T_1)$ und Expansion $(T_2 < T_1)$ gelten spiegelbildlich gleich große Δs-Werte.

Zunächst die c-Werte auf Tafel B, die für bestimmte κ-Werte, hier für κ = 1,4 bei Luft und zweiatomigen Gasen, gelten.

Tafel B c-Werte für Luft mit c_v = 0,716 kJ/kg K

n	1,1	1,2	1,25	1,28	1,3	1,4	—
c	$-$ 2,15	$-$ 0,716	$-$ 0,430	$-$ 0,308	$-$ 0,236	0	kJ/kg K

Weiter sind dann für Temperaturen von 0 °C bis 150 °C gegenüber 0 °C die Δs-Werte berechnet und auf Tafel C zusammengefaßt S. 74 oben.

Beispiel

Für eine Kompression von t_1 = 0 °C $(T_1$ = 273 K) auf t_2 = 150 °C $(T_2$ = 423 K), die mit n = 1,20 verläuft, erhält man:

$$\Delta s = c \cdot \ln (T_2/T_1)$$
$$= -0,716 \text{ kJ/kg K} \cdot \ln (423/273)$$
$$= -0,716 \text{ kJ/kg K} \cdot 0,438$$
$$= -0,314 \text{ kJ/kg K}$$

6*

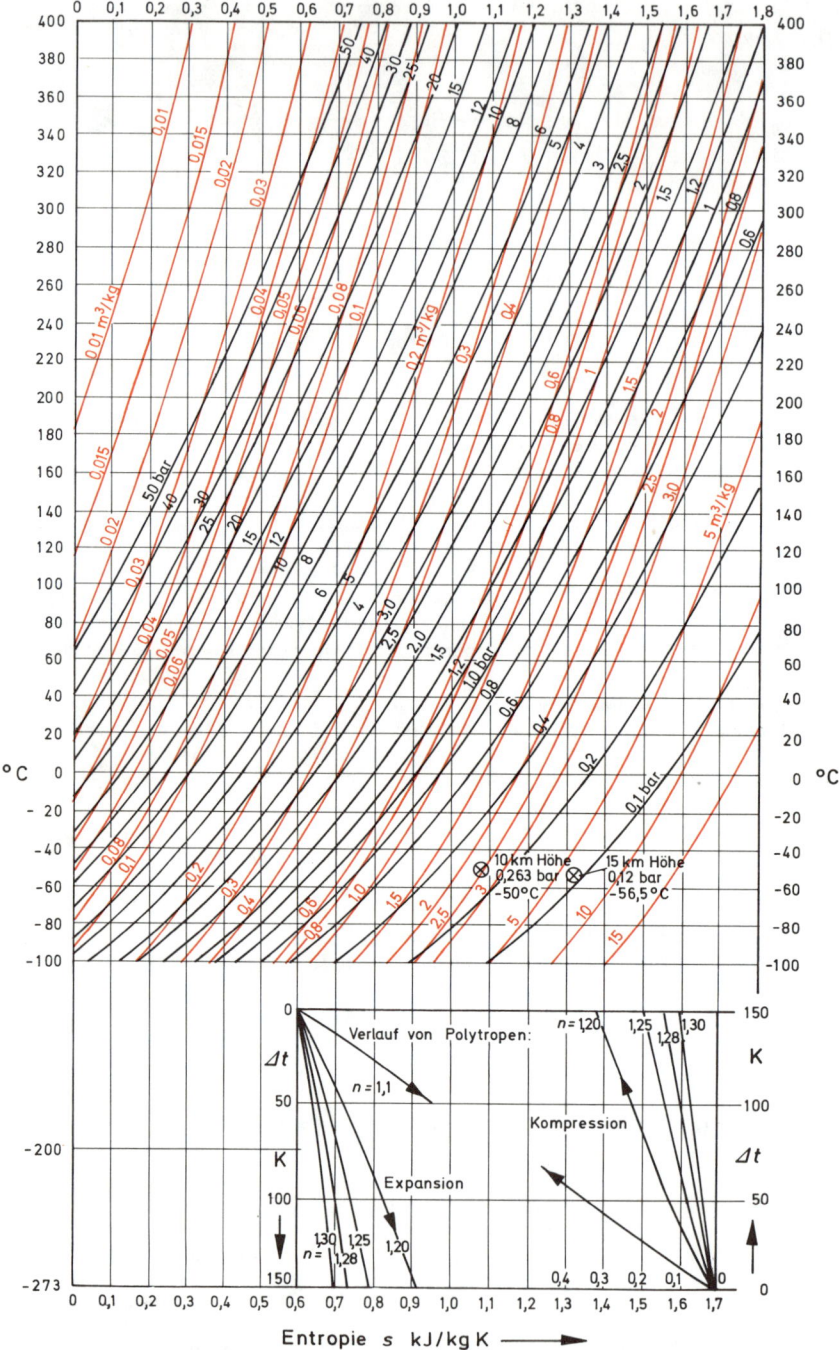

Bild 2.26 T,s-Diagramm für Luft

Tafel C   Berechnung von Δs-Werten in kJ/kg K zu Bild 2.26, unten

$t_1\,°C$	$t_2\,°C$	$\ln T_2/T_1$	$n =$	1,10	1,20	1,25	1,28	1,30
0	50	0,165	Δs	± 0,354	± 0,118	± 0,071	± 0,051	± 0,039
0	100	0,314	Δs	± 0,675	± 0,226	± 0,135	± 0,097	± 0,074
0	150	0,438	Δs	± 0,945	± 0,314	± 0,188	± 0,135	± 0,098

Derartige Polytropen sind auf Bild 2.26 unten aufgetragen. Die Kurven gelten für Luft und zweiatomige Gase mit $\kappa = 1,40$.

Zum Ablesen im T,s-Diagramm fertigt man sich eine Pause aus Transparentpapier und legt sie mit dem jeweiligen Koordinatenanfangspunkt auf den gegebenen Anfangszustand der polytropen ZÄ. Dann lassen sich die Temperaturen, Drücke und spez. Volumen ablesen, die bei polytroper Kompression oder Expansion erreicht werden. Ein Beispiel hierzu auf Bild 2.27.

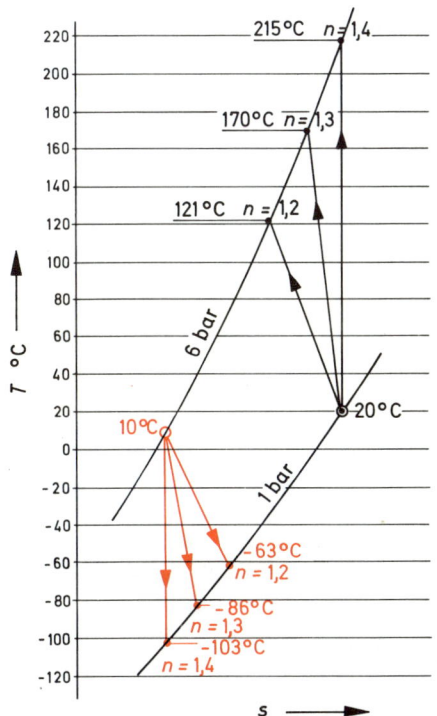

Bild 2.27   Polytrope ZÄ im T,s-Diagramm

2.8.2 Beispiele zur Anwendung des T,S-Diagramms (Bild 2.28)

Die Ergebnisse vorher gerechneter Beispiele sollen mit Hilfe des T,s-Diagrammes verglichen werden.

Isochore ZÄ ($v =$ konst), 48. Beispiel

Gegeben: 1 kg Luft von 1 bar, 15 °C, die bei $v =$ konst auf 150 °C erwärmt werden soll. Die rechnerische Lösung hatte ergeben: $p_2 = 1,47$ bar; $q_{zu} = 98$ kJ/kg; $s_2 - s_1 = 0,278$ kJ/kg K; $v_1 = v_2 = 0,814$ m³/kg.

Zeichnerische Lösung (Bild 2.28):

Im T,s-Diagramm wird der Punkt 1 bar, 15 °C eingetragen. Dabei wird $v_1 = 0,814$ m³/kg ablesbar. Auf dieser $v =$ konst-Linie verläuft die ZÄ bis zum Schnitt mit dem Punkt $t_2 = 150$ °C. Hier läßt sich der Druck $p_2 = 1,47$ bar ablesen; außerdem erhält man $s_2 - s_1 = 0,278$ kJ/kg K und die schraffierte Fläche, die der Wärmezufuhr entspricht.

Isobare ZÄ ($p =$ konst), 49. Beispiel

Gegeben: 1 kg Luft von 1 bar, 15 °C soll bei $p =$ konst auf 150 °C erwärmt werden.

Zeichnerische Lösung (Bild 2.28):

Wie beim vorhergehenden Beispiel geht man von 1 bar, 15 °C aus und folgt der Linie $p_1 = 1$ bar bis zum Schnitt mit der Linie 150 °C. Dort liest man $v_2 = 0,124$ m³/kg ab; außerdem erhält man $s_2 - s_1 = 0,387$ kJ/kg K.

Isotherme ZÄ ($t =$ konst), 50. Beispiel

Gegeben: 1 kg Luft von 1 bar, 15 °C soll bei $t =$ konst auf 8 bar verdichtet werden.

Zeichnerische Lösung (Bild 2.28):

Man findet auf der Horizontalen durch 1 bar, 15 °C und ihrem Schnitt mit der 8-bar-Linie das spez. Volumen $v_2 = 0,107$ m³/kg; außerdem erhält man die Entropiedifferenz $s_2 - s_1 = 0,60$ kJ/kg K.

Isentrope ZÄ (s = konst), 51. Beispiel:

Gegeben: 1 kg Luft von 8 bar, 150 °C expandiert isentrop auf 1 bar.

Zeichnerische Lösung (Bild 2.28):

Vom Punkt 8 bar, 150 °C eine Senkrechte bis zum Schnitt mit der 1-bar-Linie ergibt $t_2 = -40$ °C, $v_2 = 0,67$ m³/kg.

Bemerkung

Für andere Gase mit anderen κ- und c_p- und c_v-Werten können nach den gemachten Angaben entsprechende T,s-Diagramme entworfen werden, wie es für Rauchgase, Kältemittel und Wasserdampf geschieht, die teilweise gedruckt vorliegen.

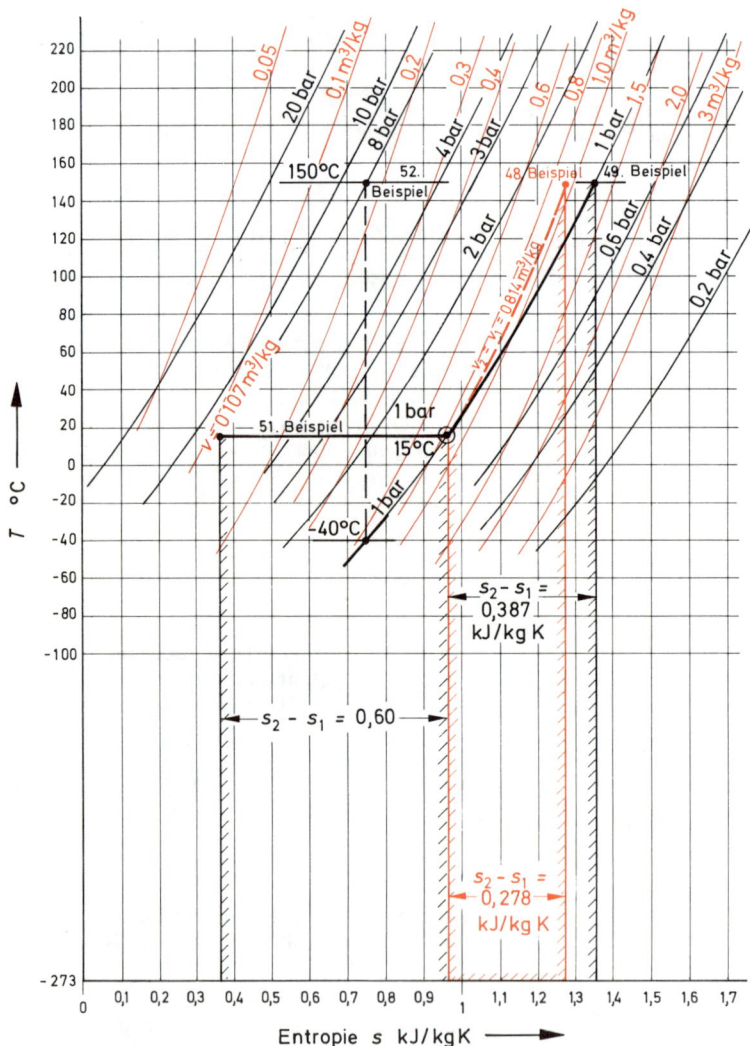

Bild 2.28 Übertragen der Beispiele 48, 49, 50, 51 in das T,s-Diagramm für Luft

3 Die Prozesse der Kraft- und Arbeitsmaschinen

Unter einem Maschinenprozeß versteht man die Zusammenfassung verschiedener, hintereinander ablaufender ZÄ, die vom Anfangszustand eines Gases (Dampfes) über Wärmezu- und -abfuhr, über Verdichtung und Entspannung, in den Anfangszustand des Gases zurückführen.

Kraftmaschinen

Mit den über Kolben- oder Strömungsmaschinen durchgeführten Prozessen wird Wärmeenergie aus Brennstoffen in mechanische Energie umgewandelt. Beispiel: Otto-Benzinmotor.

Arbeitsmaschinen

Aus aufgewendeter mechanischer Arbeit wird, ebenfalls über Kolben- oder Strömungsmaschinen, das Niveau eines Gases vom Anfangszustand auf einen höheren Endzustand gebracht. Beispiel: Verdichter.

In beiden Fällen muß heute angestrebt werden, mit einem Minimum an Aufwand (z.B. Brennstoff) ein Maximum an Nutzen (z.B. mechanische Energie) zu erhalten. Das Verhältnis von Nutzen zu Aufwand bezeichnet man als den Wirkungsgrad η eines Kreisprozesses.

$$\eta = \frac{\text{Nutzen}}{\text{Aufwand}}$$

z.B.

$$\eta = \frac{\text{gewonnene mechanische Energie}}{\text{aufgewendete Brennstoff-Energie}}$$

Mit fortschreitender Technisierung hat der allgemeine Energieverbrauch ständig zugenommen, so daß sich Probleme ergeben, wie der Verbrauch an Primärenergie (Brennstoffe) eingeschränkt und wie aus Primärenergie möglichst viel umgewandelte mechanische, elektrische oder Heizwärmeenergie gewonnen werden kann.

Wichtigste Grundlage für die Verbesserung der Wirkungsgrade ist die Kenntnis der wärmetechnischen Probleme, die sich bei der Durchführung der verschiedenen möglichen Prozesse stellen. Maßstäbe werden gebraucht, um beurteilen zu können, ob dieser oder jener Prozeß verbesserungsfähig ist und in welcher Richtung vorgegangen werden muß, um das zu erreichen.

Wenn die wärmetechnischen Fragen geklärt sind, muß der Konstrukteur die entstehenden Werkstoff-, Festigkeits-, Kühlungs- und Ausführungsprobleme bearbeiten. Umgekehrt gibt auch der Konstrukteur Anregungen, wie dieses oder jenes Problem, dessen optimaler Lösung Schwierigkeiten entgegen stehen, gelöst werden kann. Insgesamt entscheidet die Wirtschaftlichkeit, wobei auch Lebensdauer-Fragen mitspielen.

3.1 Ein Kreisprozeß zur Umwandlung von Wärme in Arbeit

Der „Erste Hauptsatz" der Wärmelehre (Abschnitt 1.5) sagt aus, daß „Arbeit und Wärme" gleichwertig sind. Beides sind Energieformen.

Die „Arbeit", die nach den Gasgesetzen gewonnen werden kann, ist bereits ausführlich besprochen worden.

Im folgenden werden die Probleme behandelt, die sich ergeben, wenn Wärme über Maschinen, in ständigem Fluß, in Arbeit umgesetzt wird oder wenn Maschinen zur Änderung von Gaszuständen und zur Erzeugung von Wärme (Kälte) eingesetzt werden.

Der später zu behandelnde „Zweite Hauptsatz" der Wärmelehre wird aussagen, welche Bedingungen hierbei zu erfüllen sind, was überhaupt erreicht werden kann und welche Wirkungsgrade erzielbar sind.

Verlauf eines Kreisprozesses

Gegeben ist eine Kolbenmaschine (Bild 3.1). Mit

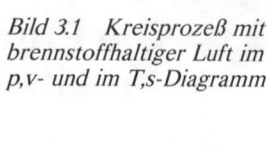

Bild 3.1   Kreisprozeß mit brennstoffhaltiger Luft im p,v- und im T,s-Diagramm

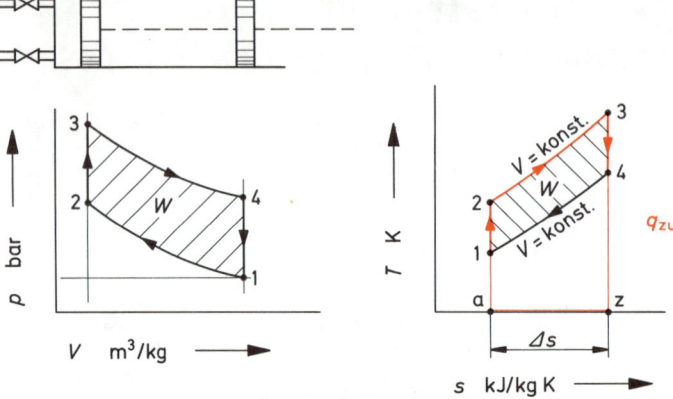

Hilfe von Luft (Gas), der ein geringer Anteil flüssiger oder gasförmiger Brennstoff beigemischt ist, soll ein Kreisprozeß stattfinden, bei dem Arbeit gewonnen wird.

Die Arbeit wird von der Kolbenstange über ein hier nicht gezeichnetes Triebwerk an die angetriebene Maschine abgegeben. Umgekehrt kann auch vom Triebwerk aus Arbeit an das Gas im Zylinder übertragen werden.

Die Kolbenbewegungen, dargestellt durch das eingeschlossene Gasvolumen V bzw. v, ebenso die Gasdrücke p, die im Zylinder herrschen, werden im p,v-Diagramm,

die Gastemperaturen und die zu- oder abgeführten Wärmemengen, werden im T,s-Diagramm dargestellt.

Der Einfachheit halber wird mit $v(m^3/kg)$-Werten gerechnet. Es befindet sich also $m = 1$ kg Gas im Zylinder. Der Zylinder würde, wenn es sich um Luft handelt, wie man nachrechnen kann, ein ziemlich großes Hubvolumen haben, was aber hier unwesentlich ist.

Anfangszustand 1

Der Zylinder ist mit Gas vom Zustand p_1, t_1, v_1 gefüllt. Dieser Zustand entspricht dem der umgebenden atmosphärischen Luft. Der Kolben befindet sich in der rechten Totlage.

Verdichtung 1—2

Über das Triebwerk wird der Kolben in die linke Totlage gedrückt. Dazu muß mechanische Arbeit aufgewendet werden, die im Betrieb einem Anlasser oder Schwungrad entnommen wird. Als Folge der Verdichtung steigt der Druck. Wärme wird weder zu- noch abgeführt, die ZÄ 1—2 soll isen-

trop verlaufen. Der Enddruck p_2 läßt sich, ebenso wie die Endtemperatur t_2 aus den Isentropen-Gleichungen berechnen.

Zwischenbemerkung

Läßt man den Kolben in 2 los, dann geht er, wenn weder mechanische Reibung noch Wärmeabstrahlung stattgefunden haben, in die Lage 1 zurück.

Die aufgewendete Verdichtungsarbeit wird wieder nutzbar gemacht. Ein Gewinn kommt nicht zustande.

Wärmezufuhr 2—3

Soll der mit der Kolbenbewegung 1—2 eingeleitete Prozeß eine Überschußarbeit abgeben, dann muß ihm, mindestens am Ende von 2, weitere Energie zugeführt werden.

In 2 wird daher der Brennstoff, der bereits im Gas enthalten ist, gezündet. Bei dieser Wärmezufuhr q_{zu}, die hier im geschlossenen Raum während der Totlage des Kolbens explosionsartig stattfindet, steigen Temperatur und Druck des Gases auf den Zustand 3.

Berechnung der Zustandsgrößen aus $q_{zu} = q_v = c_v \cdot (t_3 - t_2)$; daraus t_3, weiter p_3 berechnen, wobei $v_3 = v_2$ gegeben. Übertragung in das T,s-Diagramm als Fläche q_{zu} unter der Isovolumen 2—3 mit dem Inhalt a—2—3—z (Bild 3.1).

Expansion 3—4

Der Kolben wird anschließend vom Gasüberdruck nach rechts in die rechte Totlage bewegt. Diese Expansion soll isentrop vor sich gehen. Von der Wärme soll nichts nach außen abgegeben

88

sondern so viel Wärme wie möglich in mechanische Arbeit umgewandelt werden.

Die Endtemperatur in 4 sinkt entsprechend dem Expansionsverhältnis v_3/v_4.

Druck p_4 und Temperatur T_4 können aus den Isentropen-Gesetzen berechnet werden; die Entropieänderung $s_4 - s_3$ = Null, Senkrechte 3—4 im T,s-Diagramm.

Wärmeabfuhr 4—1

In 4 war der Hub zu Ende. Das Gas mit dem Zustand p_4, t_4, v_4 enthält noch einen Teil nicht verbrauchter Wärme.

Um den Prozeß, der inzwischen zum Gewinn von Arbeit geführt hat, von neuem beginnen zu können, muß frisches Gas in den Zylinder gefüllt, das verbrauchte Restgas entfernt werden. Mit dem Restgas wird aber auch Wärmeenergie aus dem Kreisprozeß entlassen.

In der Kolbentotlage findet daher hier eine plötzliche Wärmeabgabe $q_{ab} = q_v = c_v \cdot (t_4 - t_1)$ statt. Dabei t_1 die Umgebungstemperatur, entsprechend dem in 1 eingebrachten Frischgases.

Mit dem Zustand 1 und p_1, t_1, v_1 beginnt der Kreisprozeß von neuem.

Der Kreisprozeß 1—2—3—4—1 im p,v-Diagramm

Auf dem Weg 1—2—3—4—1 ist Überschuß-Arbeit gewonnen worden. Sie erscheint als schraffierte Fläche 1—2—3—4 im p,v-Diagramm und ist die Differenz aus der Raumänderungsarbeit unter 3—4 (Expansion) und unter 1—3 (Verdichtung) des Gases.

Rechnerische Erfassung aus der Differenz der Arbeiten, die sich aus Isentropen-Gleichungen ergeben. Während der beiden Isovolumen 2—3 und 4—1 entsteht keine Arbeit.

Der Kreisprozeß 1—2—3—4—1 im T,s-Diagramm

Der Arbeitsgewinn entstand aus der unter 2—3 zugeführten Wärme. Es war jedoch nicht möglich, den Gesamtwert dieser Wärme, entsprechend

Fläche a—2—3—z, nutzbringend umzuwandeln. Der Prozeß mußte in 4 abgebrochen werden, obwohl das Gas mit p_4, t_4 noch Arbeitsvermögen besaß.

Die unter 4—z—a—1 liegende Fläche entspricht der am Ende des Kreisprozesses vorhandenen, an die Umgebung abgeführten Wärmemenge.

Die in mechanische Arbeit umgewandelte Wärmemenge entspricht im T,s-Diagramm

$$w = q_{zu} - q_{ab} = \text{gleich Fläche } 1-2-3-4$$

Berechnung der Größe der Fläche ist aus den Gleichungen für die Entropieänderung bei den Isovolumen ($s_4 - s_1 = s_3 - s_2$) und aus der Mitteltemperatur möglich.

Wirkungsgrad des Kreisprozesses 1—2—3—4—1

Der Wirkungsgrad

$$\eta = \frac{\text{Nutzen}}{\text{Aufwand}}$$

soll hier im Wärmemaß ausgedrückt werden, weil es sich um eine Wärme-Kraftmaschine handelt; die Nutzarbeit kommt aus Wärmeenergie.

Nutzen = gewonnene mech. Arbeit aus

$$q_{nutz} = q_{zu} - q_{ab}$$

Aufwand = zugeführte Wärmeenergie aus q_{zu}

$$\eta = \frac{q_{nutz}}{q_{zu}} = \frac{q_{zu} - q_{ab}}{q_{zu}} = 1 - \frac{q_{ab}}{q_{zu}}$$

Planimetriert man die entsprechenden Flächen im T,s-Diagramm (Bild 3.1), dann erhält man hier etwa $\eta = 0{,}25$, also 25% Wirkungsgrad. Der Rest von 75% der mit dem Brennstoff zugeführten Wärme ist verloren.

Der Verlust steckt in der Abgaswärme q_{ab}, die ungenutzt aus dem Kreisprozeß abgeführt werden mußte.

3.2 Der „2. Hauptsatz": Umwandlung von thermischer Energie in mechanische Energie

Der vorher besprochene Kreisprozeß und sein schlechter Wirkungsgrad zeigen, daß zwischen der Umwandlung von mechanischer Arbeit in Wärme und dem umgekehrten Vorgang, Umwandlung von Wärme in mechanische Arbeit, ein grundlegender und bedeutender Unterschied besteht.

Mechanische Arbeit eines fallenden Gewichtes, Bewegungsenergie einer Masse, lassen sich durch Bremsen u.ä. vollständig in Wärme umsetzen.

Es muß nur dafür gesorgt sein, daß keine Wärme an die Umgebung abgegeben wird.

Dagegen ergibt die Messung einer jeden Wärmekraftmaschine, sei sie mit Dampf oder Gas, als Kolben- oder Strömungsmaschine betrieben, daß die nachweisbare Nutzarbeit der Maschine nur unvollständig der vom Dampf oder Gas mitgebrachten Wärmezufuhr entspricht.

Will man also die Gleichheit von Wärme und Arbeit auf dem Weg über die Wärmekraftmaschine nachweisen, dann müssen auch die nicht verwandelten Wärmemengen, die im Abgas, ggf. im Kühlmittel oder in Abstrahlungsverlusten enthalten sind, hinzugerechnet werden. Richtig muß es dann heißen:

$$q_{zu} = q_{nutz} + q_{ab}$$

Das ändert andererseits nichts daran, daß, *wenn* Wärme in Arbeit verwandelt worden ist, beide anteiligen Energiemengen rechnerisch gleich groß sind.

Es fragt sich nur, wieviel von einer aufgewendeten Wärmemenge in Arbeit umgewandelt werden kann und welcher Rest unverwandelbar als Wärme übrig bleibt.

In dieser, für die Technik so wichtigen Frage, muß also der „Erste Hauptsatz" ergänzt werden, sonst käme man zu einer falschen und irreführenden Beurteilung der Wärmekraftmaschinen.

Der vorher besprochene Kreisprozeß (Bild 3.1)

Nach Abschluß der Verdichtung 1 – 2 war bereits zu erkennen, daß mit einem Loslassen des Kolbens lediglich die vorher aufgewendete Verdichtungsarbeit als Expansionsarbeit zurückgewon-

nen wird (falls keine Zwischenverluste, Reibung, Abstrahlung auftreten). Eine Nutzarbeit ist so also nicht zu gewinnen.

Wärmezufuhr

Erst die Wärmezufuhr 2 – 3, in diesem Fall isovolumisch, brachte eine Temperaturerhöhung. Aus ihr ergab sich eine Druckerhöhung im Zylinder, und das Arbeitsvermögen des Gases war geschaffen.

Man kann also schließen:

Arbeitsvermögen einer Wärmemenge entsteht nur, wenn ein Temperaturgefälle geschaffen werden kann, das zwischen der Temperatur, die das Arbeitsmittel vor Beginn des Arbeitsvorganges hat (Punkt 3) und der Temperatur des aus der Umgebung entnommenen Frischgases (Punkt 1) oder der Temperatur des an die Umgebung abgegebenen Abgases liegt.

Große Wärmemengen allein, wie sie beispielsweise im Meerwasser oder in der Umweltluft gegeben sind, nutzen für die Umsetzung in Maschinenprozessen nichts, wenn sie kein höheres Temperaturniveau haben als die Umgebung.

Wärmeabführung

Im Kreisprozeß Bild 3.1 mußte die Expansion 3 – 4 bei 4 beendet werden, um auf dem Weg 4 – 1 in den Anfangszustand zurückzukommen. Im T,s-Diagramm zeigt sich, daß 4 bei noch hohen Zustandswerten liegt, woraus ein hoher Abgasverlust q_{ab}, Fläche 4-z-a-1 folgt.

Auf Bild 3.2 ist gezeigt, wie durch Vergrößern des Kolbenhubes die Isentrope 3 – 41 zu tieferen Drücken, größerem Druckverhältnis und daraus zu mehr Nutzarbeit führt.

Es fragt sich aber, wie der Prozeß anschließend weitergeführt werden soll. Das Arbeitsmittel muß durch Druckerhöhen und Wärmezufuhr in den Punkt 3 gebracht werden.

Dabei ist zu prüfen, wie groß der Gewinn wird, wie hoch die notwendigen Aufwendungen sind, welcher Wirkungsgrad erzielt wird.

90

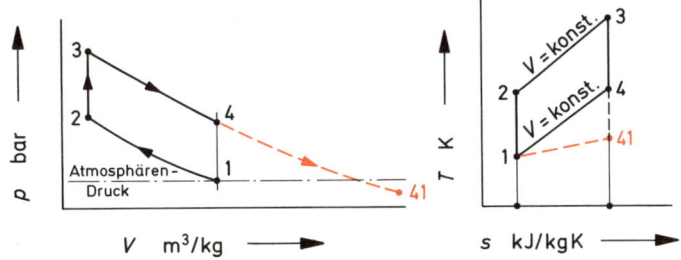

Bild 3.2   Absenken des Expansionsenddruckes

Das Problem am „kalten Ende" des Kreisprozesses

Je tiefer die Endtemperatur des Kreisprozesses, um so besser wird offensichtlich der Wirkungsgrad. Das Ideal ist erreicht, wenn $T_4 = 0$ K, Wegfall der Fläche q_{ab}, somit $q_{nutz} = q_{zu}$. Das ist aber nicht zu erreichen. Durch Arbeit abgebende Expansion kann das Gas nur dann auf tiefe Temperaturen kommen, wenn auch der Abgasdruck im Zylinder unter den Umgebungsdruck abgesenkt wird. In diesem Fall würde aber der Kolben-Außenseite mit der Atmosphäre ein höherer Druck herrschen als auf der Innenseite. Die Kolbenbewegung käme zum Stillstand (Bild 3.3). Auch bei einer Strömungsmaschine wäre ein Durchsatz nicht mehr möglich, weil die Abgase nicht mehr abströmen können.

Hinweis zum Dampfkraft-Kreisprozeß

Beim Dampfkraftprozeß wird die Expansion tatsächlich bis auf Unterdrücke von 0,04 bar, also in Vakuum geführt. Dazu gehört ein von der Umgebung abgeschlossener Raum (Kondensator), in den der Abdampf nach Verlassen der Maschine übertritt. Dort wird er mittels Kühlwasser niedergeschlagen. Durch die starke Volumenverkleinerung von z.B. 30 m³/kg Dampf auf

0,001 m³/kg Kondensat, entsteht das Vakuum, s. Abschnitt 4.7.

Ergebnis

In jedem Fall entsteht bei allen Maschinenprozessen aus technischen Gründen nicht umwandelbare Abwärme, die aus dem Kreislauf entfernt werden muß. Sie läßt sich gelegentlich zu Heizzwecken verwenden.

Klassische Kurzfassung für den „Zweiten Hauptsatz"

In Ergänzung zum Ersten Hauptsatz, der über die Gleichwertigkeit von Wärme und Arbeit als Energieformen aussagt, lautet der „Zweite Hauptsatz", der die Möglichkeit der Umwandlung von Wärmeenergie in mechanische Arbeit behandelt:

> Wärme kann nur dann in Arbeit umgewandelt werden, wenn ein Temperaturgefälle vorhanden ist. Von der gesamten zugeführten Wärme q_{zu} wird nur ein Teilbetrag in Arbeit verwandelt. Der Rest q_{ab} geht unverbraucht durch die Maschine.

Bild 3.3   Abgasdruck bei KoMa und StröMa muß etwas höher als Atmosphärendruck sein

3.3 Der Carnotsche Kreisprozeß

Es ist nicht gesagt, daß mit dem (auf Bild 3.1) besprochenen Kreisprozeß ein Maximum an Arbeit und vor allem an Wirkungsgrad erhalten wird. Wärmezu- und -abfuhr sollten dort als isovolume ZÄ vorgenommen werden.

So hatte sich bei einer isothermen ZÄ ergeben, daß die zugeführte Wärme vollständig in Arbeit umgewandelt wird (Abschnitt 2.3 und 2.7.3). Dabei handelt es sich jedoch um eine einzelne ZÄ, die für sich allein noch keinen Kreisprozeß ergibt.

Carnot (1796 bis 1832) und später *Clausius* (1822 bis 1888) haben die grundlegende Frage geklärt, welche Arbeitsmenge im günstigsten Fall aus einer Wärmemenge q_{zu} gewonnen werden kann, wenn für einen Maschinenprozeß eine obere (T_o) und eine untere (T_u) Temperaturgrenze gegeben und verwertbar sind.

Carnotprozeß im p,v- und im T,s-Diagramm (Bild 3.4)

Verlauf: 1 kg Luft vom Anfangszustand p_1, T_1, wobei $T_1 = T_o$ die obere Temperaturgrenze, expandiert isothermisch zunächst von 1—2.

Hierzu muß ihr die Wärmemenge $q_{zu} = w = R_i \cdot T_1 \cdot \ln(v_2/v_1)$ zugeführt werden, damit $T_2 = T_1$ bleibt.

Danach soll die Luft von 2—3, bis zum Hubende also, isentrop weiterexpandieren. Es wird die untere Temperatur $T_3 = T_u$ erreicht.

Die Luft muß in den Anfangszustand zurückgebracht werden: Sie wird von 3—4 isothermisch unter dem Wärmeentzug q_{ab} komprimiert, so daß

$T_4 = T_3$. Anschließend wird isentrop so verdichtet, daß der Anfangszustand 1 wieder erreicht ist. Der Endpunkt 4 der Isotherme ist aber so zu wählen, daß die Adiabate 4—1 durch den Punkt 1 geht.

Der Kreisprozeß war ein Mittel, um die Arbeit w zu gewinnen, die im p,v- und T,s-Diagramm von der Fläche 1—2—3—4 umgrenzt wird.

An der arbeitenden Luft hat sich nichts geändert. Die Arbeit kommt aus der Wärme, die während des Kreisprozesses verschwunden ist, nämlich

$$w = q_{zu} - q_{ab} = 1 - \frac{q_{ab}}{q_{zu}}$$

Der thermische Wirkungsgrad ergibt sich aus

$$\eta = \frac{q_{nutz}}{q_{zu}} = \frac{q_{zu} - q_{ab}}{q_{zu}} = 1 - \frac{q_{ab}}{q_{zu}}$$

Dabei wird:
Wärmezufuhr

$$1-2 \text{ aus } \quad q_{zu} = R_i \cdot T_1 \cdot \ln(v_2/v_1); (T_1 = T_2)$$

Wärmeabfuhr

$$3-4 \text{ aus } \quad q_{ab} = R_i \cdot T_3 \cdot \ln(v_3/v_4); (T_3 = T_4)$$

Entropie-Änderung

$$1-2 = 3-4 = \Delta s = R_i \cdot \ln(p_1/p_2); \text{Isotherme}$$

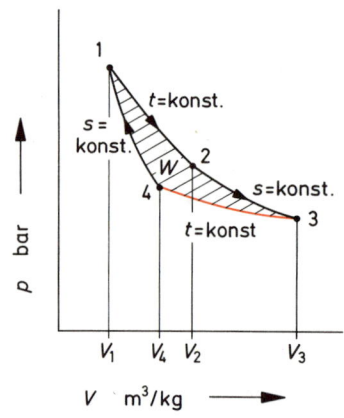

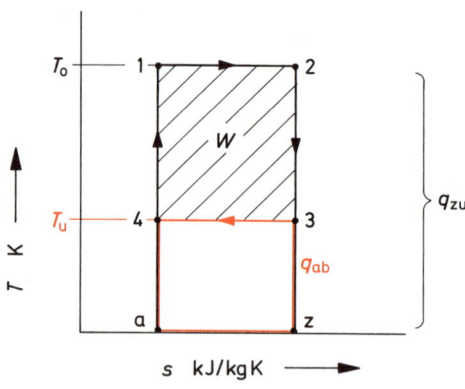

Bild 3.4   Carnotprozeß im p,v- und im T,s-Diagramm

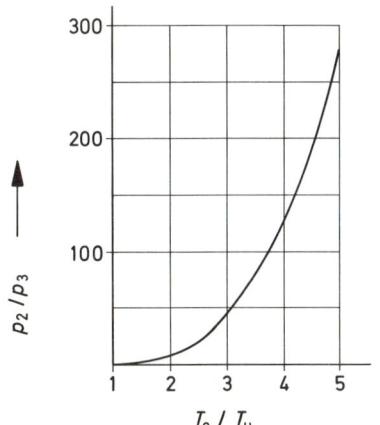

Bild 3.5 Mindestdruckverhältnisse p_2/p_3 für die isentrope Expansion im Carnotprozeß, abhängig vom Temperaturverhältnis T_o/T_u

Für die Isentropen 2—3 und 4—1 gilt:

$$T_2/T_3 = (v_3/v_2)^{\kappa-1} \quad \text{und} \quad T_1/T_4 = (v_4/v_1)^{\kappa-1}$$

Da wegen der Isothermen $T_2 = T_1$ und $T_3 = T_4$, wird daraus

$$v_3/v_2 = v_4/v_1 \quad \text{oder} \quad v_3/v_4 = v_2/v_1;$$

dieses bei q_{ab} einsetzen. Somit

$$\frac{q_{ab}}{q_{zu}} = \frac{T_3}{T_1} \cdot \frac{\ln (v_3/v_4)}{\ln (v_2/v_1)} = \frac{T_3}{T_1} \cdot \frac{(\ln v_2/v_1)}{(\ln v_2/v_1)} = \frac{T_3}{T_1}$$

Dabei

T_1 = obere Temperaturgrenze des Prozesses

$\quad = T_o$

T_3 = untere Temperaturgrenze des Prozesses

$\quad = T_u$

$$\eta = 1 - \frac{q_{ab}}{q_{zu}} = 1 - \frac{T_3}{T_1} = 1 - \frac{T_u}{T_o}$$

$$\boxed{\eta = 1 - \frac{T_u}{T_o} \quad \text{oder} \ = \frac{T_o - T_u}{T_o}}$$

Carnotprozeß

Aus diesem Ergebnis ist zu ersehen, daß der Wirkungsgrad bei der Umsetzung von Wärme in Arbeit nicht allein vom Temperaturgefälle $T_o - T_u$, sondern auch vom Absolutwert der oberen Temperatur abhängt.

Das gilt für alle Wärmekraftmaschinen-Prozesse. Verbesserungen der oft schlechten Wirkungsgrade sind möglich, wenn mit hohen Frischgas- oder Frischdampftemperaturen gearbeitet werden kann.

Dem setzen Brennstoffprobleme (Klopffestigkeit), meist aber die Werkstoffe mit ihrer stark temperaturabhängigen Festigkeit eine Grenze. Bei Kolbenmaschinen können auch Schmier- und Kühlprobleme hinzukommen.

Bemerkung:

Weiter ist zu sagen, daß hohe Temperatur-Verhältnisse T_o/T_u auch hohe Druckverhältnisse bei den Isentropen erfordern. So ergeben sich aus der Isentropengleichung

$$p_2/p_3 = (T_o/T_u)^{\frac{\kappa}{\kappa-1}}$$

die Mindestdruckverhältnisse nach Bild 3.5.

Soll also der Enddruck eines Carnotprozesses bei $p_3 = 1$ bar liegen, außerdem ein Temperaturverhältnis $T_o/T_u = 4$ ($T_o = 1200$ K; $T_u = 300$ K) verarbeitet werden, dann ist bei dem notwendigen Druckverhältnis von 126 : 1 (Bild 3.5) ein Druck p_2 am Ende der isothermen, d.h. zu Beginn der isentropen Expansion von 126 bar erforderlich. Der Druck vor Beginn der isothermen Expansion muß noch höher liegen. Entsprechende Maschinen und Geräte liegen also unter hohen Drücken und Temperaturen und erhalten teure Abmessungen.

Wärmezufuhr

Die Wärmezufuhr soll bei möglichst hoher Temperatur durchgeführt werden.

Wärmeabfuhr

Der Wirkungsgrad $\eta = 1$ und das Maximum an gewinnbarer Arbeit ergeben sich theoretisch, wenn $T_u = 0$ K. Bei isothermischer Wärmeabfuhr müßte also die isentrope Expansion bis 0 K führen. Anschließend müßte diese Temperatur während der Isotherme 3—4 durch ein Kühlmittel, das eine Temperatur von mindestens 0 K hat, aufrecht erhalten bleiben.

Die tiefsten, praktisch und wirtschaftlich möglichen Kühlmittel-Temperaturen liegen bei 5 °C bis 20 °C. Den Verlauf des theoretisch zu erwartenden Wirkungsgrades für $T_u = 293$ K = 20 °C und für verschiedene obere Temperaturen T_o aus Bild 3.6.

Hinweis zum Prozeßverlauf
Es ist nahezu unmöglich, in einer Maschine eine Expansion (ebenso anschließend eine Verdichtung) so verlaufen zu lassen, daß sich an eine exakte Isotherme eine ebenso exakte Isentrope direkt anschließen lassen. Auch für eine Näherung wäre ein teurer apparativer Aufwand nötig.

54. Beispiel
(Zur Einführung in die Kreisprozeß-Berechnung)
Mit 1 kg Luft soll ein Carnotprozeß stattfinden. Es sei die
obere Temperatur $T_o = T_1 = T_2 = 1200$ K (927 °C),
untere Temperatur $T_u = T_3 = T_4 = 300$ K (27 °C).
Enddruck $p_3 = 1$ bar, Anfangsdruck p_1 entspr. Bild 3.5 = 150 bar.

Wie groß sind
a) Druck und spez. Volumen in den 4 Eckpunkten 1−4?
b) die zu- und abgeführten Wärmemengen?
c) der thermische Wirkungsgrad?
d) Darstellung im T,s-Diagramm?
e) zu gewinnende Arbeit?

Lösung
a) Punkt 1:

$p_1 = 150$ bar, $T_1 = 1200$ K, daraus berechnet

$v_1 = R_i \cdot T_1/p_1 = 0,023$ m³/kg

Punkt 2:

$p_2/p_3 = (T_2/T_3)^{\frac{\kappa}{\kappa-1}} = (1200/300)^{1.4/0,4}$

$= 4^{3,5} = 126$

Mit $p_3 = 1$ bar wird $p_2 = 126 \cdot p_3 = 126 \cdot 1$

$= 126$ bar

$T_2 = 1200$ K; berechnen $v_2 = R_i \cdot T_2/p_2$

$= 0,0274$ m³/kg

Punkt 3:

$p_3 = 1$ bar, $T_3 = 300$ K, daraus

$v_3 = 0,860$ m³/kg

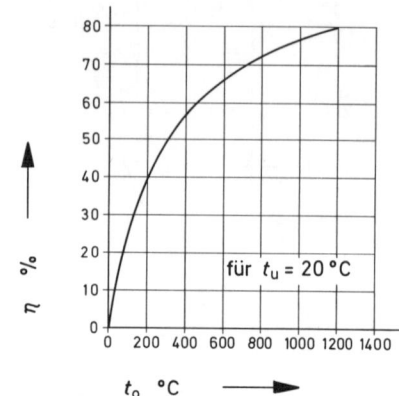

Bild 3.6 Verlauf des thermischen Wirkungsgrades für einen Carnotprozeß mit $t_u = 20\,°C$ ($T_u = 293$ K)

Punkt 4:

p_4 aus $p_1/p_4 = (T_o/T_u)^{\frac{\kappa}{\kappa-1}} = 126$ s.o. und p_4

$= 1,19$ bar

$T_4 = 300$ K, daraus $v_4 = R_i \cdot T_4/p_4$

$= 0,723$ m³/kg

Punkt	1	2	3	4	
p	150	126	1,0	1,19	bar
T	1200	1200	300	300	K
v	0,0230	0,0274	0,860	0,723	m³/kg

b) $q_{zu} = w$ weil Isotherme 1 ... 2

$= R_i \cdot T_o \cdot \ln(p_1/p_2)$

$q_{zu} = 287$ Nm/kg K $\cdot 1200$ K $\cdot \ln(150/126)$

$= 287 \cdot 1200 \cdot 0,174 = 60\,000$ Nm/kg

$q_{ab} = w = R_i \cdot T_u \cdot \ln(p_3/p_4)$ s.o.

$q_{ab} = 287$ Nm/kg K $\cdot 300$ K $\cdot \ln 1,0/1,19$

$= 15\,000$ Nm/kg

c) Thermischer Wirkungsgrad

$\eta = 1 - (q_{ab}/q_{zu}) = 1 - (15\,000/60\,000)$

$= 1 - 0,25$

$\eta = 0,75 = 75\%$ (vgl. Bild 3.6)

94

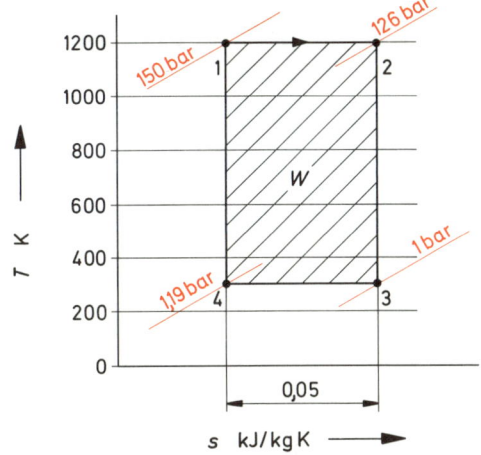

Bild 3.7 Ergebnisse der Beispiel-Berechnung zu einem Carnotprozeß

d) Zur Darstellung im T,s-Diagramm wird die Entropiedifferenz bei einer der beiden Isothermen berechnet.

$$\Delta s = R_i \cdot \ln (p_1/p_2) = 287 \text{ J/kg K} \cdot \ln 1,19$$

$$\Delta s = 287 \text{ J/kg K} \cdot 0,174 = 50 \text{ J/kg K}$$

$$= 0,05 \text{ kJ/kg K}$$

Nach Wahl eines beliebigen Maßstabes und beliebigen Nullpunktes für Punkt 1 wird die Strecke Δs im T,s-Diagramm abgetragen, Bild 3.7.

e) Zu gewinnende Arbeit

Die Arbeit errechnet sich am besten aus der Fläche im T,s-Diagramm. Diese ist

$$w = \Delta s \cdot (T_o - T_u)$$

$$= 50 \text{ J/kg K} \cdot (1200 \text{ K} - 300 \text{ K})$$

$$= 45\,000 \text{ J/kg}$$

$$w = 45\,000 \text{ Nm/kg}$$

Im einzelnen kann man die Arbeiten unter den ZÄ zusammenzählen und bekäme

$$w = w_{12} + w_{23} - w_{34} - w_{41}.$$

Da $w_{23} = w_{41}$, wegen Isentropen zwischen gleichem Temperaturverhältnis, wird daraus

$$w = w_{12} - w_{34}$$

und nach Vereinfachung

$$w = (p_1 \cdot v_1 - p_3 \cdot v_3) \cdot \ln (v_2/v_1)$$

Bei einer Darstellung im p,v-Diagramm würde sich, je nach Maßstab, ein sehr schmales, sichelförmiges Bild des Carnotprozesses ergeben.

Zusammenfassung zum Carnotprozeß

Der „Zweite Hauptsatz" und der Carnotprozeß zeigen Grenzen der Umwandlungsmöglichkeiten von Wärme in Arbeit mit Kraftmaschinen.

Das Bestreben der Wärmetechniker und Konstrukteure geht dahin, möglichst hohe Wirkungsgrade mit möglichst einfachen Maschinen zu erhalten. Der Carnotprozeß mit seiner einfachen und einprägsamen Darstellung im T,s-Diagramm weist die Wege. Er wird immer wieder als Beispiel und Vergleichsprozeß zur Beurteilung herangezogen.

3.4 Ausgeführte Kraftmaschinen-Kreisprozesse

Nachfolgend werden wichtige Kraftmaschinenprozesse besprochen. Zugrunde gelegt wird dabei der theoretisch gewünschte Ablauf nach bestimmten ZÄ.

Die Abweichungen, die sich im Betrieb, abhängig von Leistungsgröße, Zylinderzahl, Drehzahl, Brennstoffzufuhr, Ladungswechsel, ggf. Aufladung und Kühlung, ergeben, werden erst in den weiterführenden speziellen Fachgebieten behandelt.

Während sich die ersten Erfinder damit begnügen mußten, wenn ihre Maschinen nach langen, mühe-

vollen Aufwendungen im Betrieb den damaligen Anforderungen genügten, verlief die weitere Entwicklung, angeregt durch die ständige Verbreitung wärmetechnischer Kenntnisse mit dem Ziel, einen sparsamen Brennstoffverbrauch zu erreichen. Heute ist niedriger Verbrauch, wirtschaftliche Herstellung und hohe Lebensdauer das Ziel, das von den Konstrukteuren angestrebt wird.

Wichtige Grundlage für einen sparsamen Verbrauch ist die Kenntnis der wärmetechnischen Zusammenhänge.

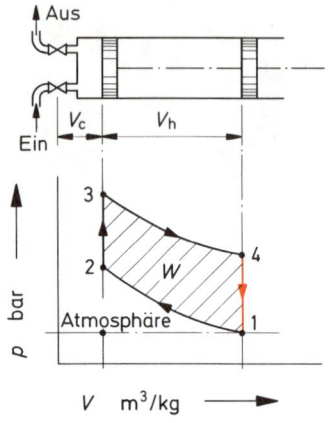
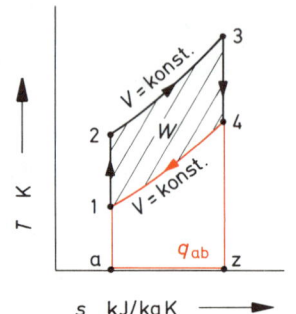

Bild 3.8 Ottoprozeß im p, v-
und im T,s-Diagramm

3.4.1 Ottoprozeß für den Benzin-Kolbenmotor

Der erste Viertakt-Ottomotor, mit Gas als Brennstoff, kam 1876 in Köln in Betrieb (*Nikolaus Otto, 1832 bis 1891*).

Otto-Verfahren (Bild 3.8)
Der Kolben saugt ein Luft-Gas-Gemisch aus der Atmosphäre und über einen Vergaser, 0 bis 1.
Gegeben sind der Hubraum v_h und der Verdichtungsraum v_c. Damit ist

$$v_1 = v_h + v_c \quad \text{und} \quad v_2 = v_c$$

woraus der wichtige Begriff

Verdichtungsverhältnis $\varepsilon = v_1/v_2$

Verlauf des Kreisprozesses (Bild 3.8)
Verdichtung 1 bis 2: In 1 beginnt der Prozeß mit isentroper Verdichtung des Gemischs. Druck und Temperatur steigen. Das Verdichtungsverhältnis $\varepsilon = v_1/v_2$ ist wegen Erreichen der Gemischzündgrenze, verbunden mit unkontrollierbaren Frühzündungen (Klopfen des Motors), auf normale Werte $\varepsilon = 6 \cdots 10$ beschränkt.
Wärmezufuhr 2 bis 3: el. Zündung in der Totlage. Die ZÄ soll als Isovolume verlaufen. Temperatur und Drucksteigerung um so höher, je mehr Brennstoffbeimischung.
Arbeitsabgabe 3 bis 4 durch isentrope ZÄ bis Hubende; Expansionsverhältnis = Verdichtungsverhältnis.

Wärmeabfuhr 4 bis 1 durch plötzliches Öffnen der Auslaßventile, Isovolumische ZÄ.
Außerhalb des Kreisprozesses: Ausschieben der Abgase 1 bis 0 und Wiederansaugen von Frischgas 0 bis 1.

Berechnung der Zustandsgrößen des Kreisprozesses
Gegeben sind die Zylinderabmessungen v_h und v_c einschließlich ε:
Isentrope $1-2$

$$T_2/T_1 = (v_1/v_2)^{\kappa-1} = \varepsilon^{\kappa-1}$$

$$p_2/p_1 = (v_1/v_2)^{\kappa} = \varepsilon^{\kappa}$$

Arbeit $w = c_v \cdot (T_1 - T_2)$

Entropieänderung $s_2 - s_1 = 0$

Isovolume Wärmezufuhr $q_{zu} \, 2-3$

$$q_{zu} = c_v \cdot (T_3 - T_2)$$

Zu einer Berechnung T_3 als max. zul. Temperatur oder p_3 als max. zul. Druck annehmen (bis ≈ 1600 K, bis ≈ 30 bar). Es wird sich zeigen, daß der thermische Wirkungsgrad des Ottoprozesses nicht vom Zustand 3, sondern vom Verdichtungsverhältnis v_1/v_2 abhängt. Druck und Temperatur in 3 werden mit kleinerer Leistung niedriger, weil dann weniger Kraftstoff zugegeben und q_{zu} kleiner wird.

$$p_3/p_2 = T_3/T_2 \quad \text{und} \quad v_3 = v_2$$

Entropieänderung

$$s_3 - s_2 = c_v \cdot \ln(T_3/T_2) = c_v \cdot \ln(p_3/p_2)$$

96

Die Veränderlichkeit der spez. Wärmekapazität c_v wird dabei nicht berücksichtigt. Genau ist c_{vm} bei q_{zu} größer als c_{vm} bei q_{ab}, wegen der anderen Temperaturen.

Isentrope 3—4

$p_3/p_4 = p_2/p_1 = (v_1/v_2)^\kappa$ weil gleiches Volumenverhältnis bei Verdichtung und Expansion

$$T_3/T_4 = T_2/T_1 = \varepsilon^{\kappa-1} \text{ wie oben}$$

Arbeit $w = c_v \cdot (T_3 - T_4)$

Isovolume Wärmeabfuhr q_{ab}

$$q_{ab} = c_v \cdot (T_4 - T_1)$$

$$\Delta s = s_4 - s_1 = c_v \cdot \ln (T_1/T_4)$$

Thermischer Wirkungsgrad η_{th} des Ottoprozesses

Aus q_{zu} und q_{ab} ergibt sich

$$\eta_{th} = \frac{q_{23} - q_{41}}{q_{23}} \quad \text{und für } c_v = \text{konst}$$

$$\eta_{th} = \frac{(T_3 - T_2) - (T_4 - T_1)}{T_3 - T_2} = 1 - \frac{T_4 - T_1}{T_3 - T_2}$$

Die Punkte 1 und 2 sowie 3 und 4 liegen auf Isentropen zwischen gleichen Volumen, weswegen

$$(v_1/v_2)^{\kappa-1} = \varepsilon^{\kappa-1} = T_3/T_4 = T_2/T_1 \quad \text{und}$$

$$T_4 = T_3 \cdot (T_1/T_2)$$

Weiter umgeformt erhält man

$$\boxed{\eta_{th} = 1 - \frac{T_1}{T_2} = 1 - \frac{1}{\varepsilon^{\kappa-1}} \quad \text{Ottoprozeß}}$$

Der thermische Wirkungsgrad ist ausschließlich abhängig vom Verdichtungsverhältnis.
Dem Verdichtungsverhältnis sind Grenzen gesetzt durch den Brennstoff. Wird hoch verdichtet, dann steigt T_2 und es kommt zu Selbstzündungen. Hochverdichtende Motoren benötigen klopffeste Brennstoffe.
Verlauf von η_{th} in Abhängigkeit von ε auf Bild 3.9.
Ein kurzes Beispiel soll zeigen, welche Temperaturen an interessanten Punkten herrschen und welcher Wirkungsgrad sich ergibt.

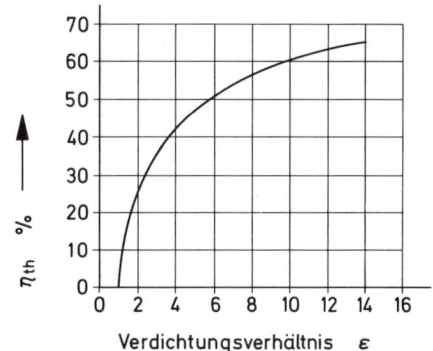

Bild 3.9 *Verlauf von $\eta_{th} = f(\varepsilon)$ für den Ottoprozeß*

55. Beispiel
Ein Ottomotor mit $\varepsilon = 8$ saugt Luft von 27 °C und 1 bar an. Der höchste Druck soll 40 bar betragen.
Die spez. Wärmekapazitäten sind $c_v = 0{,}72$ kJ/kg K konstant angenommen, ebenso $\kappa = 1{,}4$ für Luft.
Gesucht sind:

a) Zustandsgrößen in den 4 Eckpunkten
b) Zu- und abgeführte Wärmemengen
c) Wirkungsgrad η_{th}
d) Darstellung im T,s-Diagramm

Lösung
zu a) Punkt 1:

$$p_1 = 1 \text{ bar}, T_1 = 300 \text{ K};$$

$$v_1 = R_i \cdot T_1/p_1 = 0{,}86 \text{ m}^3/\text{kg}$$

Punkt 2:

$$p_2 = p_1 \cdot \varepsilon^\kappa = 1 \cdot 8^{1,4} = 18{,}4 \text{ bar}$$

$$v_2 = v_1/\varepsilon = 0{,}88/8 = 0{,}108 \text{ m}^3/\text{kg}$$

$$T_2 = p_2 \cdot v_2/R_i = 693 \text{ K} = 420 \text{ °C}$$

Punkt 3:

$$p_3 = 40 \text{ bar}, v_3 = v_2 = 0{,}11 \text{ m}^3/\text{kg}$$

$$T_3 = p_3 \cdot v_3/R_i = 1533 \text{ K} = 1260 \text{ °C}$$

Punkt 4:

$$p_4 = p_3/\varepsilon^\kappa = 40/8^{1,4} = 2{,}2 \text{ bar}$$

$$v_4 = v_1 = 0{,}86 \text{ m}^3/\text{kg}$$

$$T_4 = p_4 \cdot v_4/R_i = 659 \text{ K} = 386 \text{ °C}$$

Die maximale Prozeßtemperatur liegt theoretisch kurzzeitig bei $t_3 = 1260\,°C$. Dies gilt für isentrope Verdichtung. Kühlung der Zylinderwände ist also unbedingt erforderlich.

Die Abgastemperatur beträgt $t_4 = 386\,°C$. Auch dies gilt für isentrope Expansion. Man sieht, daß die Abgase einen hohen Wärmeinhalt haben, woraus sich die Verluste erklären.

zu b)

$$q_{zu} = c_v \cdot (T_3 - T_2) = 0{,}72\ kJ/kg\ K$$
$$\cdot (1533\ K - 693\ K) = 605\ kJ/kg$$
$$q_{ab} = c_v \cdot (T_1 - T_4) = 0{,}72\ kJ/kg\ K$$
$$\cdot (300\ K - 659\ K) = -258\ kJ/kg$$

In Arbeit umgesetzt

$$w = 605 - 258 = 347\ kJ/kg$$

zu c)

$$\eta_{th} = \frac{w}{q_{zu}} = \frac{347\ kJ/kg}{605\ kJ/kg} = 0{,}573$$

oder

$$\eta_{th} = 1 - (T_1/T_2) = 1 - (300/693) = 1 - 0{,}443$$
$$= 0{,}557$$

oder

$$\eta_{th} = 1 - 1/\varepsilon^{x-1} = 1 - 1/8^{0,4} = 0{,}58$$

Nahezu übereinstimmend also $\eta_{th} = 57\%$.

Bemerkung

Mit diesem „thermischen" Wirkungsgrad erhält man an der Kupplung der Motorwelle je nach Größe des Motors etwa $\eta_{eff} = 25\%$ bis 32%. Dies liegt daran, daß die ZÄ nicht so verlaufen wie das Diagramm besagt, außerdem an mechanischen Verlusten im Triebwerk.

Hinweis

Ein Carnot-Prozeß zwischen diesen Temperaturgrenzen hätte

$$\eta_{th} = \frac{T_o - T_u}{T_o} = \frac{1533\ K - 300\ K}{1533\ K}$$
$$= 0{,}805 = 80{,}5\%$$

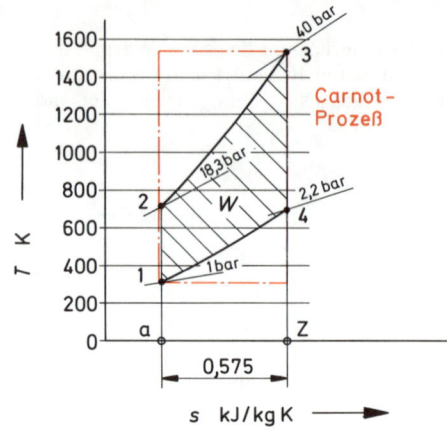

Bild 3.10 Berechnungsbeispiel zu einem Ottoprozeß; T,s-Diagramm

zu d)
Die Temperaturen sind bekannt; Entropieänderungen:

$$\Delta s_{23} = c_v \cdot \ln (T_3/T_2) = 0{,}72\ kJ/kg\ K \cdot \ln 2{,}22$$
$$= 0{,}575\ kJ/kg\ K$$
$$\Delta s_{41} = c_v \cdot \ln (T_1/T_4) = 0{,}72\ kJ/kg\ K \cdot \ln 0{,}446$$
$$= -0{,}575\ kJ/kg\ K$$

zu e) siehe Bild 3.10

3.4.2 Dieselprozeß im p,v- und T,s-Diagramm

Der Dieselprozeß hat einen nicht unwesentlich besseren theoretischen Wirkungsgrad als der Ottoprozeß.

Der η_{th} des Ottoprozesses ist durch die Brennstoffeigenschaften begrenzt. Er hängt vom Verdichtungsverhältnis ab, und dieses kann über Werte von $\varepsilon = 10$ bis 12 nicht gesteigert werden.

Für Diesel (*1858 bis 1913*) war das Veranlassung, den Motor zunächst nur Luft ansaugen zu lassen, hoch zu verdichten und dann erst den Kraftstoff einzubringen. Das Kraftstoffproblem hat zuerst große Sorgen bereitet. Der erste Motor lief 1895, der zweite 1896 mit einem Gesamtwirkungsgrad von 26%.

Verlauf des Kreisprozesses (Bild 3.11)
Verdichtung 1 bis 2: der Prozeß beginnt in 1 mit isentroper Verdichtung reiner Luft. Das Verdich-

98

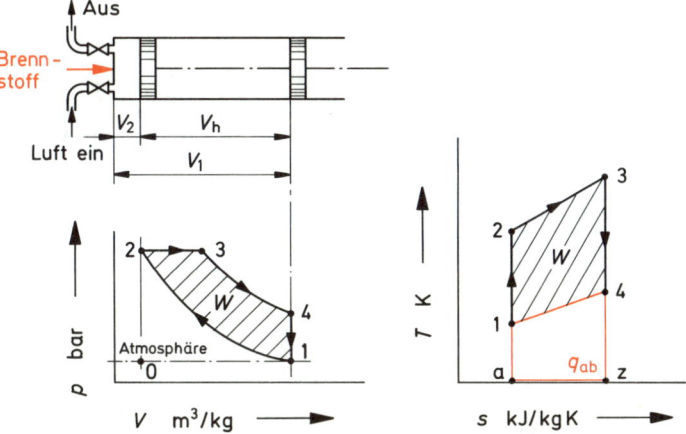

Bild 3.11 Diesel-Prozeß im p,v- und im T,s-Diagramm

tungsverhältnis v_1/v_2 beträgt bis $\varepsilon = 18$ (27). Es werden Enddrücke bis 80 (100) bar zugelassen.
Wärmezufuhr 2 bis 3: Die Temperaturen in 2 sind so hoch (900 °C), daß der in zerstäubtem Zustand eingebrachte Dieselkraftstoff in der heißen Luft verbrennt. Diese Verbrennung soll so verlaufen, daß sie bei p = konst in 3 endet. Das Verhältnis $v_3/v_2 = \varphi$ heißt Volldruck- oder Einspritzverhältnis. Es ist ein Maß für die Zylinderfüllung und somit für die Belastung des Motors.
Expansion 3 bis 4: isentrope ZÄ bis Hubende.
Wärmeabfuhr 4 bis 1 als isovolume ZÄ wie beim Ottomotor.
Außerhalb des Kreisprozesses verläuft das Ausschieben 1 bis 0 der Abgase und Wiederansaugen 0 bis 1 frischer Luft.
Berechnung der Zustandsgrößen ganz ähnlich wie beim Ottoprozeß.

Thermischer Wirkungsgrad

Wärmezufuhr $q_{zu} = c_p \cdot (T_3 - T_2)$

Wärmeabfuhr $q_{ab} = c_v \cdot (T_4 - T_1)$

$$\eta_{th} = \frac{q_{zu} - q_{ab}}{q_{zu}}$$

$$= \frac{c_p \cdot (T_3 - T_2) - c_v \cdot (T_4 - T_1)}{c_p \cdot (T_3 - T_2)}$$

$$\eta_{th} = 1 - \frac{1}{\kappa} \cdot \frac{T_4 - T_1}{T_3 - T_2}$$

$$= 1 - \frac{1}{\kappa} \cdot \frac{(T_4/T_1 - 1) \cdot T_1}{(T_3/T_2 - 1) \cdot T_2}$$

es ist

$$\varepsilon = v_1/v_2 = \text{Verdichtungsverhältnis}$$

$$\varphi = v_3/v_2 = \text{Volldruckverhältnis}$$

Aus der Isentrope und Isobare erhält man

$$T_2/T_1 = \varepsilon^{\kappa-1} \quad \text{und} \quad T_3/T_2 = v_3/v_2 = \varphi$$

$$\frac{T_4}{T_3} = \left(\frac{v_3}{v_4}\right)^{\kappa-1} = \left(\frac{v_3}{v_1}\right)^{\kappa-1}$$

$$= \left(\frac{v_3 \cdot v_2}{v_2 \cdot v_1}\right)^{\kappa-1} = \left(\frac{v_3}{v_2}\right)^{\kappa-1} \cdot \left(\frac{v_2}{v_1}\right)^{\kappa-1}$$

$$\frac{T_4}{T_3} = \frac{\varphi^{\kappa-1}}{\varepsilon^{\kappa-1}}$$

$$\frac{T_4}{T_1} = \frac{T_4}{T_3} \cdot \frac{T_3}{T_2} \cdot \frac{T_2}{T_1} = \frac{\varphi^{\kappa-1}}{\varepsilon^{\kappa-1}} \cdot \varphi \cdot \varepsilon^{\kappa-1} = \varphi^{\kappa}$$

$$\boxed{\begin{aligned} \eta_{th} &= 1 - \frac{1}{\kappa} \cdot \frac{(\varphi^{\kappa} - 1)}{(\varphi - 1)} \cdot \frac{1}{\varepsilon^{\kappa-1}} \\ &= 1 - \frac{1}{\kappa} \cdot \frac{(\varphi^{\kappa} - 1)}{(\varphi - 1)} \cdot \frac{T_1}{T_2} \end{aligned}} \quad \text{Diesel-prozeß}$$

Der Wirkungsgrad des Dieselmotors ist höher, weil das Verdichtungsverhältnis größer als beim Ottomotor.
Verlauf von η_{th}-Diesel auf Bild 3.12 informatorisch.

7*

99

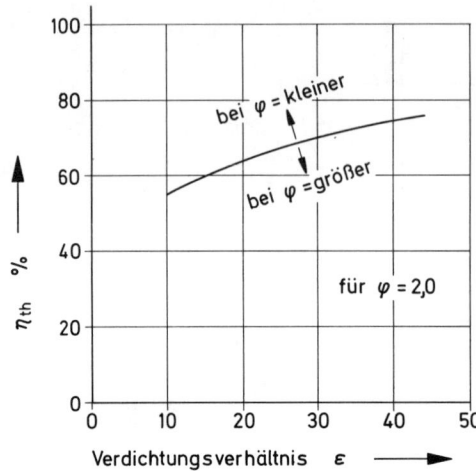

Verdichtungsverhältnis ε ⟶

für $\varphi = 2{,}0$

Bild 3.12 Verlauf von η_{th} beim Dieselprozeß, abhängig vom Verdichtungsverhältnis ε; φ = Volldruck- oder Einspritzverhältnis

56. Beispiel, Dieselprozeß, Kurzfassung

Ein theoretischer Dieselprozeß mit einem Verdichtungsverhältnis $v_1/v_2 = \varepsilon = 20$ soll Luft von 1 bar, 27 °C (300 K) ansaugen.
Die max. Prozeßtemperatur soll im Vergleich zum Ottomotor (55. Beispiel), ebenfalls 1533 K (1260 °C) betragen.
Die spez. Wärmekapazitäten sind $c_p = 1{,}004$ kJ/kg K und $c_v = 0{,}72$ kJ/kg K, außerdem $\kappa = 1{,}4$.

Gesucht:

a) Zustandsgrößen in den Eckpunkten
b) Darstellung im $T{,}s$-Diagramm
c) Wirkungsgrad η_{th}

Lösung

zu a) Zustandsgrößen in den Eckpunkten

Isentrope 1 bis 2

$$p_2/p_1 = \varepsilon^\kappa = 20^{1{,}4} = 66 \text{ bar}$$

$$T_2/T_1 = \varepsilon^{\kappa-1} = 20^{0{,}4} = 3{,}32;$$

$$T_2 = 960 \text{ K} = 687 \text{ °C}$$

$$v_1 = R_i \cdot T_1/p_1 = 0{,}86 \text{ m}^3/\text{kg}$$

Isobare 2 bis 3

$$T_3 = 1533 \text{ K gegeben}$$

$$p_3 = p_2 = 66 \text{ bar}$$

$$v_2 = v_1/\varepsilon = 0{,}86/20 = 0{,}043 \text{ m}^3/\text{kg}$$

Einspritzverhältnis

$$\varphi = v_3/v_2 = T_3/T_2 = 1533/960$$

$$\varphi = 1{,}60$$

Isentrope 3 bis 4

$$p_3/p_4 = (v_4/v_3)^\kappa$$

$$v_4 = v_1 = 0{,}86 \text{ m}^3/\text{kg}$$

$$v_3 = \varphi \cdot v_2 = 1{,}6 \cdot 0{,}043 = 0{,}069 \text{ m}^3/\text{kg}$$

$$(v_4/v_3)^\kappa = 12{,}5^{1{,}4} = 34$$

$$p_4 = p_3/34 = 1{,}94 \text{ bar}$$

$$T_4 = p_4 \cdot v_4/R_i = 573 \text{ K} = 300 \text{ °C}$$

b) Darstellung im $T{,}s$-Diagramm

Die Entropie zwischen der Isobaren 3 und 2 und Isovolumen 4 und 1 muß gleich sein (Kontrollmöglichkeit).

$$s_3 - s_2 = c_p \cdot \ln (T_3/T_2) = 1{,}004 \cdot \ln (1533/960)$$

$$= 0{,}467 \text{ kJ/kg K}$$

$$s_4 - s_1 = c_v \cdot \ln (T_4/T_1) = 0{,}72 \cdot \ln (573/300)$$

$$= 0{,}465 \text{ kJ/kg K}$$

Daraus das $T{,}s$-Diagramm mit geschätztem Verlauf der Isobaren und Isovolumen (Bild 3.13).
In das Bild sind ein Carnot-Prozeß zwischen gleichen T_o und T_u und der vorher gerechnete Ottoprozeß (55. Beispiel) gestrichelt eingetragen. Es ist zu erkennen, daß die Nutzfläche $1-2-3-4$ beim Dieselprozeß wesentlich größer ist als beim Ottoprozeß.

c) Thermischer Wirkungsgrad

$$\eta_{th} = \frac{q_{zu} - q_{ab}}{q_{zu}}$$

$$= \frac{c_p \cdot (T_3 - T_2) - c_v \cdot (T_4 - T_1)}{c_p \cdot (T_3 - T_2)}$$

100

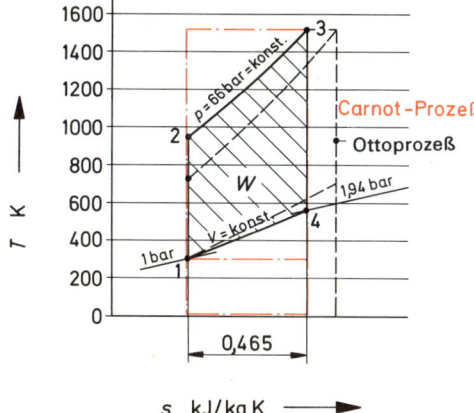

Bild 3.13 Dieselprozeß im T,s-Diagramm. Im Vergleich hierzu Otto- und Carnotprozeß bei gleicher Höchsttemperatur

$$\eta_{th} = \frac{1,004 \cdot (1533 - 960) - 0,72 \cdot (573 - 300)}{1,004 \cdot 573}$$

$$= \frac{573 - 196}{573}$$

$$\eta_{th} = \frac{377}{573} = 0,66$$

für den Dieselprozeß (vgl. Bild 3.12)

$\eta_{th} = 0,805$ für einen Carnotprozeß zwischen gleichen T_o und T_u

$\eta_{th} = 0,570$ für einen entspr. Ottoprozeß.

3.4.3 Der Seiligerprozeß

Der theoretische Otto- und Dieselprozeß läßt sich nicht durchführen. Besondere Schwierigkeit ist in beiden Fällen die nicht zu erreichende exakte Wärmezufuhr bei $v = $ konst bzw. $p = $ konst. Die wirklichen Diagramme ähneln an diesen Stellen der Darstellung auf Bild 3.14.

Um den Maschinen und ihrer Beurteilung gerecht werden zu können, hat *Seiliger* folgenden theoretischen Prozeßverlauf vorgeschlagen (Bild 3.15). Die Verbrennung muß schon vor Erreichen des Totpunktes eingeleitet werden. Dadurch nähert sich der Prozeß einem Verlauf, der zunächst eine isovolume 2 bis 3 und gleich anschließend eine isobare Verbrennung 3 bis 4 vorsieht.

Prozeßverlauf im p,v- und T,s-Diagramm, Bild 3.15.

1 bis 2 isentrope Verdichtung
2 bis 3 Wärmezufuhr bei $v = $ konst
3 bis 4 weitere Wärmezufuhr bei $p = $ konst
4 bis 5 isentrope Expansion
5 bis 1 Wärmeabfuhr bei $v = $ konst

Der Prozeß ist also etwa eine Überlagerung von Otto- und Dieselprozeß. Er wird oft dem Dieselprozeß als „gemischter Vergleichsprozeß" zugrunde gelegt (*Grohe:* Otto- und Dieselmotoren, Vogel-Buchverlag Würzburg, 6. Auflage, 1982).

Es bezeichnen

$\varepsilon = v_1/v_2 = $ Verdichtungsverhältnis

$\xi = p_3/p_2 = T_3/T_2$

$\quad = $ Drucksteigerungsverhältnis

$\Psi = v_4/v_3 = T_4/T_3 = $ Einspritzverhältnis

Die zu- und abgeführten Wärmemengen ergeben sich wie schon beim Otto- und Dieselprozeß

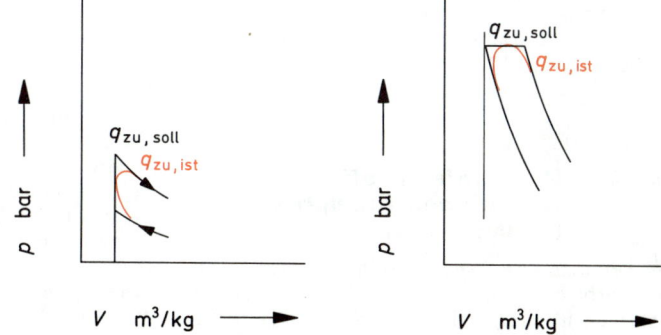

Bild 3.14 Wirklicher Diagrammverlauf bei der Wärmezufuhr

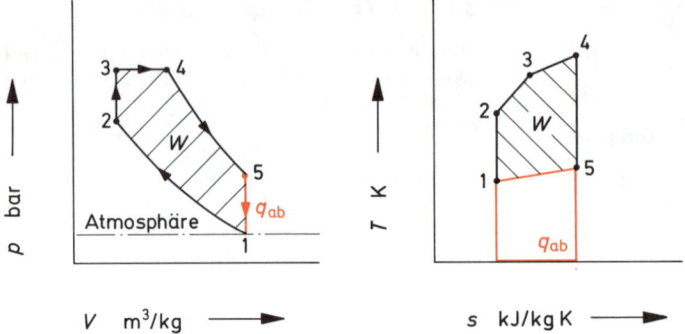

Bild 3.15 Seiligerprozeß im p,v- und im T,s-Diagramm

behandelt. Man erhält sie nach Umformungen zu

$$q_{zu} = c_v \cdot [(\xi - 1) \cdot T_1 \cdot \varepsilon^{\kappa-1} + \kappa \cdot (\psi - 1) \cdot T_2]$$

$$q_{zu} = c_v \cdot T_1 \cdot \varepsilon^{\kappa-1} \cdot [\xi - 1 + \kappa \cdot \xi \cdot (\psi - 1)]$$

$$q_{ab} = c_v \cdot T_1 \cdot (\psi^\kappa \cdot \xi - 1)$$

Daraus die Gleichung für den thermischen Wirkungsgrad

$$\eta_{th} = 1 - \frac{1}{\varepsilon^{\kappa-1}} \cdot \frac{\psi^\kappa \cdot \xi - 1}{\xi - 1 + \kappa \cdot \xi \cdot (\psi - 1)}$$

Seiligerprozeß

dabei sind ε und ξ festlegbare Daten, φ kann aus den anderen Größen bestimmt werden.

Für $\psi = 1$ erhält man den η_{th} des Ottoprozesses
für $\xi = 1$ den η_{th} des Dieselprozesses

Ein Berechnungsbeispiel findet sich an der in der Klammer angegebenen Stelle. Es sind Annahmen zu treffen über Luftüberschußzahlen bei der Verbrennung u.a., die im Bereich des Fachgebietes Otto- und Dieselmotoren behandelt werden.

3.4.4 Der „einfache offene" Gasturbinen-Kreisprozeß (Jouleprozeß)

Neben dem Otto- und Dieselmotor besteht die Gasturbine. Die Leistung der Kolbenmaschinen ist wegen ihrer Triebwerksabmessungen be-

grenzt. Die geringen spez. Wärmekapazitäten der Luft und Rauchgase machen große Gasmengendurchsätze nötig, wenn große Leistungen, wie beim Antrieb moderner Großraumflugzeuge oder beim Einsatz in der Energieversorgung gefordert werden.
Größte Schiffsdiesel erreichen bis 20 000 kW, dagegen größte Gasturbinenanlagen heute bis 120 000 kW je Maschine.
Bei kleinen Leistungen, wie für Pkw-Antriebe, haben Gasturbinen jedoch einen schlechteren Wirkungsgrad als die Kolbenmotoren. Begründet ist dies durch die niedrigen Wirkungsgrade von Verdichter und Turbine der Gasturbinenanlage, die sich bei geringem Durchsatz und entsprechend kleinen Abmessungen ergeben.
Vorläufer der Gasturbinenanlage war die 1833 von dem schwedischen Ingenieur *Ericsson* (1803 bis 1899) erfundene „Heißluftmaschine", die heute noch als theoretische Grundlage betrachtet werden kann.

Kreisprozeß der Heißluftmaschine

Die Vorgänge werden zunächst in einer als Kolbenmaschine ausgeführten Anlage besprochen. Diese besteht aus einem Verdichterzylinder, einer Brennkammer und einem Expansionszylinder, die nacheinander von der Luft durchlaufen werden.

Prozeß-Verlauf im *p,v*- und *T,s*-Diagramm (Bild 3.16)

Der Verdichter bringt die vorher aus der Atmosphäre angesaugte Luft isentrop von 1 bis 2. Sie gelangt in eine Brennkammer, wo ihr von 2 bis 3 bei p = konst die Wärme q_{zu} zugeführt wird. Die Temperatur steigt auf die maximale Prozeßtemperatur t_3. Von der Brennkammer kommt die erhitzte Luft in den Expansionszylinder.
Von 3 bis 4 isentrope Expansion.

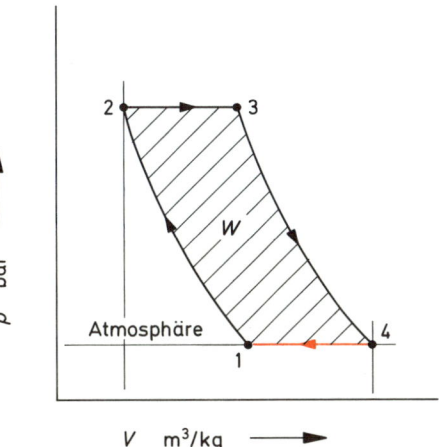

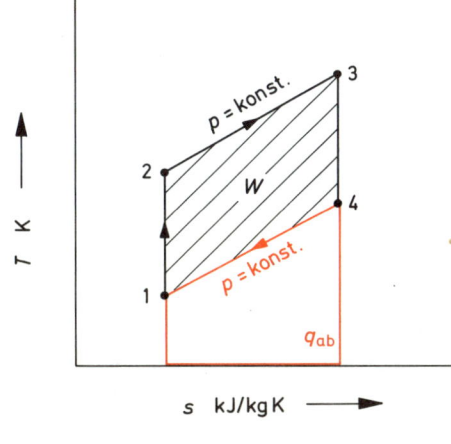

Wärmeabfuhr von 4 bis 1 bei p = konst. Beim „einfachen offenen" Prozeß tritt die Abluft in die Atmosphäre über. Der Prozeß beginnt mit aus der Atmosphäre angesaugter Frischluft von neuem. (Beim „offenen Prozeß" *mit* Wärmetauscher wird die Abluft benutzt, um die Frischluft nach Verdichter, also vor der Brennkammer, vorzuwärmen. Beim „geschlossenen Prozeß" mit Wärmetauscher arbeitet stets dieselbe Luft im Kreislauf; außer dem Erhitzer wird auch ein Kühler benötigt).

Berechnung der Nutzarbeit
Als Nutzarbeit entsteht die Fläche $w = 1-2-3-4$. Sie ist um so größer, je weiter 3 nach rechts bzw. oben gerückt wird. Je höher T_3, um so größer

$$v_3 = T_3 \cdot R_i / p_3.$$

Die Arbeit entsteht aus der Differenz von zu- und abgeführter Wärme.

$$w_{nutz} = q_{zu} - q_{ab}$$

$$q_{zu} = c_p \cdot (T_3 - T_2) \quad \text{und} \quad q_{ab} = c_p \cdot (T_4 - T_1)$$

Mit c_p = konst wird

$$w_{nutz} = c_p \cdot [(T_3 - T_2) - (T_4 - T_1)]$$

$$= c_p \cdot (T_3 - T_2) \cdot \left(1 - \frac{T_4 - T_1}{T_3 - T_2}\right)$$

$$T_1/T_2 = T_4/T_3 = (p_{1,4}/p_{2,3})^{(\kappa-1)/\kappa}$$

Bild 3.16   Prozeß der Heißluft-Maschine im p,v- und im T,s-Diagramm

Zwischen zwei Isentropen mit gleichem Druckverhältnis und gleichem $\varkappa$ wird bei den Isobaren

$$T_3/T_2 = T_4/T_1$$

und weiter

$$(T_3 - T_2)/T_2 = (T_4 - T_1)/T_1$$

$$\frac{T_4 - T_1}{T_3 - T_2} = \frac{T_1}{T_2} = \left(\frac{p_1}{p_2}\right)^{(\kappa-1)/\kappa};$$

eingesetzt:

$$w_{nutz} = c_p \cdot (T_3 - T_2) \cdot \left(1 - \frac{T_1}{T_2}\right)$$

Heißgasmaschine Gasturbine

Thermischer Wirkungsgrad

$$\eta_{th} = \frac{w_{nutz}}{q_{zu}} = \frac{c_p \cdot (T_3 - T_2) \cdot (1 - T_1/T_2)}{c_p \cdot (T_3 - T_2)}$$

$$\eta_{th} = 1 - \frac{T_1}{T_2} = 1 - \left(\frac{p_1}{p_2}\right)^{\frac{\kappa-1}{\kappa}}$$

$$= 1 - \frac{1}{\pi^{(\kappa-1)/\kappa}}$$

Heißgasmaschine Gasturbine

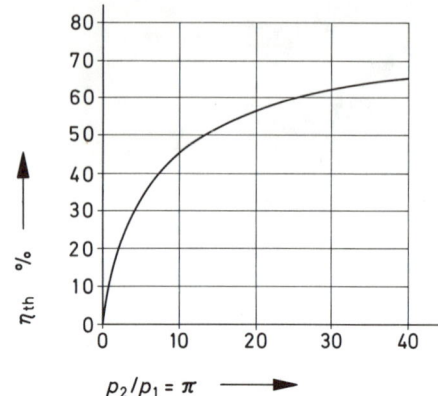

Hinweis

In der Gasturbinenliteratur ist die Abkürzung $p_2/p_1 = \pi$ für das Verdichter-Druck-Verhältnis gebräuchlich.

Der thermische Wirkungsgrad hängt also nur vom Verdichtungsverhältnis p_2/p_1 ab. Je höher p_2/p_1, um so besser der Wirkungsgrad des Prozesses, Bild 3.17.

Bild 3.17 Verlauf von η_{th} des Gasturbinen-Kreisprozesses in Abhängigkeit vom Verdichter-Druck-Verhältnis p_2/p_1

Die Gasturbinenanlage

Die Gasturbinenanlage arbeitet nach dem Schema Bild 3.18. Links der Anwurfmotor zum Anfahren des Prozesses. Sobald genügend Drehzahl erreicht und Luft gefördert ist, wird gezündet. Die Turbine fährt den Verdichter selbständig weiter hoch. Neben dem Anwurfmotor der Verdichter, der für das Druckverhältnis p_2/p_1 ausgelegt ist.

In der Brennkammer wird der Brennstoff zugeführt. Es werden flüssige und gasförmige Brennstoffe eingesetzt; sie unterliegen bestimmten Bedingungen für eine rückstand- und korrosionsfreie Verbrennung. Die heißen Gase gehen zur Gasturbine. Von dieser wird der Stromerzeuger und der Verdichter angetrieben; beim Strahltriebwerk dienen die Turbinenabgase zum Vortrieb, Generator oder Propellerantrieb entfallen dort.

Die für die Kolbenmaschinen-Heißluftanlage abgeleiteten Gesetze gelten auch für die Gasturbinenanlage.

Zusammenhang zwischen w_{nutz} und η_{th}

Für die Zunahme der Nutzarbeit ist nicht allein das Verdichter-Druck-Verhältnis maßgebend. Vielmehr hängt die Größe der erzielbaren Nutzarbeit davon ab, wie hoch die Verdichteraustrittstemperatur T_2 durch Wärmezufuhr in der Brennkammer weiter auf T_3, die max. zul. Prozeßtemperatur gesteigert werden kann.

Gegeben sind:

die max. zul. Prozeßtemperatur T_3 vor Turbine. Entscheidend hierfür sind Werkstoffprobleme. In Flugtriebwerken mit gekühlten Leit- und Laufschaufeln werden heute bis $t_3 = 1250\,°C$, in

stationären Großanlagen bis 900 °C nach der Brennkammer bzw. vor der Turbine zugelassen (*Dietzel,* Turbinen, Pumpen, Verdichter, Kapitel 3, S. 131 bis 192; Industriegasturbinen, Flugtriebwerke. Alle Prozesse, Verdichter und Turbinen, ausgeführte Anlagen, Beispiele. Vogel-Buchverlag, Würzburg, 1980).

die Temperatur der umgebenden Atmosphäre T_1.

Es war vorher:

$$w_{nutz} = c_p \cdot (T_3 - T_2) \cdot (1 - T_1/T_2)$$

Die Nutzarbeit nimmt von $w_{nutz} = 0$ bei $p_2/p_1 = 1$ zunächst ständig zu, um dann bei $p_2/p_1 = $ max. wieder $= 0$ zu werden, wie sich zeigen läßt:

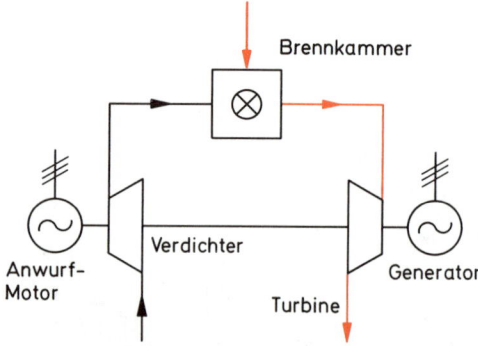

Bild 3.18 Schema des Gasturbinen-Kreisprozesses

104

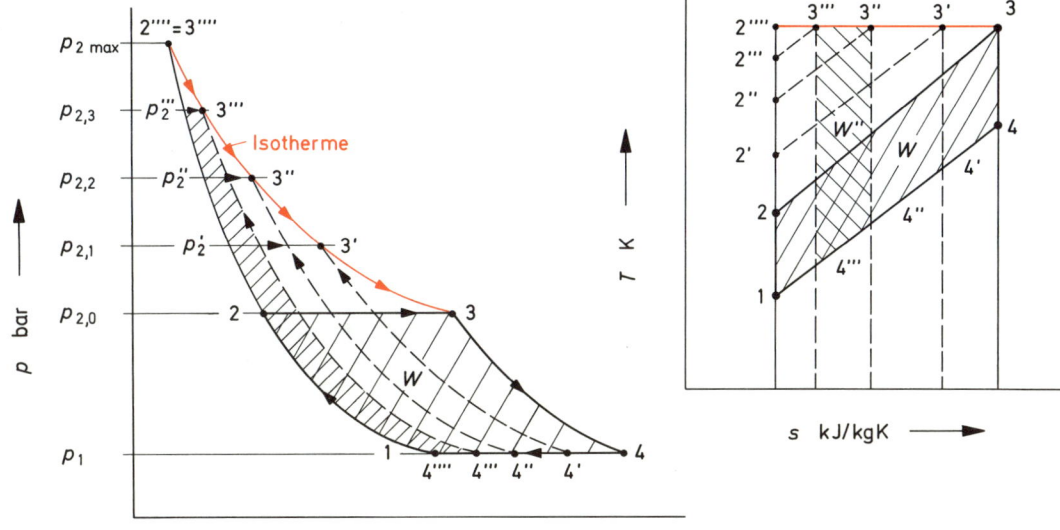

Bild 3.19 Einfluß der max. zul. Prozeßtemperatur auf das Arbeitsvermögen in Abhängigkeit vom Verdichtungs-Druck-Verhältnis

für $p_2/p_1 = 1$ wird $T_2 = T_1$ und $w_{nutz} = 0$, weil

$$1 - T_1/T_2 = 0 \text{ wird},$$

für $p_2/p_1 = $ max. wird $T_2 = T_3$ und $w_{nutz} = 0$, weil

$$T_3 - T_2 = 0 \text{ wird}.$$

Dazwischen muß ein Maximum an Arbeitsfähigkeit für diesen Prozeß liegen.
Im p,v- und T,s-Diagramm ergibt sich hierzu eine Darstellung (Bild 3.19):
Wird lediglich von p_1 auf p_2, T_2 verdichtet, ohne weitere Temperaturerhöhung durch Wärmezufuhr auf T_3, dann verläuft der Prozeß als Linie; eine Fläche entsteht nicht.
Nimmt das Druckverhältnis auf p_2'/p_1, dann auf p_2''/p_1 zu und wird Wärme auf $T_3 = T_3'' = T_3' = $ konst zugeführt, dann wird die Arbeitsfläche zunächst immer größer.
Wenn schließlich das Verdichtungsverhältnis so groß geworden ist, daß am Ende $T_2 = T_3$ erreicht wird, dann ist die Arbeitsfläche wieder zu Null geworden, Verdichtung und Expansion fallen auf die gleiche Kurve.
Der η_{th} dagegen geht in den beiden Extremfällen gegen den Wert $\eta_{th} = 1$.
Die Extremfälle haben keine praktische Bedeutung. Vielmehr muß der günstigste Kompromißwert gesucht werden, bei dem sowohl η_{th} als auch w_{nutz} ein Optimum erreichen.
Bei der Untersuchung ergibt sich, daß das theoretisch beste Druckverhältnis von der Höhe der

max. zul. Prozeßtemperatur T_3 abhängt. Die beste Temperatur T_2 (Verdichtungsende) muß zwischen T_1 und T_3 liegen. Zu dieser T_2 gehört dann auch der entsprechende Druck p_2 und das optimale Druckverhältnis p_2/p_1.
Es war

$$w_{nutz} = c_p \cdot [(T_3 - T_2) - (T_4 - T_1)]$$

anders geordnet:

$$w_{nutz} = c_p \cdot (T_1 - T_2 + T_3 - T_4)$$

Wegen Isentropen 1 bis 2 und 4 bis 3 zwischen zwei Isobaren:

$$T_4/T_3 = T_1/T_2 \quad \text{woraus} \quad T_4 = T_3 \cdot T_1/T_2$$

oben einsetzen

$$w_{nutz} = c_p \cdot (T_1 - T_2 + T_3 - T_3 \cdot T_1/T_2)$$

Um das Maximum zu finden, wird die Ableitung gebildet:

$$\frac{dw_{nutz}}{dT_2} = c_p \cdot (-1 + T_3 \cdot T_1/T_2^2)$$

$$\text{für } dw_{nutz}/dT_2 = 0$$

105

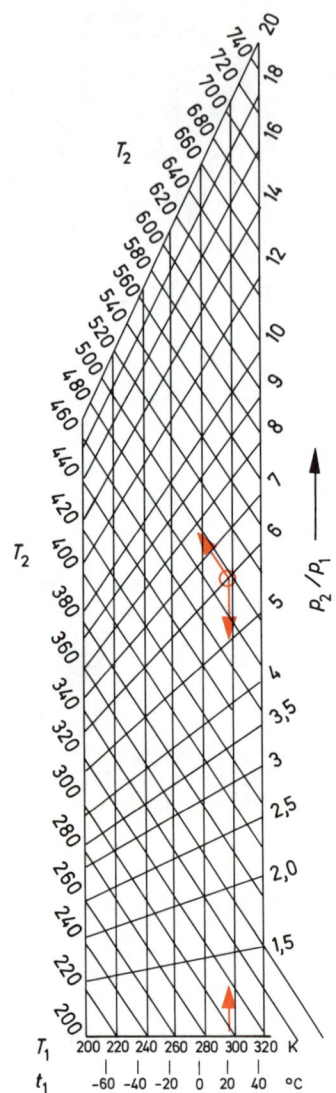

$$T_2^2 = T_1 \cdot T_3 \quad \text{oder} \quad T_2 = \sqrt{T_1 \cdot T_3}$$

Für diese Verdichtungs-Endtemperatur erhält man theoretisch die max. Nutzarbeit, wenn T_1 (Ansaugetemperatur) und T_3 (max. zul. Prozeßtemperatur) gegeben sind.

Zusammenhang Druckverhältnis p_2/p_1 (hier π) und Temperaturverhältnis T_2/T_1 auf Bild 3.20.

Hinweis

Das theoretisch günstigste Druckverhältnis wird praktisch meist nicht ausgeführt, sondern ein kleineres π gewählt, wobei eine gewisse Beeinflussung der theoretisch optimalen Verhältnisse durch die Wirkungsgrade von Verdichter und Turbine berücksichtigt wird.

Zur schnellen Bestimmung des erforderlichen Luftmengendurchsatzes einer Gasturbinenanlage kann die spez. Nutzarbeit dienen. Gegeben sind in diesem Fall die Luftansaugetemperatur t_1 und die max. zul. Prozeßtemperatur (vor Turbine) t_3.

$$\text{Es war} \quad w_{\text{nutz}} = c_p \cdot [(T_3 - T_2) - (T_4 - T_1)]$$

weiter für 2 Isentropen zwischen 2 Isobaren

$$T_3/T_4 = T_2/T_1 = \pi^{\frac{\kappa-1}{\kappa}}$$

$$T_2 = \pi^{(\kappa-1)/\kappa} \cdot T_1 \quad \text{außerdem} \quad T_4 = T_3/\pi^{(\kappa-1)/\kappa}$$

$$w_{\text{nutz}} = c_p \cdot \left[(T_3 - \pi^{(\kappa-1)/\kappa} \cdot T_1) - \left(\frac{T_3}{\pi^{(\kappa-1)/\kappa}} - T_1 \right) \right]$$

$$w_{\text{nutz}} = c_p \cdot T_3 \cdot \left(1 - \frac{1}{\pi^{(\kappa-1)/\kappa}} \right) -$$
$$- c_p \cdot T_1 \cdot (\pi^{(\kappa-1)/\kappa} - 1)$$

Ganze Gleichung mit $c_p \cdot T_1$ dividieren ergibt

$$\frac{w_{\text{nutz}}}{c_p \cdot T_1} = \frac{T_3}{T_1} \cdot \left(1 - \frac{1}{\pi^{(\kappa-1)/\kappa}} \right) - (\pi^{(\kappa-1)/\kappa} - 1)$$

spez. Nutzarbeit Gasturbine

Der Verlauf dieses Zusammenhanges ist auf Bild 3.21 dargestellt (*Dietzel*, Turbinen, Pumpen, Verdichter, S. 136, Vogel-Buchverlag, Würzburg, 1980). Für gegebene max. zul. Prozeßtemperaturen t_3 ist der Verlauf von w_{nutz} über dem Druck-

Bild 3.20 Endtemperatur T_2 bei gegebener Anfangstemperatur T_1 für verschiedene Verdichter-Druck-Verhältnisse p_2/p_1 (verlustfreie, isentrope Verdichtung)

106

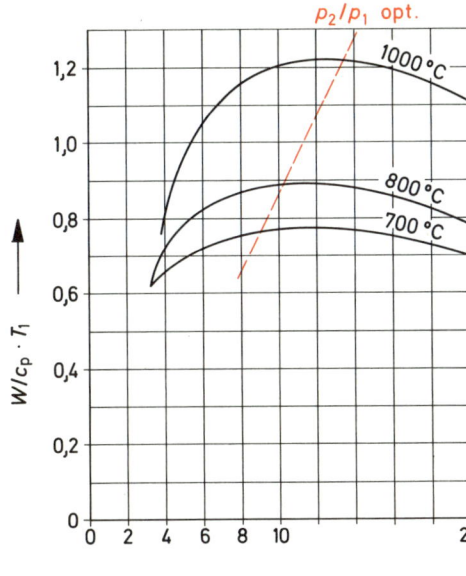

p_2/p_1 opt.

1000 °C

800 °C

700 °C

$W/c_p \cdot T_1$

Druckverhältnis p_2/p_1

Bild 3.21 Verlauf der spez. Nutzarbeit $w_{nutz}/c_p \cdot T_1$ in Abhängigkeit vom Verdichter-Druck-Verhältnis p_2/p_1

verhältnis π aufgetragen. Die Punkte für das zur jeweiligen t_3 gehörende optimale Druckverhältnis π sind miteinander verbunden.

57. Beispiel

a) Wie groß ist die theor. verlustlose Nutzarbeit eines Gasturbinenkreisprozesses, wenn max. $t_3 = 850\,°C$ vor der Turbine, Druckverhältnis des Verdichters $\pi = 6$ vorgesehen sind. Die Temperatur der Ansaugluft ist $t_1 = 15\,°C$.

b) Welches ist die optimale Verdichtungsendtemperatur t_2 und wie groß ist das zugehörige

optimale Verdichtungsverhältnis $\pi = p_2/p_1$?

c) Welchen Luftdurchsatz müssen Verdichter und Turbine verarbeiten, wenn eine Nutzleistung von 27 000 kW an der Generator-Kupplung abgegeben werden soll?

Lösung

a) $\dfrac{w_{nutz}}{c_p \cdot T_1} = \dfrac{1123\ K}{288\ K} \cdot \left(1 - \dfrac{1}{6^{0,285}}\right) - (6^{0,285} - 1)$

$= 3,9 \cdot 0,4 - 0,66 = 0,90$

$w_{nutz} = 0,90 \cdot 1,004\ kJ/kg\ K \cdot 288\ K$

$= 260\ kJ/kg$

b) $T_2 = \sqrt{T_1 \cdot T_3} = \sqrt{288\ K \cdot 1123\ K}$

$= 100 \cdot \sqrt{32,4} = 568\ K = 295\,°C$

Das zugehörige theoretisch günstigste Druckverhältnis für $\kappa = 1,4$ ist aus Bild 3.20 $\pi = p_2/p_1 = 10,5$.

Die Ausführung mit $\pi = 6$ berücksichtigt die Verluste im Verdichter, die zu einer höheren Temperatur T_2 führen als isentrop zu erwarten ist. Außerdem wird die notwendige Verdichter-Antriebsleistung kleiner, wenn man das Druckverhältnis ermäßigt; das kommt teilweise der Nutzleistung (Generatorantrieb) zugute.

c) für eine Nutzleistung $P = 27\ 000$ kW erhält man den Luftmengendurchsatz $\dot m$ aus

$P_{nutz} = w_{nutz} \cdot \dot m,$

woraus

$\dot m = \dfrac{27\ 000\ (kW = kJ/s)}{260\ kJ/kg} = 103,8\ kg/s$

107

3.5 Ausgeführte Arbeitsmaschinen-Prozesse

Zu den Arbeitsmaschinen gehören solche, bei denen mechanische Arbeit aufgewendet wird, um den Zustand eines Gases zu ändern wie beim Verdichter.

3.5.1 Kolbenverdichter

Die meist geförderten Gase sind Luft, Ferngas, Stickstoff, Gasgemische der chem. Industrie und die in der Kältetechnik gebrauchten Gase und Dämpfe.

Für die Verwendung in verschiedenen Druckbereichen sind folgende Benennungen gebräuchlich:

Vakuumpumpen: Absaugen aus Räumen, in denen Unterdruck herrscht

Gebläse: bis zu Überdrücken von etwa 2 bar (Hochofengebläse, Stahlwerksgebläse). Das Gas wird während der Verdichtung nicht gekühlt.

Kompressoren: Drücke ab 2 bar bis 10 bar. Das Gas wird während der Verdichtung gekühlt.

Hochdruckkompressoren: Drücke über 10 bar, Höchstdruckkompressoren für Drücke zwischen 500 bar bis 1200 bar (chem. Industrie).

Vorbemerkung zu den ZÄ

Die „allgemeine ZGl" gilt für ideale Gase, bei niedrigen Drücken und Temperaturen. Für wirkliche Gase ist

$$p \cdot v = k \cdot R_i \cdot T \text{ mit}$$

$k =$ Berichtigungsbeiwert

Beispielsweise ist k bei 100 bar 50 °C für

Luft = 1,005; O_2 = 0,973; H_2 = 1,062;

N_2 = 1,018.

(Regeln für Abnahme- und Leistungsversuche an Verdichtern [s. dort im Anhang] DIN 1945, Beuth-Vertrieb.)

Ausführliche Angaben: VDI-Wärmeatlas, VDI-Verlag, Düsseldorf.

Für Gasmischungen gilt ebenfalls die allgemeine ZGl. Zu unterscheiden ist der Anteil der Einzelgase nach Raumanteilen und nach Gewichtsanteilen (Abschnitt 1.4.5). Weiter kann der Druckanteil von Interesse sein, den ein Einzelgas innerhalb einer Gasmischung hat.

Für Verdichter hat die Gasmischung „feuchte Luft" Bedeutung. Feuchte Luft ist leichter als trockene Luft. Sie nimmt einen größeren Raum ein. Sollen $\dot{m}$ kg/h trockene Luft zur Verfügung stehen, dann muß der Verdichter mehr Volumen verdrängen, also auch mehr Arbeit aufwenden, wenn er feuchte (tropische) Luft anzusaugen hat.

Von den ZÄ interessieren die Zusammenhänge zwischen p, v und t:

$$p \cdot v^n = p_1 \cdot v_1^n = p_2 \cdot v^n = \text{konst,}$$

allg. Polytrope

$$\frac{T_2}{T_1} = \left(\frac{p_2}{p_1}\right)^{(n-1)/n} \text{ und } = \left(\frac{v_1}{v_2}\right)^{n-1}$$

$n = 1$ für isothermische Verdichtung

$n = \varkappa$ für isentrope Verdichtung

n zwischen 1 und κ, Polytrope

Veränderlichkeit der spezifischen Wärmekapazitäten:

Bis etwa 100 °C und 10 bar kann man mit den Werten von 1 bar, 0 °C rechnen. Bei hohen Drücken und Temperaturen ist die Zunahme zu beachten und mit c_{pm}, c_{vm}, sowie Zuschlägen für den Druckeinfluß zu rechnen (DIN 1945, VDI-Wärmeatlas).

Die Vorgänge im verlustlosen Kolbenverdichter (Bild 3.22)

Der Verdichter saugt beim Hingang 4 bis 1 Gas aus der Umgebung über die Einlaßventile. Von 1

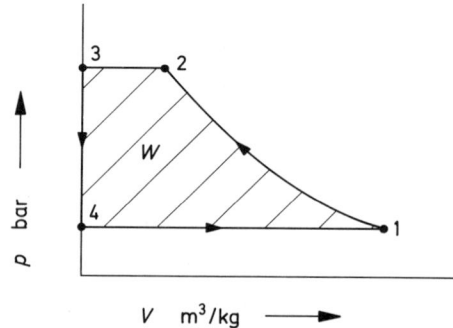

Bild 3.22   Theor. Kolbenverdichter im p,v-Diagramm

108

bis 2 wird verdichtet. Es folgt das Ausschieben 2 bis 3 über die Auslaßventile. Von 3 bis 4 Druckwechsel.

Verdichtungsarbeit
Zählt man vom absoluten Druck 0 bar an, dann ist bei allg. polytropischer Verdichtung 1 bis 2 der gesamte Arbeitsaufwand

$$W_t = p_1 \cdot V_1 - \frac{n}{n-1} \cdot p_1 \cdot V_1$$

$$\cdot \left[\left(\frac{p_2}{p_1} \right)^{(n-1)/n} - 1 \right] - p_2 \cdot V_2$$

Dabei verschiebt der Außendruck mit 1 bar den Kolben im Zylinder, wenn im Zylinder der Druck 0 herrscht. Beim Ausschieben 2 bis 3 muß die Ausschiebearbeit aufgewendet werden.
Praktisch ist, besonders bei t = konst, $p_1 \cdot V_1$ = $p_2 \cdot V_2$, so daß sich die Beträge für Ansauge-Ausschiebearbeit aufheben.
Ersetzt man $p_1 \cdot V_1$ durch $p_1 \cdot V_1 = m \cdot R_i \cdot T_1$ mit m = 1 kg, dann erhält man zwei Gleichungen für die theor. Verdichtungsarbeit

$$W_t = p_1 \cdot V_1 \cdot \frac{n}{n-1} \cdot \left[\left(\frac{p_2}{p_1} \right)^{(n-1)/n} - 1 \right]$$

für beliebige Gasvolumen

$$w_t = R_i \cdot T_1 \cdot \frac{n}{n-1} \cdot \left[\left(\frac{p_2}{p_1} \right)^{(n-1)/n} - 1 \right]$$

für 1 kg Gas

Theoretische Verdichtungsarbeit

Die Verdichtungsarbeit des verlustlosen Verdichters ist abhängig:

vom Anfangszustand des Gases, besonders von T_1,
von der Gasart mit R_i,
vom Verlauf der Verdichtungslinie, d.h. vom Polytropenfaktor n.

Für isentrope Verdichtung ist $\varkappa$ statt n zu setzen.

Für isotherme Verdichtung mit n = 1 wird

$$w_{is} = R_i \cdot T_1 \cdot \ln (p_2/p_1)$$

Der Wert

$$\frac{n}{n-1} \cdot [(p_2/p_1)^{(n-1)/n} - 1]$$

kann informatorisch Bild 3.23 entnommen werden.

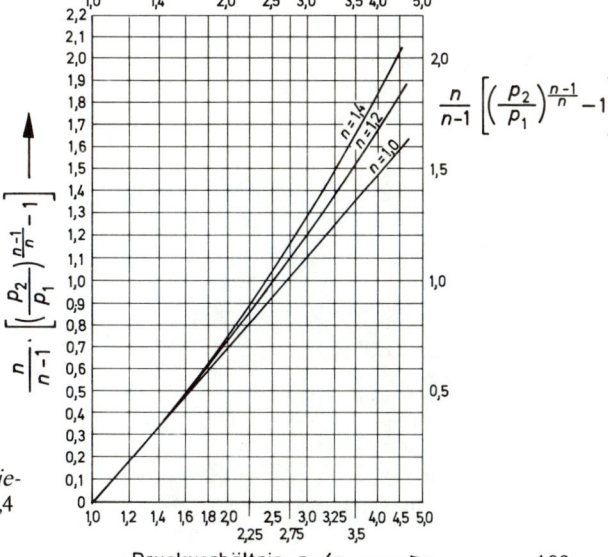

Bild 3.23 Faktor

$$\frac{n}{n-1} \cdot \left[\left(\frac{p_2}{p_1} \right)^{\frac{n-1}{n}} - 1 \right],$$

abhängig vom Druckverhältnis für verschiedene Polytropenfaktoren n = 1 bis n = 1,4

Druckverhältnis p_2/p_1 ⟶

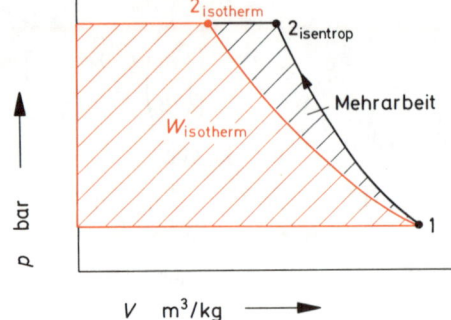

Bild 3.24 Isothermische und isentrope Verdichtung im p,v-Diagramm; die schraffierte Fläche zeigt die Mehrarbeit

Ergebnis

Am geringsten ist der Arbeitsaufwand, wenn das Gas isothermisch verdichtet werden kann (Bild 3.24). Der Unterschied wird um so größer, je höher das Druckverhältnis. Die schraffierte Fläche zeigt die Mehrarbeit.

58. Beispiel

In einem verlustlosen, theor. Kolbenverdichter soll Luft von 1 bar, 20 °C auf 5 bar verdichtet werden.

a) Wie groß ist der theor. Arbeitsaufwand bei
   isentroper Verdichtung
   isothermer Verdichtung
b) Welche Endtemperatur hat die Luft?
c) Wie groß ist die Antriebsleistung in kW, wenn der Verdichter 2 m³/min Luft von 1 bar, 20 °C ansaugt?
d) Welches Hubvolumen in L erhält der Verdichter bei einer Drehzahl von 700 min⁻¹?

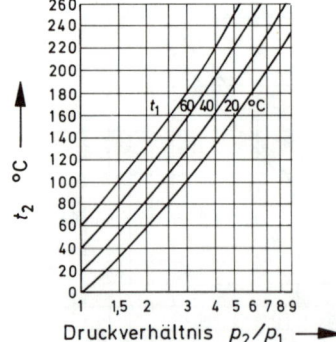

Druckverhältnis p_2/p_1 ⟶

Lösung

a) Isentrope Verdichtung

$$w = R_i \cdot T_1 \cdot \frac{\kappa}{\kappa - 1} \cdot \left[\left(\frac{p_2}{p_1} \right)^{(\kappa-1)/\kappa} - 1 \right]$$

und aus Bild 3.23.

$w = 287$ Nm/kg K $\cdot 293$ K $\cdot 2,02$

$\quad = 170\,000$ Nm/kg $= 170$ kJ/kg

Isotherme Verdichtung

$w_{is} = R_i \cdot T_1 \cdot \ln (p_2/p_1)$

$w_{is} = 287$ Nm/kg K $\cdot 293$ K $\cdot 1,61$

$\quad = 134\,000$ Nm/kg $= 134$ kJ/kg

Die isentrope Verdichtung ergibt den 1,27fachen Mehraufwand.

b) Die Endtemperatur ist $T_2/T_1 = (p_2/p_1)^{(\kappa - 1)/\kappa}$ (Bild 3.25).

isentrop

$T_2 = T_1 \cdot 5^{0,285} = 293$ K $\cdot 1,583$

$\quad = 461$ K $= 188\,°C$

isotherm

$T_2 = T_1 = 293$ K $= 20\,°C$

Der Temperaturunterschied ist beachtlich groß.

c) Die Antriebsleistung wird über die Verdichtungsarbeit berechnet. Ansaugemenge 2 m³/min umrechnen in kg/s.

$\dot{m} = \dot{V}/v$

$v = R_i \cdot T/p = \dfrac{287 \text{ Nm/kg K} \cdot 293 \text{ K}}{1 \cdot 100\,000 \text{ N/m}^2}$

$\quad = v = 0,84$ m³/kg

$\dot{m} = \dfrac{2 \text{ m}^3/\text{min}}{0,84 \text{ kg/m}^3 \cdot 60 \text{ s/min}} = 0,04$ kg/s

$P = 170$ kJ/kg $\cdot 0,04$ kg/s $= 6,8$ kJ/s

$\quad = 6,8$ kW (isentropisch)

$P = 134 \cdot 0,04 = 5,3$ kW (isothermisch)

◀ *Bild 3.25 Temperaturerhöhung bei isentroper Verdichtung, abhängig vom Druckverhältnis, für verschiedene Anfangstemperaturen*

d) Das Hubvolumen ist von der Drehzahl abhängig. Kleine Kolbenverdichter können mit hohen Drehzahlen betrieben werden. Die hier vorgeschlagene Drehzahl paßt zu den Abmessungen.

Dieser Verdichter fördert bei jeder ganzen Umdrehung einen vollen Hubraum.

$\dot{V}$ = 2000 l/min ist gefordert

$$V_{hub} = \frac{2000 \text{ l/min}}{700 \text{ min}^{-1}}$$

= 2,86 l   Hubvolumen des Zylinders

Bei einem ungefähren Verhältnis Hub/Durchmesser von 1:1 erhält der Zylinder etwa 160 mm Hub bei etwa 150 mm ∅.

Hinweis auf Verluste, schädlicher Raum
Es ist nicht möglich, die angesaugte und verdichtete Luft vollständig auszuschieben. Der Kolbenboden muß ein Spiel gegenüber dem Zylinderdeckel haben, ebenso bleibt zwischen Einlaßventil und Zylinderwand ein Leerraum.
Hat der Kolben die Ausschiebetotlage erreicht, dann sind diese Hohlräume mit verdichteter Luft gefüllt.
Beim Rückgang des Kolbens (Auslaßventil schließt, Einlaßventil ist noch geschlossen, weil es vom Innendruck zugehalten wird), expandiert der Gasrest (Bild 3.26).

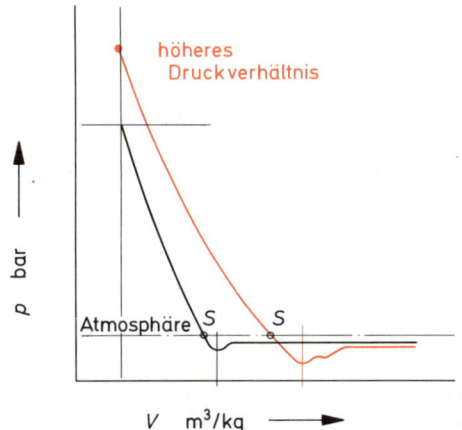

Bild 3.26   Einfluß des schädlichen Raumes und der Ventilwiderstände auf das Arbeitsdiagramm

Solange der Druck im Zylinder höher ist als der Ansaugedruck, bleibt das selbsttätige, durch das Druckgefälle außen—innen bewegte Einlaßventil zu. Frisches Gas kann erst wieder ab Punkt S in den Zylinder eintreten. Das Nutz-Hubvolumen ist kleiner als der Zylinderhubraum. Deswegen die Bezeichnung „schädlicher Raum" für die genannten Resträume.
Die Auswirkung ist, daß der Verdichter mehr Hübe ausführen muß als theor. erforderlich. Er braucht somit entsprechend mehr Antriebsleistung. Der „Liefergrad λ" des Verdichters liegt je nach Druckverhältnis, Drehzahl, Ventilkonstruktion bei etwa λ = 0,8 bis etwa 0,93. Der Hubraum wird $V_{hub} = V_{nutz}/\lambda$ gemacht.
Beim Einströmen und Ausschieben entstehen Druckverluste, die die Arbeitsfläche etwas vergrößern. So öffnet das selbsttätige federbelastete Druckventil erst, wenn ein Druckstoß die Trägheitskräfte von Feder und Ventilmasse überwunden hat. Der anschließende Überdruck über dem theor. erforderlichen Förderdruck ist um so größer, je kleiner die Ventilabmessungen, je höher die Durchströmgeschwindigkeiten.

3.5.2   Mehrstufige Verdichtung

Auch einstufige Verdichter werden über den Zylindermantel und Zylinderkopf gekühlt. Dies reicht jedoch nicht aus, um an den Gaskern vorzudringen und eine isotherme Verdichtung zu erzielen. Hauptzweck dieser Kühlung ist es, die ganze Maschine möglichst kalt zu halten. Dadurch wird das angesaugte Gas weniger erwärmt, die Kolbenlaufflächen werden schmierfähig erhalten, die Neigung zu Ölkohlebildung in den Kolbenringen wird herabgesetzt, den Ventilplatten und -federn wird Wärme entzogen, was ihre Lebensdauer verbessert.

Zwischenkühlung
Ein Teil des Minderaufwandes, der bei isothermer (is) gegenüber isentroper (ip) Verdichtung erreicht wird, läßt sich verwirklichen, wenn mehrstufig verdichtet und das Gas nach jeder Stufe in einem „Zwischenkühler" möglichst weit heruntergekühlt wird. Anschließend wird es der nächsten Stufe zugeführt (Bild 3.27). Im Fall dieses Beispiels soll von 1 bar auf 9 bar verdichtet werden. Ansaugzustand p_1 = 1 bar, t_1 = 20 °C, Punkt 1.
Die isentrope Verdichtung bis zum Enddruck führt auf den Zustand 3 ip ip mit 9 bar, 270 °C. Aufgewendete Arbeit gleich Fläche 1—3 ip ip—b—a.

111

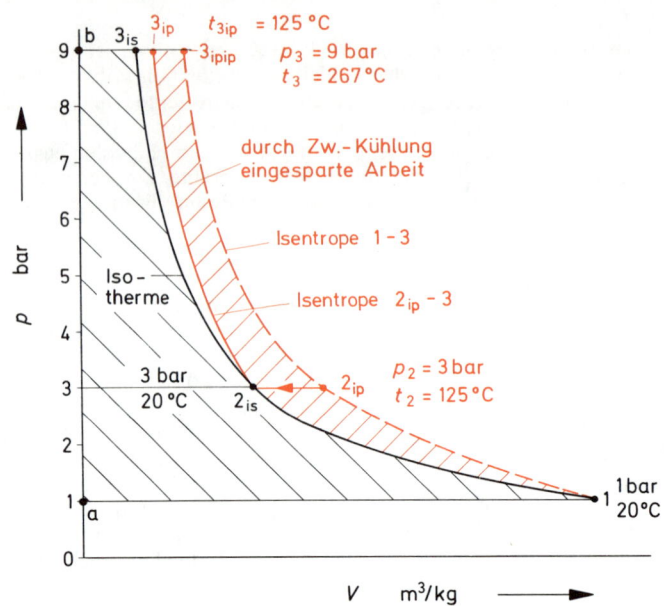

t_{3ip} = 125 °C
p_3 = 9 bar
t_3 = 267 °C

durch Zw.-Kühlung eingesparte Arbeit

Isentrope 1 – 3

Isentrope 2_{ip} – 3

Iso-therme

3 bar
20 °C

p_2 = 3 bar
t_2 = 125 °C

1 bar
20 °C

p bar

V m³/kg

Bild 3.27 Mehrstufige, hier 2stufige Verdichtung mit Zwischenkühlung auf Ansaugetemperatur

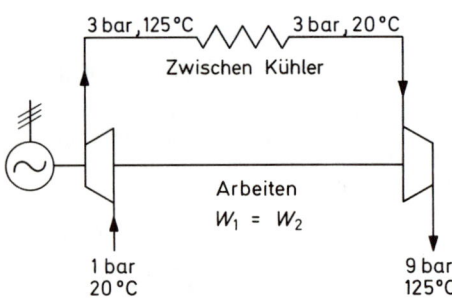

3 bar, 125 °C   3 bar, 20 °C

Zwischen Kühler

Arbeiten
W_1 = W_2

1 bar
20 °C

9 bar
125 °C

Wird aber das Gesamt-Druckverhältnis auf 2 Stufen mit je gleichem Einzeldruckverhältnis verteilt, dann ist der Zwischendruck hier $p_2 = \sqrt{9}$ = 3 bar. Ferner ist dabei auch die Arbeitsfläche in der 1. und 2. Stufe gleich, denn sie hängt vom Druckverhältnis ab. Dieses ist hier $\frac{3}{1}$ = 3 und $\frac{9}{3}$ = 3. Eine weitere Voraussetzung für gleichen Arbeitsaufwand in beiden Stufen ist außerdem, daß die Ansaugetemperaturen gleich sind.

Wird also hier das Gas beim Zwischendruck p_2 = 3 bar, wo es nach isentroper Verdichtung t_{2ip} = 125 °C hat (s. Bild 3.25) entnommen und in einem Zwischenkühler auf t_{2is} = 20 °C heruntergekühlt, dann ist diese weitere Voraussetzung für Gleichheit des Arbeitsaufwandes in der 1. und 2. Stufe gegeben.

In der 2. Stufe wird dann von 2_{is} auf 3_{ip} mit p_{3ip} = 9 bar, t_{3ip} = 125 °C verdichtet.
Die Gesamtarbeit entspricht der Fläche $1-2_{ip}-2_{is}-3_{ip}-b-a$.
Die durch Zwischenkühlung auf Ansaugetemperatur t_1 ersparte Arbeit ist Fläche $2_{ip}-2_{is}-3_{ip}-3_{ipip}$.

Wirtschaftliche Stufenzahl
An der Verdichterarbeit läßt sich um so mehr einsparen, je mehr Stufen mit Zwischenkühlern ausgeführt werden. Dabei nähert sich der Verdichtungsvorgang immer mehr der Isotherme.
Dies bedeutet jedoch die Aufstellung einer entsprechenden Anzahl Zwischenkühler, Zylinder, Kolben und weiterer Triebwerksteile, die die Anlage teurer machen.
Grenzen werden aus dem Vergleich zwischen eingesparten Antriebs-(Strom-)Kosten und aufgewendeten Investitions- und Kapitalkosten gesetzt. Dabei spielen die jährlichen Anlagen-Benutzungsstunden eine Rolle.
Eine weitere Grenze ist durch die Höhe der Verdichtungs-Endtemperatur gegeben. Bei zu hoher Temperatur besteht Gefahr von Ölexplosionen; im Bergbau ist etwa t = 140 °C höchst zulässig (Bild 3.28). Die Zwischenkühlung führt außerdem zu einer Verringerung der Rückexpansion und damit Verbesserung des Liefergrades,

112

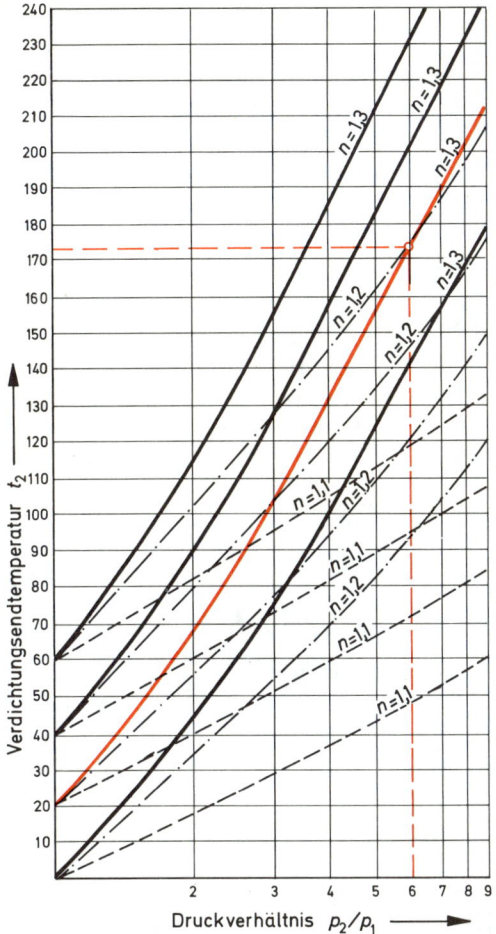

Bild 3.28 Verdichtungstemperatur bei polytroper Verdichtung für verschiedene Anfangstemperaturen, abhängig vom Druckverhältnis
Beispiel: $p_2/p_1 = 6$, $t_1 = 20\,°C$, $n = 1,3$ ergibt $t_2 = 173\,°C$

weil die Rückexpansion von niedrigerem Enddruck aus beginnt (Bild 3.29).

In den meisten Fällen wird ein gleiches Druckverhältnis in allen Stufen eine gute Lösung ergeben, weil dabei der Arbeitsaufwand gleich ist. Einen Einfluß haben aber auch die Kräfte, die vom Gas auf den Kolben ausgeübt werden und damit das Tangentialdruckdiagramm des Kurbeltriebes beeinflussen. Die Kolbenkraft ist Kolbenfläche mal Gasdruck und die Kolbenflächen werden mit

zunehmender Stufenzahl und zunehmendem Druck kleiner, weil das Gasvolumen kleiner wird.

Sollen alle Stufen gleiches Druckverhältnis erhalten, dann ist das Stufen-Druckverhältnis

$$\left(\frac{p_2}{p_1}\right)_{\text{Stufe}} = \sqrt[z]{p_{(z+1)}/p_1}$$

Stufen-Druckverhältnis

z = Stufenzahl; p_{z+1} = Enddruck (z.B. 2 Stufen = 3 Drücke, nämlich p_1, p_2, p_3); p_1 = Ansaugedruck der 1. Stufe.

59. Beispiel

Ein Verdichter saugt $\dot{V} = 6\,m^3/min$ Luft von $p_1 = 1\,bar$, $t_1 = 20\,°C$ an und bringt sie auf $p_2 = 16\,bar$. Drehzahl $n = 300\,min^{-1}$.

Wie groß ist die Antriebsleistung bei isothermer, polytroper mit $n = 1,2$ und $n = 1,3$ sowie isentroper Verdichtung, wenn $z = 2$ Stufen vorgesehen werden (Bild 3.30)?

Welche Wärmemenge muß im Zwischenkühler abgeführt werden?

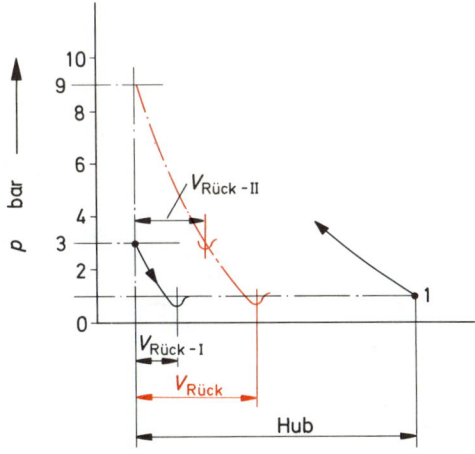

Bild 3.29 Einfluß der Mehrstufigkeit auf Rückexpansion und Füllungsgrad

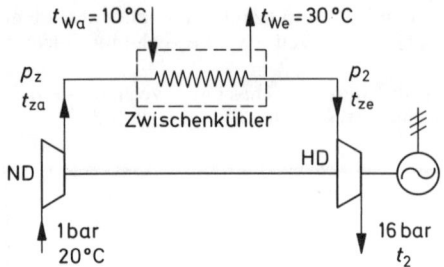

*Bild 3.30 Berechnungsbeispiel,
gegebene Werte*

Lösung

Stufendruckverhältnis $p_z/p_1 = \sqrt{16} = 4$

$p_1 = 1$ bar, $p_z = 4$ bar, $p_2 = 16$ bar

Luftmengendurchsatz $\dot{m}$ in kg/s:

$$\dot{m} = \dot{V}/v$$

$$v = R_i \cdot T/p = \frac{287 \text{ Nm/kg K} \cdot 293 \text{ K}}{1 \cdot 100\,000 \text{ N/m}^2}$$

$$= 0{,}84 \text{ m}^3/\text{kg}$$

$$\dot{m} = \frac{6 \text{ m}^3/\text{min}}{0{,}84 \text{ m}^3/\text{kg} \cdot 60 \text{ s/min}} = 0{,}119 \text{ kg/s}$$

Volumen am Austritt aus der 1. Stufe:

$$\dot{V}_z = \dot{V}_1 \cdot (p_1/p_z)^{1/n} \quad \text{mit} \quad V_1 = 6 \text{ m}^3/\text{min}$$

n	1,0	1,2	1,3	1,4	
$\dot{V}_z$	1,50	1,89	2,1	2,23	m³/min

Temperatur am Austritt aus der 1. Stufe

t_z	20	94	132	159	°C

(Bild 3.28)

Antriebsleistung im ND-Zylinder aus w in Nm $\cdot$ (1/60 s/min)

$$P_{Nd} = p_1 \cdot V_1 \cdot \frac{n}{n-1} \cdot \left[\left(\frac{p_z}{p_1} \right)^{(n-1)/n} - 1 \right] \cdot \frac{1}{60}$$

unter Benutzung von Bild 3.23 wird z.B. für $n = 1{,}3$

$$P_{Nd} = 100\,000 \, \frac{\text{N}}{\text{m}^2} \cdot 6 \, \frac{\text{m}^3}{\text{min}} \cdot [1{,}61] \cdot \frac{1 \cdot \text{min}}{60 \text{ s}}$$

$$= 16\,100 \, \frac{\text{Nm}}{\text{s}} = 16{,}1 \text{ kW}$$

für die anderen Polytropen wird

P_{Nd}	13,85	15,4	16,1	16,9	kW

Nach Austritt aus der ND-Stufe geht das Gas durch den Zwischenkühler, wo es auf die Ansaugetemperatur der ND-Stufe, $t_z = 20\,°C = 293$ K zurückgekühlt wird.
Vor dem HD-Verdichter hat also das Gas unabhängig vom Polytropenfaktor gleichen Druck und gleiches Volumen.
In diesem Fall ist

$$p_z = 4 \text{ bar}; \quad t_z = 20\,°C = 293 \text{ K};$$

$$\dot{V}_z = 1{,}5 \text{ m}^3/\text{min}$$

wie am Ende der isothermen Verdichtung in der ND-Stufe. Damit werden auch die Antriebsleistungen

$$P_{Hd} = p_z \cdot \dot{V}_z \cdot \frac{n}{n-1} \cdot \left[\left(\frac{p_2}{p_z} \right)^{(n-1)/n} - 1 \right] \cdot \frac{1}{60}$$

die gleichen wie im ND-Verdichter.
(Das Produkt $p_1 \cdot V_1 = 1 \cdot 6$ m³/min $= p_z \cdot \dot{V}_z$ $= 4 \cdot 1{,}5$ m³/min)
Die Antriebsleistungen und Austrittstemperaturen t_2 sind damit

P_{Hd}	13,85	15,4	16,1	16,9	kW
t_2	20	94	132	159	°C

Und die Summe der theor. Antriebsleistungen

P	27,7	30,8	32,2	33,8	kW

Bei einstufig polytroper Verdichtung hätte sich ergeben

114

$$P = 1 \text{ bar} \cdot 6 \text{ m}^3/\text{min} \cdot \frac{n}{n-1}$$

$$\cdot [16^{(n-1)/n} - 1] \cdot \frac{1}{60} \text{ kW}$$

n	1,0	1,2	1,3	1,4	
P, einstufig	27,7	35,2	38,8	42,1	kW
t_2	20	192	283	375	°C
mehrstufig	27,7	30,8	32,2	33,8	kW
weniger	0	4,4	6,6	8,3	kW

Der Gewinn durch Zwischenkühlung, ebenso durch Zylinderkühlung und dadurch kleineren Polytropenfaktor, ist offensichtlich.

Kühlwasserbedarf für den Zwischenkühler
Die abzuführende Wärmemenge ist je nach Polytropenfaktor verschieden.

$$\dot{Q} = \dot{m} \cdot c_p \cdot (t_2 - t_1)$$

$$\dot{m} = 0,119 \text{ kg/s konstant}$$

$$c_p = 1,004 \text{ kJ/kg K}$$

$$t_2 = 94 - 132 - 159 \text{ °C}$$

$$t_1 = 20 \text{ °C konstant}$$

$$\dot{Q} = 8,9 - 13,4 - 16,7 \text{ kJ/s}$$

$$(n = 1,2-1,3-1,4)$$

$$\dot{Q} = 32\,000 - 48\,000 - 60\,000 \text{ kJ/h}$$

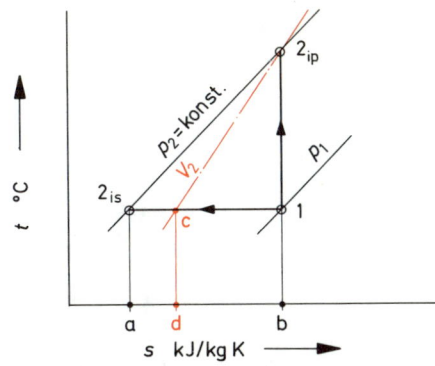

Bild 3.31 Der Kolbenverdichter im T,s-Diagramm

Das Kühlwasser tritt mit 10 °C ein und soll nicht höher als bis 30 °C erwärmt werden (Algenbildung).

$$\dot{Q} = \dot{m}_w \cdot c_w \cdot \Delta t_w$$

$$\dot{m}_w = \dot{Q}/c_w \cdot \Delta t_w \text{ mit } c_w = 4,2 \text{ kJ/kg K}$$

$$\Delta t_w = 30 \text{ °C bis } 10 \text{ °C} = 20 \text{ K}$$

$$\dot{m}_w = 32\,000 \text{ kJ/h}/4,2 \text{ kJ/kg K} \cdot 20 \text{ K} = 380 \text{ kg/h}$$

$$\dot{m}_w = 380 - 570 - 715 \text{ kg/h } (n = 1,2-1,3-1,4)$$

3.5.3 Der Kolbenverdichter im T,s-Diagramm

Im T,s-Diagramm (Bild 3.31) erscheinen

— die isotherme Verdichtung von p_1, t_1 nach p_2, $t_2 = t_1$ als Horizontale. Die Fläche unter 1−2, nämlich 1−2$_{is}$−a−b enthält die technische Arbeit, die außerdem gleich ist der Raumänderungsarbeit und gleich ist der abzuführenden Wärmemenge. Die Ausschiebe- und Ansaugearbeit sind bei isothermischer Verdichtung gleich, wegen $p_1 \cdot v_1 = p_2 \cdot v_2$ und heben sich auf.

— die isentrope Verdichtung von p_1, t_1 nach p_2, t_{2ad} als Senkrechte 1−2$_{ip}$. Die technische Arbeit, bestehend aus Raumänderungsarbeit + Ausschiebearbeit − Ansaugarbeit ist auf 1−2$_{ip}$−2$_{is}$−a−b dargestellt. Darin ist die Raumänderungsarbeit gleich der Fläche 1−2$_{ip}$−c−d−b; diese Fläche zeigt die bei isentroper Verdichtung entstehende Zunahme an innerer Energie. $u_2 - u_1 = c_v \cdot (t_2 - t_1)$.

Die Differenz aus der Ausschiebearbeit, die bei p_2 = konst und der Ansaugarbeit, die bei p_1 = konst vor sich gehen, entspricht der Restfläche 2$_{ip}$−2$_{is}$−a−d−c−2$_{ip}$.
Der Mehraufwand an Arbeit, der bei isentroper gegenüber isothermer Verdichtung benötigt wird, erscheint in der Fläche 1−2$_{ip}$−2$_{is}$−1.

Polytropische Verdichtung
Einstufige polytropische Verdichtung (Bild 3.32):
Die polytropische Verdichtung liegt i.allg. zwischen der Isentropen und Isothermen. Je nach Wirksamkeit der Zylinderkühlung liegt n meist zwischen 1,15 und 1,25.
Der eigentliche Verdichtungsvorgang liegt auf

8*

115

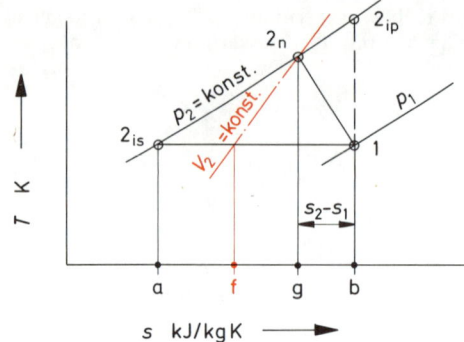

Bild 3.32   Einstufige polytropische Verdichtung im T,s-Diagramm

der Kurve 1—2n. Die Endtemperatur in 2 *n* ergibt sich aus

$$T_2 = T_1 \cdot (p_2/p_1)^{(n-1)/n},$$

die Entropieänderung aus

$$s_2 - s_1 = c_v \cdot \frac{(n - \varkappa)}{(n - 1)} \cdot \ln (T_2/T_1).$$

In der Fläche $1-2_n-g-b$ erscheint die während der Verdichtung abgeführte Wärme. Die übrigen Flächen zeigen die gesamte Arbeit einschließlich Ausschieben und Ansaugen, $1-2_n-2_{is}-a-b-1$ sowie die an das Gas übergegangene Wärme $2_n-c-f-g-2_n$, als besonders interessierend. Außerdem erscheinen, wie in den beiden vorhergehenden Bildern, noch die Differenz aus Ausschiebe- und Ansaugearbeit.

Der Arbeitsgewinn gegenüber isentroper Verdichtung liegt in der Fläche $1-2_n-2_{ip}-1$.

Zweistufige polytropische Verdichtung (Bild 3.33)

Das kurz gefaßte Bild zeigt die Ergebnisse des 59. Beispiels mit der zweistufigen Verdichtung von 1 auf 16 bar, je gleiches Stufendruckverhältnis 4 und jeweiliger Rückkühlung auf die Ansaugetemperatur von 20 °C.

Zu berechnen ist hier noch die Entropiedifferenz. Sie ist in beiden Stufen gleich groß und ergibt sich aus

$$\Delta s = c_v \cdot \frac{n - \varkappa}{n - 1} \cdot \ln (T_2/T_1)$$

$$= 0{,}716 \text{ kJ/kg K} \cdot \frac{1{,}2 - 1{,}4}{1{,}2 - 1} \cdot \ln \left(\frac{367}{293} \right)$$

$$= 0{,}716 \cdot 0{,}223 = -0{,}16 \text{ kJ/kg K}$$

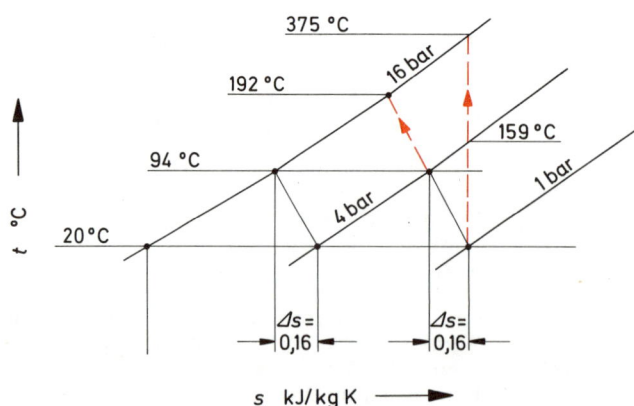

Bild 3.33   Ergebnisse des Berechnungsbeispiels einer 2stufigen polytropen Verdichtung

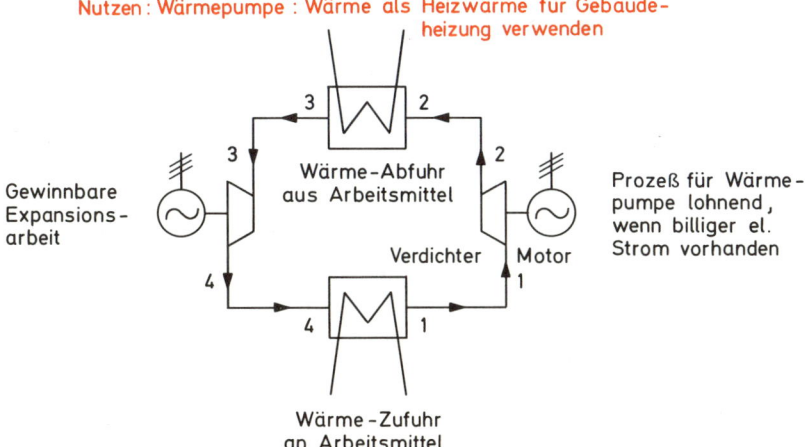

Kältemaschine : Wärme an Umgebung abführen

Nutzen : Wärmepumpe : Wärme als Heizwärme für Gebäude-
heizung verwenden

Gewinnbare Expansions- arbeit

Wärme-Abfuhr aus Arbeitsmittel

Verdichter   Motor

Prozeß für Wärme- pumpe lohnend, wenn billiger el. Strom vorhanden

Wärme-Zufuhr an Arbeitsmittel

Nutzen : Kältemaschine : dem Kühlgut Wärme entziehen
Wärmepumpe : billige Wärme aus Flußwasser
an Arbeitsmittel übertragen

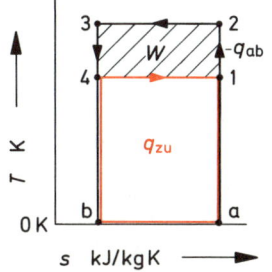

q_{zu} unter 4 – 1 = Fläche a – 1 – 4 – b – a

q_{ab} unter 2 – 3 = Fläche a – 2 – 3 – b – a

W zugeführte Arbeit = Fläche 1 – 2 – 3 – 4 – 1

Bild 3.34   Linkslaufender Carnotprozeß;
Schaltschema und T,s-Diagramm

3.6   Linkslaufender Carnotprozeß, Kältemaschine, Wärmepumpe

Beim Kältemaschinenprozeß durchläuft das Arbeitsmittel den umgekehrten Weg wie bisher bei den Wärmekraftmaschinen behandelt. Das Arbeitsmittel wird zunächst verdichtet. Dann wird ihm nutzbringend Wärme entzogen. Es wird expandiert, dann wird ihm nutzbringend Wärme zugeführt, womit der Kreisprozeß geschlossen ist (Bild 3.34).
Anwendung findet der „linkslaufende Prozeß" als „Kältemaschine" und als „Wärmepumpe".
„Kälte" ist ebenfalls Wärmeenergie, nur mit einem anderen Temperaturniveau und hier sozusagen mit „negativer" Niveaudifferenz.

3.6.1   Linkslaufender Carnot- prozeß, Leistungsziffer ε

Im Schaltschema und im T,s-Diagramm (Bild 3.34) ist folgender allgemein grundlegender Kreisprozeß dargestellt:

1 bis 2   Der motorgetriebene Verdichter bringt ein Gas von p_1 auf p_2. Geschieht dies isentropisch, dann geht die von der Verdichtungsarbeit herrührende Arbeit als Wärme $w = c_v \cdot (t_2 - t_1)$ auf das Gas über.

2 bis 3   Dem Gas wird bei $p = $ konst Wärme entzogen. Dies kann

ein notwendiger Kühlvorgang sein;
Zweck: Kältemaschine
es kann eine gewollte, nutzbringende Wärmeabgabe an einen Heizwärmeträger sein;
Zweck: Wärmepumpe.

3 bis 4   Das gekühlte Gas wird expandiert. Bei
adiabater Expansion kühlt es sich weiter ab, die
Arbeit wird aus der Abnahme der inneren
Energie gewonnen.

4 bis 1   Dem Gas wird bei p = konst Wärme
zugeführt. Dies kann
ein nutzbringender Vorgang sein, wobei diese
zugeführte Wärme ständig einem kühl zu
haltendem Raum entnommen wird,
Zweck: Kältemaschine,
es kann eine billige Wärmezufuhr sein, indem
man diese Wärme der Umgebung, einem Fluß
entnimmt, und sie anschließend im Verdichter
zusätzlich auf ein höheres Temperaturniveau
bringt;
Zweck: Wärmepumpe.

1   Der Kreisprozeß beginnt von neuem.

Der Prozeß entspricht mit der Aufeinanderfolge
seiner ZÄ vollkommen dem Carnotprozeß, weil
er zwischen zwei Isentropen und zwei Isothermen verläuft.

Hier interessiert aber nicht der beim rechtslau-
fenden Carnotprozeß ermittelte thermische Wirkungsgrad, sondern hier werden Leistungsziffern
ε ermittelt. Sie werden aus den Flächen im T,s-
Diagramm bestimmt (siehe Bild 3.34).

Allgemein ist

q_{zu} = Wärmezufuhr an das Arbeitsmittel, das
den Kreisprozeß durchläuft

= Fläche $a-1-4-b-a$

q_{ab} = Wärmeabfuhr aus dem Arbeitsmittel, das
den Kreisprozeß durchläuft

= Fläche $a-2-3-b-a$

w = Arbeitsaufwand für das Verdichten des
Arbeitsmittels

= Fläche $1-2-3-4-1$

Dem Carnotprozeß entsprechend ist

$$q_{ab} = q_{zu} + w$$

Kältemaschinenprozeß (s. Bild 3.34)
Die dem Kühlgut entzogene Wärme q_{zu} wird in
das Verhältnis zur aufgewendeten Verdichtungsarbeit w gesetzt und man erhält

$$\text{Leistungsziffer } \varepsilon_{\text{Kältemaschine}} = \frac{q_{zu}}{w}$$

$$= \frac{T_{41}}{T_{23} - T_{41}}$$

Das Arbeitsmittel des Kreisprozesses nimmt die
Wärmemenge q_{zu} auf. Diese wird als „Kälteleistung" bezeichnet. Sie wird i.allg. in kJ/h angege-
ben.

Die Anlage ist um so wirtschaftlicher, je geringer
die aufgewendete Verdichtungsarbeit im Verhältnis zur Kälteleistung q_{zu} ist.

Zum Beispiel:

Temperatur nach Verdichter

T_{23} = 17 °C = 290 K (Umgebungstemperatur)

Temperatur im Kühlraum

$$T_{41} = -10 \, °C = 263 \, K$$

$$\varepsilon = \frac{263}{290 - 263} = \frac{263}{27} = 9,75$$

Dies gilt für den verlustlosen, theoretischen
Carnotprozeß und bedeutet, daß man das
9,75fache der für die Verdichtung aufzuwendenden Arbeit dem Kühlgut (Kühlraum) als
Kälteleistung entziehen kann.

Es zeigt sich, daß man mit möglichst kleinen
Temperaturdifferenzen $T_{23} - T_{41}$ auszukommen
anstreben muß, um den Arbeitsaufwand gering
halten zu können.

Wärmepumpenprozeß (s. Bild 3.34)
Mit der Wärmepumpe will man Temperaturen
erzeugen, die höher liegen als die Umgebungstemperatur, mit dem Zweck, die gewonnene
Wärme zur Raumheizung zu verwenden.

Der Vorteil liegt in der Nutzbarmachung kosten-
loser Umgebungswärme, beispielsweise aus Flußwasser.

Das Arbeitsmittel des Kreisprozesses nimmt
kostenlos die Wärmemenge q_{zu} auf. Der Verdichter bringt das Arbeitsmittel unter Aufwand der
Arbeit w auf das höhere Temperaturniveau t_2,
dann gibt das Arbeitsmittel die Wärme unter T_{23},
also $q_{ab} = q_{zu} + w$ an die Raumheizung ab.

Mit q_{ab} als „Heizleistung" und w als Arbeitsaufwand für das Verdichten, erhält man für den
Prozeß nach Bild 3.34

Bild 3.35 Kältemaschinenprozeß mit Luft als Wärmeträger im p,v- und T,s-Diagramm

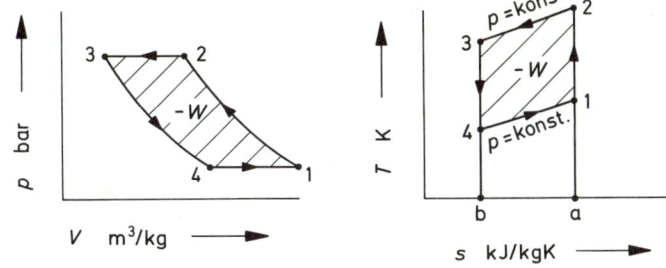

$$\text{Leistungsziffer } \varepsilon_{\text{Wärmepumpe}} = \frac{q_{ab}}{w}$$

$$= \frac{T_{23}}{T_{23} - T_{41}}$$

Soll Flußwasser über eine Wärmepumpenanlage in einer Warmwasserheizung verwendet werden, dann kann die Flußwassertemperatur nicht unter $T_{41} = 273$ K liegen. Die Warmwasser-Vorlauftemperatur kann bei $T_{23} = 60\,°C$ bis $80\,°C$ (i.M. $70\,°C$) liegen.
Damit ist die Leistungsziffer

$$\varepsilon = \frac{T_{23}}{T_{23} - T_{41}} = \frac{(273 + 70)}{343 - 273} = \frac{343}{70} = 4,9$$

Dieses Ergebnis bedeutet, daß mit dem theoretischen, verlustlosen Prozeß das 4,9fache der aufgewendeten Verdichterarbeit als Heizwärme abgegeben werden kann.

Der Zweite Hauptsatz der Wärmelehre
Der Zweite Hauptsatz der Wärmelehre, der schon im Abschnitt 3.2 definiert war, kann nach den vorausgegangenen Ausführungen auch wie folgt ausgedrückt werden:

Wärme kann nie von selbst von niederer Temperatur auf eine höhere Temperatur übergehen. Stets ist dazu ein Aufwand von Arbeit erforderlich.

3.6.2   Der Kältemaschinenprozeß

Zu einer Kältemaschinenanlage gehören außer dem Verdichter die auf Bild 3.34 gezeichneten Wärmetauscher.
Die Anlagen arbeiten in einem Temperaturbereich um $0\,°C$. In speziellen Fällen kommen auch

Temperaturen zwischen $-50\,°C$ und $+50\,°C$ in Betracht.
Aufgabe der Kälteanlage ist, die Temperatur im Kühlraum konstant zu halten und die, trotz Isolierung, ständig von außen eindringende Wärme abzuführen.
Der als theoretische Grundlage besprochene Carnotprozeß ist praktisch nicht ohne weiteres durchführbar, denn die beiden Isothermen lassen sich, mit Gasen als Arbeitsmittel, in Wärmetauschern nicht verwirklichen (Bild 3.35).
Anders ist es aber, wenn als Arbeitsmittel solche Stoffe eingesetzt werden, die in flüssiger und gasförmiger Phase vorkommen.
Als Kältemittel können Stoffe in Betracht kommen, deren Sättigungsdruck (Verdampfungs- und Kondensationsdruck) bei den geforderten Arbeitstemperaturen nicht zu hoch ist. Hoher Druck bedeutet größeren Arbeitsaufwand beim Verdichten, außerdem Schwierigkeiten beim Abdichten der Zylinder, Kolbenstangen und anderer Apparaturen.

Wichtiger Hinweis
Zum besseren Verständnis der Vorgänge in einer mit Kaltdämpfen arbeitenden Anlage wäre es richtiger, den Kälteprozeß erst im Anschluß an das Kapitel „Wasserdampf", Abschnitt 4.1 bis 4.4, zu behandeln. Dort werden alle mit dem Sieden, Verdampfen, Überhitzen zusammenhängenden Fragen einschließlich der Zustandsgrößen p, v, t und der Siededrücke und -temperaturen, Enthalpie und Entropie eingehend erläutert.
Andererseits liegt es näher, die Grundlagen des Kälteprozesses im Anschluß an die Ausführungen über die Kraft- und Arbeitsmaschinen zu besprechen.
Dasselbe gilt für die Vorgänge bei der „Drosselung", die im Abschnitt 3.7.4 behandelt werden.

Arbeitsvorgänge beim Einsatz von Kaltdämpfen
Als Arbeitsmittel, die den Kreisprozeß durchlaufen, braucht man Stoffe, die im gewünschten

119

Temperaturbereich einen nicht zu niedrigen und nicht zu hohen Sättigungsdruck haben. Große Unterdrücke ergeben Probleme bei der Abdichtung gegen Lufteinbruch, hohe Drücke erfordern wegen der Mehrstufigkeit des Verdichters, ebenso wegen der Abdichtung nach außen, teure Konstruktionen. Das Arbeitsmittel darf außerdem weder giftig noch chemisch aggressiv sein.

In Großanlagen wird NH_3 und CO_2, in Kleinkälteanlagen die Frigene, d.s. chlorierte und fluorierte Kohlenwasserstoffe, verwendet. Einige Werte zur Information:

3 bis 4 Kondensation und weitere Wärmeabgabe bis zur Verflüssigung des Arbeitsmittels bei $p_2 =$ konst ($x = 0$).

4 bis 5 Weitere Wärmeabgabe des flüssigen Arbeitsmittels bei $p_2 =$ konst (Unterkühlung beim Druck p_2, d.h., t in 5 ist tiefer als die Siedetemperatur).

Stoff	Siede-temp. °C	Druck bar	spez. Vol. v''m³/kg	Entropie kJ/kg K s'	s''	Enthalpie kJ/kg K h'	h''
NH_3	−20	1,96	0,62	0,917	2,171	328	1660
	0	4,42	0,29	1,00	2,104	418	1680
	+20	8,81	0,15	1,078	2,046	510	1·700
Frigen 12	−20	1,54	0,111			400	565
	0	3,15	0,056			418	575
	+20	5,79	0,032			440	585

Der Prozeß ist dem Carnotprozeß sehr ähnlich, weil Kondensation und Verdampfung des Kältemittels bei p und $t =$ konst verlaufen.

Kreisprozeß, Bild 3.36

1 bis 2 Verdichtung des trocken gesättigten Kaltdampfes. Die Verdichtung endet bei 2 im überhitzten Gebiet.

2 bis 3 Wärmeabgabe bei $p_2 =$ konst bis zum Erreichen der Siedetemperatur.

5 bis 6.0 Drosselung des Arbeitsmittels bis auf den Druck p_1.

5 bis 6.1 ergäbe sich bei isentroper Expansion des Kältemittels mit Arbeitsgewinn.

5 bis 6.2 erhält man, wenn das Kältemittel beim Druck p_2 bis zur Kühlraumtemperatur abgekühlt wird.

Vorteil: die Fläche q_{zu}, die die Entnahme von Wärme aus dem Kühlgut wiedergibt, wird größer.

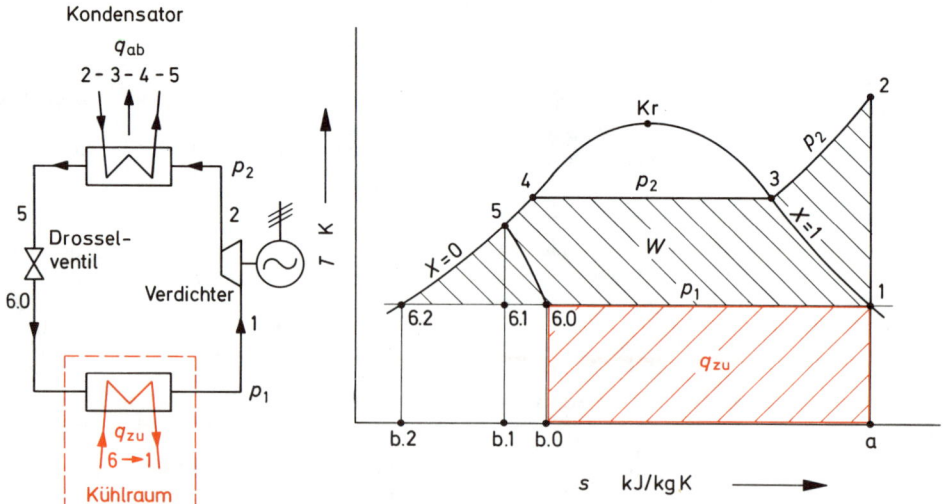

Bild 3.36 Prozeß der Kaltdampfmaschine im T,s-Diagramm

120

Der praktische Verlauf ist jedoch betriebssicherer, wenn nach 5 bis 6.0 gedrosselt wird.

6.0 bis 1 Verdampfung des Arbeitsmittels bei p_1 = konst durch Wärmeaufnahme aus dem Kühlraum (eigentliche Aufgabe des Kreisprozesses).

1 Der Prozeß beginnt von neuem.

Das Bild zeigt deutlich die Ähnlichkeit mit einem Carnotprozeß.

Neu ist hier, daß der Übergang von p_2 auf p_1 nicht durch Entspannung in einer Expansionsmaschine, sondern einfach durch Drosselung vorgenommen wird. Der Grund ist die wesentlich billigere und unkomplizierte Anordnung.

Leistungsziffer ε bei Druckentspannung durch Drosseln

Bei der Anlage, die mit Drosselung arbeitet, wird (s. Bild 3.36):

$$\varepsilon = \frac{q_{zu}}{w} = \frac{\text{Fläche a}-1-6.0-\text{b.0}-\text{a}}{\text{Fläche } 1-2-3-4-6.2-6.0-1}$$

60. Beispiel

Eine Ammoniak-Kältemaschinenanlage arbeitet zwischen $-20\,°C$ und $+20\,°C$.

Die adiabate Verdichtung führt auf eine Überhitzungstemperatur von $t_2 = 79\,°C$, wozu eine Enthalpie $h_2 = 1855$ kJ/kg K gehört, wie man einem NH_3-Diagramm (p,h-Diagramm z.B., Dubbel) entnehmen kann.

Die Kälteleistung soll $\dot{Q} = 1\,000\,000$ kJ/h betragen.

Wie groß sind

a) die zu den Temperaturen gehörenden Siededrücke?

b) die umgesetzten Wäremengen q_{zu} und q_{ab} und die aufgewendete verlustlose, isentrope Verdichterarbeit w?

c) die notwendige Kältemittelmenge in kg/h?

d) die Verdichterleistung in kW?

e) die Leistungsziffer ε?

Lösung, Bild 3.37

a) Aus Tabellen findet man die zugehörigen Siededrücke, hier für NH_3

bei $-20\,°C$ ist $p_s = p_1 = 1,96$ bar
bei $+20\,°C$ ist $p_s = p_2 = 8,81$ bar

b) q_{zu} = dem Kühlgut entzogen und dem Kältemittel im Verdampfer zugeführt:

$$q_{zu} = T_1 \cdot (s_1'' - s_{naß})$$

$T_1 = 253$ K $= -20\,°C$

$s_1'' = 8,85$ kJ/kg K aus Tabelle, Entropie des Sattdampfes

$s_{naß} = s_1' + x \cdot r/T_s$, mit

$s' = 3,84$ kJ/kg K, Tabelle

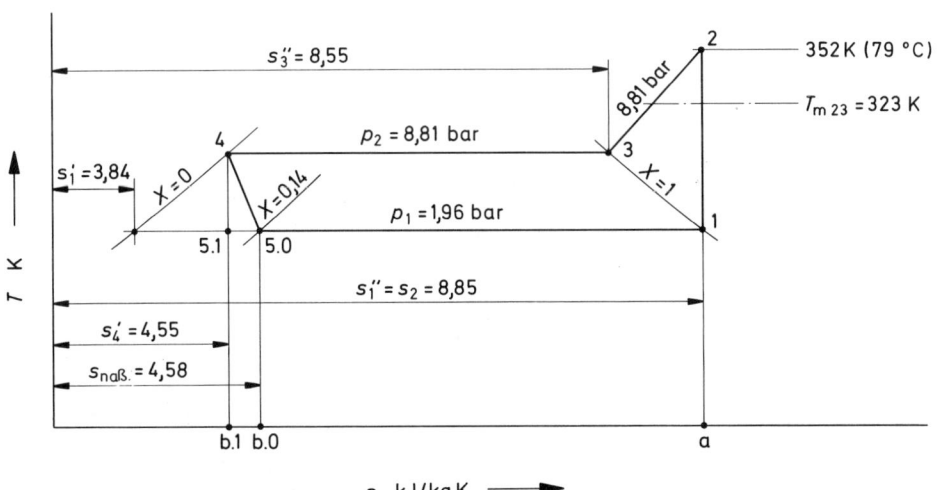

Bild 3.37 Berechnungsbeispiel für eine NH_3-Kältemaschinenanlage

121

x aus Drosselung von Punkt 4 aus, also von $x = 0$ bei $p_2 = 8,81$ auf $p_1 = 1,96$ bar, h = konst, aus NH_3-p,h-Diagramm, $x = 0,14$ kg/kg

$\qquad r = 1330$ kJ/kg aus

Tabelle

$\qquad T_s = 253$ K $= T_1 = -20\,°$C, bei

1,96 bar (p_2)

$$q_{zu} = 253 \cdot \left(8,85 - 3,84 + \frac{0,14 \cdot 1330}{253}\right)$$

$\qquad = 253$ K $\cdot$ (8,85 kJ/kg K $-$ 4,58 kJ/kg K)

$\qquad = 1080$ kJ/kg

q_{ab} = aus dem Kältemittel nach der Überhitzung im Kondensator abgeführte Wärmemenge

q_{ab} = Fläche unter $2-3$ + Fläche unter $3-4$

$q_{ab} = T_{m23} \cdot (s_1'' - s_3'') + T_{34} \cdot (s_3'' - s_4')$

(s. Bild 3.37)

$\qquad T_{m23}$ = Mitteltemperatur

$$= \frac{352 + 293}{2} = 323$$ K

$\qquad = 323 \cdot (8,85 - 8,55) + 293$

$\qquad \cdot (8,55 - 4,55)$

$\qquad = 100$ kJ/kg K $+$ 1170 kJ/kg K

$\qquad = 1270$ kJ/kg K

w = Verdichterarbeit = $q_{ab} - q_{zu}$

$\qquad = 1270$ kJ/kg $-$ 1080 kJ/kg $=$ 190 kJ/kg

c) Kühlmittelmenge $\dot{m}$ in kg/h
Mit 1 kg NH_3 werden dem Kühlraum

$q_{zu} = 1080$ kJ/kg entzogen

$$\dot{m}_h = \frac{\dot{Q}}{q_{zu}} = \frac{1\,000\,000 \text{ kJ/h}}{1080 \text{ kJ/kg}}$$

$\qquad = 924$ kg/h $= 0,256$ kg/s

d) Verdichterleistung in kW

$$P = w \frac{kJ}{kg} \cdot \dot{m}_s \frac{kg}{s} = 190 \cdot 0,256$$

$\qquad = 48,8$ kJ/s $= 48,8$ kW

e) Leistungsziffer ε

$$\varepsilon = \frac{q_{zu}}{w} = \frac{1080 \text{ kJ/kg}}{190 \text{ kJ/kg}} = 5,67$$

3.6.3 Die Wärmepumpe

Die Wärmepumpe ist eine Maschinenanlage, die für verschiedene Anwendungsbereiche eine Zukunft hat, besonders wegen der zunehmend knapper und teurer werdenden Energie. Aufgabe der Wärmepumpe ist die Abgabe von Heizwärme.
Aufbau und Wirkungsweise entsprechen denen einer Kältemaschinenanlage (Bild 3.38). Dem Arbeitsmittel wird billige Umgebungswärme aus Flußwasser, Grundwasser, Abluft u.ä. zugeführt. Es wird verdampft und anschließend durch Verdichtung auf ein höheres Druck- und Temperaturniveau gebracht. Dieser Vorgang gibt dem Verfahren den Namen.
Das erwärmte Arbeitsmittel gibt seine Wärme q_{ab} nutzbringend an die Heizwärmeverbraucher ab. Zur Berechnung der Anlagen gelten die gleichen Unterlagen wie bei der Kältemaschine im vorherigen Abschnitt.
Die Leistungsziffer ist

$$\varepsilon = \frac{q_{ab}}{w} \quad \text{Leistungsziffer der Wärmepumpe}$$

Die Leistungsziffer wird um so größer, je kleiner die Verdichterarbeit im Verhältnis zur Nutzwärmeabgabe ist. Deswegen ist es vorteilhaft, wenn eine niedrige Heizwassertemperatur gewählt werden kann.
Die Anlagen können wahlweise durch Umschaltung zur Kälteerzeugung in Klimaanlagen eingesetzt werden.
Eine der ersten großen ausgeführten Kombinationsanlagen ist die Raumheizungsanlage für das Rathaus in Zürich. Für die Wärmezufuhr dient das Flußwasser der Limmat. Eine Darstellung in: Egli, Die Wärmepump-Heizung des zürcherischen Rathauses, Schweizerische Bauzeitung, 1940, S. 59 bis 75.

122

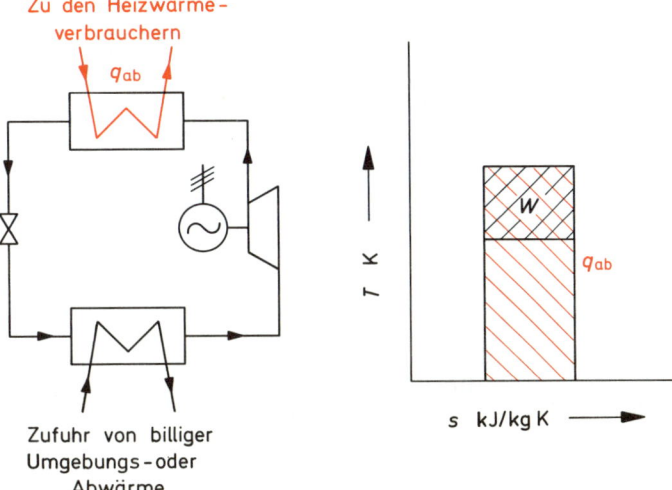

Bild 3.38 Schaltschema einer Wärmepumpe

Zu den Heizwärme-verbrauchern

q_{ab}

Zufuhr von billiger Umgebungs-oder Abwärme

T K

w

q_{ab}

s kJ/kg K

Wärmepumpen mit Luft/Luft als Arbeits- und Heizwärmemittel werden in Kauf- und großen Bürohäusern eingesetzt, wo bei fensterloser Ausführung und notwendig hohem Luftwechsel die Abwärme, einschließlich der durch die Beleuchtung anfallenden Wärme, weitgehend nutzbar gemacht wird.

Bei Klimaanlagen kommen Wärme- und Kältebedarf meist gleichzeitig vor. Hier werden 50% der

Energie für den Betrieb der Lüfter, 50% für die Versorgung mit Wärme und Kälte benötigt.

Bis etwa 2 Millionen kJ/h werden die Kältemaschinen mit Kolbenverdichtern, darüber mit Kreiselverdichtern angetrieben, meist durch Elektromotoren. Antriebsleistungen von etwa 50 kW je 1 Mill. kJ/h Kälteleistung bei Kaltwasseranlagen sind aufzubringen.

3.7   Weitere wärmetechnisch interessierende Vorgänge

Über die bisher behandelten Zustandsänderungen der Gase und über die Kreisprozesse hinaus sollen noch Fragen und Vorgänge kurz besprochen werden, die das bisher Gesagte ergänzen.

3.7.1   Die Entropie und der Arbeitswert von thermischer Energie

Die auf Bild 3.39 gezeichneten Kreisprozesse arbeiten mit gleich hoher max. Temperatur T_o bei der Wärmezufuhr und gleich tiefer unterer Temperatur T_u bei der Wärmeabfuhr.

Außerdem sollen die zugeführten Wärmemengen in beiden Fällen gleich groß sein, Fläche $1-2-b-a-1$ gleich Fläche $11-22-bb-aa-11$.

Da jedoch die Wärmezufuhr rechts bei der tieferen Temperatur 11 beginnt, muß die Entropieänderung rechts größer sein, damit die Flächen von q_{zu} links und rechts gleich werden.

Rechts ist rechnerisch eine Mitteltemperatur T_m wirksam; die Fläche ist rechts $q_{zu} = T_m \cdot \Delta s \Delta s$, während sie links $q_{zu} = T_o \cdot \Delta s$ ist. Damit ist $\Delta s \Delta s$ größer als Δs.

Für das Angebot von in Arbeit umwandelbarer Wärme q_{zu} könnte es zunächst gleichgültig sein, wie (z.B. q_v, q_p) und bei welcher Temperatur die Wärme zugeführt wird, wenn nur die notwendige Arbeitsmenge w in kJ/kg Arbeitsmittel abgegeben werden kann.

Für die Wärmeabfuhr q_{ab} ist dies aber nicht mehr gleichgültig. Die ausnutzbare untere Temperaturgrenze sei die Umgebungstemperatur $T_u =$

123

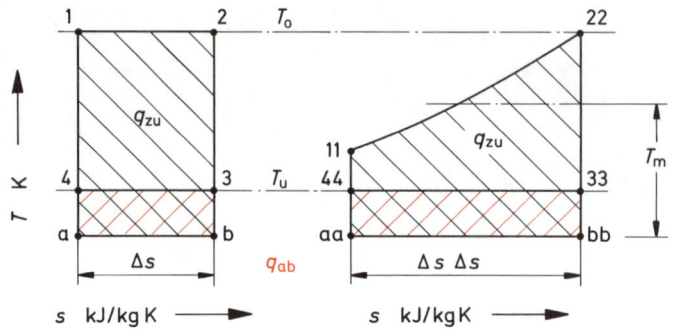

Bild 3.39 Vergleichsprozeß mit gleicher T_o und T_u

290 K = 17 °C. Sie gilt für beide Prozesse.
Der Abwärmeverlust des rechten Prozesses ist größer. Er ist um so größer, je größer die Entropiedifferenz $\Delta s \Delta s$ oder, was dem entspricht, je niedriger die Mitteltemperatur T_m ist.
Eine niedrige Mitteltemperatur T_m hat also zur Folge, daß der thermische Wirkungsgrad des Prozesses kleiner, der Wärmeverbrauch größer wird, je kleiner T_o, damit T_m sind.

> Wärme ist um so wertvoller, je höher die Temperatur bei ihrer Übertragung ist.

Daß hohe Temperaturen notwendig sind, wenn Wärmeenergie mit einem möglichst hohen Wirkungsgrad in mechanische Arbeit umgewandelt werden soll, haben die vorhergehenden Abschnitte schon gezeigt. Wärme mit dem Temperaturniveau der Umgebung, wie sie das Meerwasser, die Luft, in großem Mengen anbieten, ist praktisch kaum nutzbar, weil ein viel zu großer apparativer Aufwand die erzeugte Energie zu sehr verteuert.

3.7.2 Umkehrbare und nicht umkehrbare Vorgänge

Bei der Umwandlung einer Energieform in eine andere ist es, wenigstens theoretisch, möglich, die Umwandlung rückgängig zu machen und den ursprünglichen Zustand wieder herzustellen, ohne dafür Energie aufwenden zu müssen.
Der Schwingungsausschlag eines Pendels, bei dem Lagenenergie in Bewegungsenergie umgewandelt wird, ist umkehrbar.
Die Dehnung einer Stahlfeder, verbunden mit einem Arbeitsaufwand kann rückgängig gemacht werden; die vorher aufgewendete Arbeit wird zurückgewonnen.

Mechanische Energie kann über einen Motorgenerator in elektrische Energie umgewandelt und wieder in mechanische Energie zurückverwandelt werden.
Hydraulische Energie wird im Pumpspeicherwerk über Pumpenturbinen rückwandelbar gemacht.
Auch *wärmetechnische Vorgänge* können umkehrbar sein. So kann aufgewendete mechanische Verdichtungsarbeit beim Kolbenrückgang in mechanische Arbeit zurückverwandelt werden.
Die genannten Vorgänge sind als umkehrbar denkbar. Allerdings müssen dazu Reibung, Wärmeabgabe nach außen wie bei der Kolbenmaschine, mechanische Übertragungsverluste wie bei der Umwandlung in elektrische Energie mit einem Motorgenerator, die Verluste, die beim hydraulischen Pumpspeicherbetrieb entstehen, ausgeschlossen werden.

Definition
Ein Vorgang ist umkehrbar (reversibel), wenn die betrachtete Anordnung nach einer Änderung in den Ausgangszustand zurückgebracht werden kann, ohne daß Änderungen in der Umgebung (z.B. Aufwärmung) eintreten und ohne daß Aufwendungen gemacht werden müssen.

Verhältnisse bei der Wärmeenergie
Auch reibungsfrei verlaufende Kreisprozesse können umkehrbar sein. So ist ein Carnotprozeß denkbar, bei dem mechanische Arbeit aus Wärme gewonnen wird, wenn von einem großen Heizsystem Wärme an ein Arbeitsmittel abgegeben wird. Das Arbeitsmittel gibt anschließend weniger Wärme als ihm zugeführt war, an einen großen Kühlkörper ab. Aus der Differenz entsteht Arbeit. Danach setzt man die gewonnene Arbeit ein, um den Carnotprozeß in umgekehrter Richtung verlaufen zu lassen. Die Wärmeübertragung müßte beim Hin- und Hergang

ohne Temperaturunterschiede vor sich gehen. Damit wäre der Kreisprozeß umkehrbar.

In Wirklichkeit muß aber ein Temperaturgefälle vorhanden sein. Die Expansionskurve wird im p,v-Diagramm tiefer liegen als die Kompressionskurve. Es würde eine negative Arbeitsfläche entstehen und man müßte zusätzliche Arbeit aufwenden, um den Kreisprozeß tatsächlich umkehrbar zu machen.

Grundsätzlicher Unterschied bei der Wärmeenergie

In Richtung Umkehrbarkeit besteht bei der Wärmeenergie ein grundsätzlicher Unterschied, der auch für alle in der Natur und Technik vorkommenden Vorgänge gilt und aus der Erfahrung bekannt ist:

Ein Körper von höherer Temperatur gibt seine Wärme von selbst an einen Körper von tieferer Temperatur ab. Die Summe der Wärmemengen von vorher wärmerem, nachher kälterem und von vorher kälterem, nachher wärmerem Körper bleibt konstant. Die Wärmeenergie geht nicht verloren, aber sie wird entwertet. Arbeit ist bei dem Vorgang nicht gewonnen worden. Wollte man den ursprünglichen Temperaturzustand wieder herstellen, dann müßte dafür Energie aufgewendet werden.

Die Wärmeübertragung ist also ein nicht umkehrbarer Vorgang. Weitere, wärmetechnisch interessierende, nicht umkehrbare Vorgänge sind: Reibung, Mischung von Gasen oder anderen Stoffen, Diffusion, Verbrennung, Drosselung.

Ergebnis

Je stärker Reibung, z.B. innerhalb von Strömungsmaschinen, Wärmeübergang (Wärmeabfuhr eines wärmeren Gases über das Maschinengehäuse an die Umgebung), Drosselung, in einen Vorgang hineinspielen, um so größer ist der Grad der Nicht-Umkehrarbeit, um so kleiner ist der Wirkungsgrad der Energieumwandlung.

Für einen Kreisprozeß gilt:

Umkehrbar ist ein Kreisprozeß dann, wenn ihm nach der Wärmezufuhr q_1 nur diejenige Wärmemenge q_2 entzogen wird, die nach dem „Zweiten Hauptsatz" notwendig verlangt wird. Dann ist der Wirkungsgrad

$$\eta = (q_{zu} - q_{ab})/q_{zu}$$

Treten über q_{ab} hinaus weitere Wärmeverluste auf, dann ist der Prozeß nicht mehr vollständig umkehrbar und sein Wirkungsgrad wird kleiner.

3.7.3 Die Entropie bei umkehrbaren und nicht umkehrbaren Vorgängen

Bei einem Kreisprozeß, dem über die vorgesehene Wärmezufuhr q_{zu} und Wärmeabfuhr q_{ab} hinaus keine weitere Wärme (aus Reibung) zu- oder abgeführt wird (an die Umgebung, an Kühlwasser), ist die Summe der Entropien konstant. Ganz deutlich ist dies beim Carnot-Prozeß zu sehen, wobei Δs bei $q_{zu} = \Delta s$ bei q_{ab} war.

Auch für alle anderen bisher besprochenen, verlustlosen Prozesse, war die Summe der Entropien unter q_{zu} und q_{ab} gleich, also $\Delta s =$ Null. Man kann sagen:

> Bei jedem verlustfreien Kreisprozeß ist die Summe der Entropieänderungen gleich Null. Die Entropie bleibt konstant.

Kreisprozesse, an denen nicht umkehrbare Vorgänge beteiligt sind, sind selbst nicht mehr umkehrbar. Sie sind mit Verlusten, wegen nicht gewonnener Arbeit, verbunden. Die Summe der Entropien ist größer als Null.

Am Beispiel des Heißluft-, also des Gasturbinen-Kreisprozesses, soll dies erläutert werden (Bild 3.40). Bei diesem Prozeß wirken ein Verdichter, ein Wärmetauscher (Brennkammer) und eine Turbine zusammen.

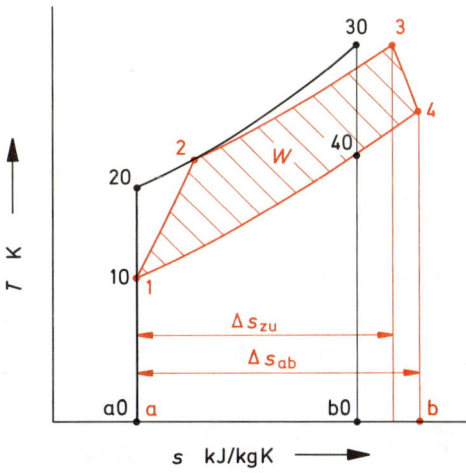

Bild 3.40 Verlustloser Gasturbinenprozeß und Prozeß mit Verlusten im T,s-Diagramm

125

Es gilt das Schema auf Bild 3.18 (S. 104) und die Darstellung des verlustlosen Prozesses im p,v- und T,s-Diagramm auf Bild 3.16 (S. 103).

Von 1 bis 2 wird die angesaugte Umgebungsluft verdichtet. Durch Wirbelungen und Reibung in den Schaufelkanälen der Leit- und Laufschaufeln des Kreiselverdichters wird dem Gas, das im Idealfall isentrop verdichtet werden sollte, Wärme zugeführt. Diese Wärme kommt zwar dem Prozeß zugute, doch erfordert sie eine höhere Antriebsleistung des Verdichters. Diese ist P_{ip}/η_{iv} mit η_{iv} dem Wirkungsgrad des Verdichters.

Von 2 bis 3 durchströmt die Luft die Brennkammer. Je höher die Strömungsgeschwindigkeit, um so kleiner die Abmessungen der Brennkammer, um so größer aber die Druckverluste. Statt 30 wird der Punkt 3 erreicht, der nach rechts verschoben liegt.

Von 3 bis 4 die Expansion in der Gasturbine. Auch hier ergeben sich Verluste aus Reibungs-, Wirbelungserscheinungen, unvollständig umgewandelte Geschwindigkeiten und die Expansion endet polytropisch bei 4. Der Punkt 4 liegt um so weiter nach rechts, je schlechter der Turbinenwirkungsgrad. Es ist $P_{ip} \cdot \eta_i$ die wirklich abgegebene Leistung.

Der Wirkungsgrad des wirklichen Prozesses ist schlechter, weil die Fläche der Wärmeabfuhr a — 1 — 4 — b — a wesentlich größer ist als beim verlustlosen Prozeß. Dies zeigt sich praktisch auch in der bei 4 höher liegenden Abgastemperatur, die theoretisch bei 40 liegen sollte.

Die Entropie unter $q_{zu} = \Delta s_{zu}$ ist kleiner als die Entropie unter $q_{ab} = \Delta s_{ab}$. Der verlustbehaftete Prozeß hat eine Entropiezunahme zur Folge.

3.7.4 Arbeitsverluste durch Drosselung

Unter Drosselung versteht man die Entspannung eines strömenden Gases ohne Arbeitsverrichtung. Der Strömungsvorgang kann in Rohrleitungen, Absperrorganen, Schaufelgittern von Strömungsmaschinen stattfinden.

Wesentliches Kennzeichen ist das *kontinuierliche* Strömen des betrachteten Stoffes. Der Austritt von Gas, das unter Druck in einem Behälter gespeichert und in die Umgebung ausgeblasen wird, ist keine Drosselung, weil sich der Gaszustand im Behälter mit abnehmender Gasmenge ändert. Etwas anderes ist aber das Abblasen eines Sicherheitsventiles bei einem Dampfkessel, weil dort der Zustand vor dem Ventil als konstant bleibend angesehen werden kann.

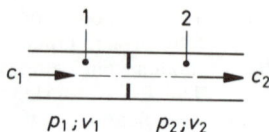

Bild 3.41   Drosselvorgang

Drosselvorgang

In eine Rohrleitung, in welcher Gas strömt, wird eine Drosselscheibe eingesetzt, Bild 3.41. Das Gas hat die Zustände p_1, t_1, v_1 und p_2, t_2, v_2 vor und nach der Drosselstelle, es strömt mit c_1 zu und mit c_2 ab.

Es entsteht ein Druckabfall, der um so größer ist, je kleiner der Drosselquerschnitt gemacht wird. Die Drosselung ist ein nicht umkehrbarer Vorgang. Wollte man den Druck des Gases auf den alten Wert anheben, dann ist dies nur unter Aufwand von Arbeit möglich.

Auf dem Weg von 1 nach 2 ist keinerlei Energie nach außen abgegeben worden. Hat das Gas hohe Temperaturen, dann müßte die Drosselstelle wärmeisoliert sein. Wärmeverluste würden außerdem, kurz vor und nach der Drosselstelle, die Zustände 1 und 2 gleichmäßig betreffen.

Die Gesamtenergie an den Stellen 1 und 2 ist also, da keine Energie nach außen abgegeben wird, gleich groß. Vorhanden sind:

innere Energie u, Druckenergie mit ihrem Arbeitsvermögen $p \cdot v$, Geschwindigkeitsenergie $c^2/2$. Die Lagenenergie, also der geodätische Höhenunterschied zwischen beiden Stellen kann vernachlässigt werden.

Also ist

$$u_1 + p_1 \cdot v_1 + c_1^2/2 = u_2 + p_2 \cdot v_2 + c_2^2/2$$

Die Geschwindigkeiten werden vor und weit genug hinter der Drosselstelle ebenfalls ungefähr gleich sein und man erhält

$$u_1 + p_1 \cdot v_1 = u_2 + p_2 \cdot v_2$$

mit $h = u + p \cdot v$ der Enthalpie folgt:

$h_1 = h_2$ die Enthalpie bleibt beim Drosseln konstant

Bei vollkommenen Gasen ist $h = c_p \cdot t$, also auch

126

$\boxed{t_1 = t_2 \text{ die Temperatur bleibt beim Drosseln konstant}}$

Einschränkung: Bei realen Gasen und bei Dämpfen in der Nähe des Überganges vom feuchten in den überhitzten Zustand nehmen die Temperaturen ab.

Die Entropie bei der Drosselung
Die Drosselung läßt sich im T,s-Diagramm darstellen. Es ergeben sich Horizontale, unterhalb deren Flächen entstehen (Bild 3.42).
Nach dem 1. Hauptsatz ist $dq = dh - v \cdot dp$. Mit $dh = 0$ wird $dq = - v \cdot dp$. Da bei der Drosselung dp negativ ist, ergibt sich eine positive Wärmezufuhr an das Gas. Das Gas verrichtet an der Drosselstelle eine Reibungsarbeit $v \cdot dp$, die ihm aber sofort wieder zugeführt wird. Deswegen bleiben innere Energie u, Enthalpie h und t vor und nach dem Drosseln konstant.
Mit $ds = dq/t$ aus der Definition für die Entropie wird $ds = - v \cdot dp/T$ und $p \cdot v = R_i \cdot T$, weiter $ds = - R_i \cdot dp/p$ und

$\boxed{s_2 - s_1 = R_i \cdot \ln p_1/p_2 \text{ Drosselung von } p_1 \text{ auf } p_2}$

Die Entropie nimmt, wie bei jedem nicht umkehrbaren Vorgang, zu.
Die Fläche entspricht einer Arbeit, die man gewinnen würde, wenn man das Gas in einer Maschine expandiert. Dann wäre die Drucksenkung eine Folge verrichteter Arbeit und nicht die Folge einer Drosselung.
Ein Beispiel soll die Zusammenhänge zeigen.

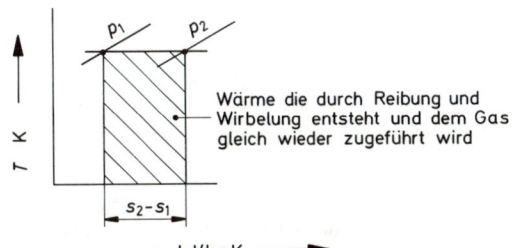

Bild 3.42   Entropieänderung bei Drosselung

61. Beispiel
1 kg Luft von 10 bar, 300 °C soll zunächst auf 5 bar gedrosselt, anschließend isothermisch auf Umgebungsdruck 1 bar in einer Maschine expandiert werden.
Wie groß sind

a) Die Entropieänderung bei der Drosselung?
b) Die Arbeit, die man bei isothermer Expansion vom Zustand nach der Drosselung, hier von 5 bar, auf den Umgebungsdruck von 1 bar gewinnen würde?
c) Die Arbeit, die man gewinnt, wenn die ungedrosselte Luft von 10 bar, 300 °C auf 1 bar isotherm expandiert?
d) Der Drosselverlust in % von der unter c) gewinnbaren Arbeit?
e) Darstellung im T,s-Diagramm

Lösung
a) Drosselung von 10 bar, 300 °C auf 5 bar (Bild 3.43).

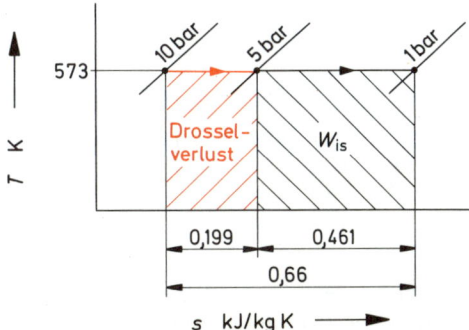

Bild 3.43   Ergebnisse des Rechenbeispiels im T,s-Diagramm

$s_2 - s_1 = R_i \cdot \ln p_1/p_2$
$\quad\quad = 0,287 \text{ kJ/kg K} \cdot \ln 10/5$
$\quad\quad = 0,287 \text{ kJ/kg K} \cdot 0,693$
$\quad\quad = 0,199 \text{ kJ/kg K}$

b) Arbeit bei isothermer Expansion von 5 bar, 300 °C auf 1 bar

$w = R_i \cdot T \cdot (s_2 - s_1)$
$\quad = 573 \text{ K} \cdot 0,287 \text{ kJ/kg K} \cdot \ln 5$
$\quad = 573 \text{ K} \cdot 0,287 \text{ kJ/kg K} \cdot 0,461$
$\quad = 264 \text{ kJ/kg}$

127

c) Arbeit bei isothermer Expansion von 10 bar, 300 °C auf 1 bar

$$w = 573 \text{ K} \cdot 0{,}287 \text{ kJ/kg K} \cdot 2{,}303$$
$$= 379 \text{ kJ/kg}$$

d) durch Drosselung verloren $379 - 264$

$$= 115 \text{ kJ/kg K oder } (115/379) \cdot 100$$
$$= 30{,}4\%.$$

Drosselung bei isentroper Expansion
Wie sich die Drosselung auf das Arbeitsvermögen bei einer isentropen ZÄ auswirkt, ist auf Bild 3.44 dargestellt.

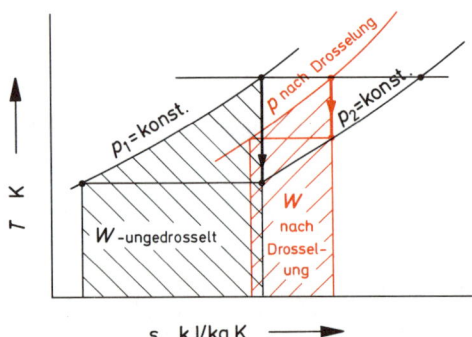

Bild 3.44 Arbeitsfähigkeit bei isentroper Expansion von p_1 auf p_2 im Vergleich zur Arbeit nach Drosselung auf p_{dr}

Das Gas kommt mit dem Zustand p_1, T_1 (h_1) vor die Maschine und soll isentrop auf den Druck p_2 expandieren. Die Temperatur fällt auf T_2. Die Fläche unter der p_1 = konst-Kurve ergibt das Arbeitsvermögen.
Drosselt man das Gas auf p_{dr}, dann entsteht die unter p_{dr} = konst-Kurve liegende kleinere Fläche, die Temperatur sinkt auf $T_{2\,dr}$.

3.7.5 Arbeitsfähigkeit der Wärme, Exergie

Wärme ist eine Energieform, die zum Unterschied von mechanischer oder elektrischer Energie nicht allein nach der Menge, sondern auch nach der Qualität beurteilt werden muß.
Mechanische und elektrische Energie sind vollständig umwandelbar, ohne einen Rest zu hinterlassen, wie die „Abwärme" bei den Kreisprozessen.
Der thermische Wirkungsgrad, beim Carnotprozeß mit $\eta_{th} = (Q_1 - Q_2)/Q_1$ gibt an, welcher Anteil vorhandener Wärme unter welchen Bedingungen in mechanische Arbeit umwandelbar ist. Damit werden die mengenmäßigen, weniger die qualitativen Zusammenhänge gekennzeichnet. Qualitativ ist Wärme, die mit hoher Temperatur zur Verfügung steht, wertvoller als selbst große Wärmemengen von niedriger Temperatur.
Maschinenabwärme Q_2 muß aber nicht immer ein Verlust sein, nämlich dann, wenn sie für andere Prozesse, wie für Heizungszwecke, noch teilweise nutzbar gemacht werden kann.
Der thermische Wirkungsgrad eines Maschinenprozesses ist also kein allgemein gültiger Wertmaßstab für die Umwandelbarkeit von Wärmeenergie. Er ist natürlich sehr geeignet, um verschiedene Prozesse untereinander zu vergleichen und zu erkennen, welcher Prozeß besser ist.
Schließlich ist die Entwertung von Wärmeenergie durch „nicht umkehrbare" Vorgänge wie Wärmeleitung, Wärmeaustausch mit der Umgebung oder Drosselung ein Vorgang, den man besonders berücksichtigen kann. Wärme geht dabei nicht verloren, aber sie verliert an Wert.

Frage der Definition eines den Wärmewert kennzeichnenden Maßstabes
Dieser Maßstab soll zeigen, wie groß die Arbeitsfähigkeit einer Wärmemenge ist, die zur Umwandlung von Wärmeenergie in mechanische Energie verwendet werden soll.
Diese technische Arbeitsfähigkeit wird als Exergie (Expansions-Energie) bezeichnet. Die Exergie soll angeben, welche größtmögliche Arbeit der Wärmeträger verrichten kann.
Hierzu muß eine untere Grenze der Ausnutzbarkeit festgelegt werden. Als Grenze wird der Zustand der atmosphärischen Umgebung, also p_0 = 1 bar, T_0 = 293 K (20 °C) gesetzt. Auf diesen Zustand würden sich die Wärmeträger einstellen, wenn man sie sich selbst überlassen würde.

Eingrenzung für den Begriff Exergie
Die größtmögliche Arbeitsmenge erhält man bei isentroper Expansion. Als Endzustand der Isentrope ist das Erreichen der Umgebungstemperatur T_0 = 293 K (20 °C) festgelegt.
Eine Wärmeeinwirkung in Form von Wärmezu- oder -abfuhr aus dem Arbeitsmittel ist nur aus der Umgebungsluft, mit 20 °C, zugelassen. Das entspricht einer isothermen Expansion oder Verdichtung, die das Arbeitsmittel erfahren kann,

128

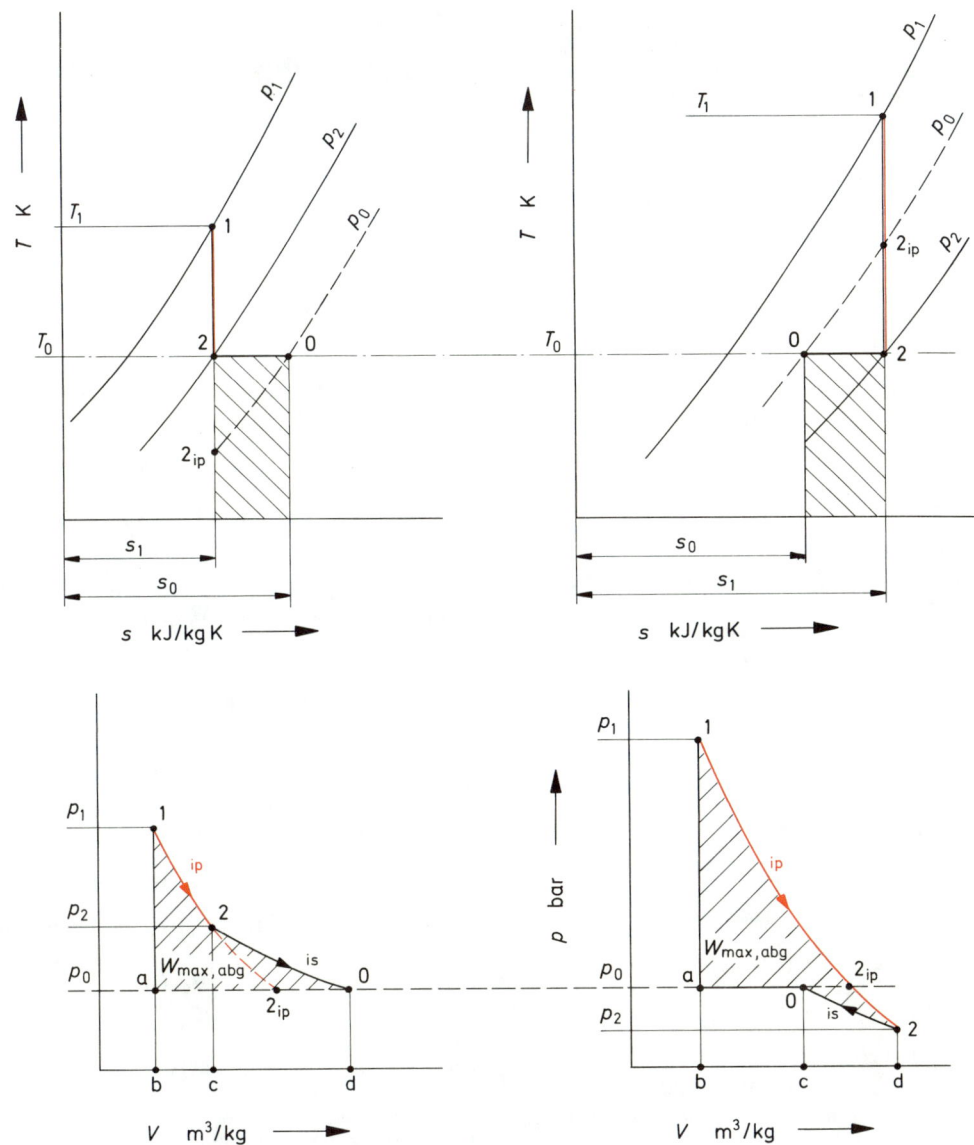

*Bild 3.45   Maximale Raumänderungsarbeit im
T,s- und p,v-Diagramm*

wenn der Druck am Ende der isentropen Expansion noch höher oder schon tiefer ist als der Umgebungsdruck (Bild 3.45).

Aus diesen Bedingungen für die Exergie einer Wärmemenge ergeben sich für den Maschinenprozeß folgende Möglichkeiten.

Isentrope Expansion bis zur Temperatur
$T_0 = 293$ K, im p,v-Diagramm:

unten links
— liegt der Enddruck oberhalb $p_0 = 1$ bar, dann verläuft die Restexpansion als Isotherme bis zu $p_0 = 1$ bar; Wärmezufuhr, um $T_0 = $ konst zu halten, aus der Umgebung,

unten rechts
— liegt der Enddruck tiefer als $p_0 = 1$ bar, dann folgt isotherme Verdichtung bis auf $p_0 = 1$ bar; Wärmeabfuhr hierfür an die Umgebung.

Die maximale Raumänderungsarbeit w_{max}
Wie schon früher bei der „Raumänderungsarbeit" ist unter w_{max} die gewinnbare Arbeit verstanden, die man bei einer einmaligen Expansion eines in einem Zylinder mit Kolben enthaltenen Gases gewinnt.
Darstellung auf Bild 3.45.

T,s-**Diagramm:**
p_2 höher als p_0

$$w_{max} = w_{ip} + w_{is}$$

$$w_{ip} = w_{12} = u_1 - u_0 = c_v \cdot (T_1 - T_0)$$

$$w_{is} = w_{20} = T_0 \cdot (s_0 - s_1)$$

$$= -T_0 \cdot (s_1 - s_0)$$

$$w_{max} = u_1 - u_0 - T_0 \cdot (s_1 - s_0)$$

rechts: p_2 tiefer als p_0

Das Gas muß im Anschluß an die isentrope Expansion isothermisch von p_2 auf p_0 verdichtet werden. Die notwendige Arbeit ist

$$- w_{is} = - w_{20} = - T_0 \cdot (s_1 - s_0).$$

Wärmeabfuhr an die Umgebung. Somit ist auch hier

$$w_{max} = u_1 - u_0 - T_0 \cdot (s_1 - s_0)$$

p,v-**Diagramm:**
links: p_2 höher als p_0
Isentrope Expansion 1 bis 2 (die Fortführung dieser Isentrope bis 2 ip ist angedeutet). Von 2 bis 0

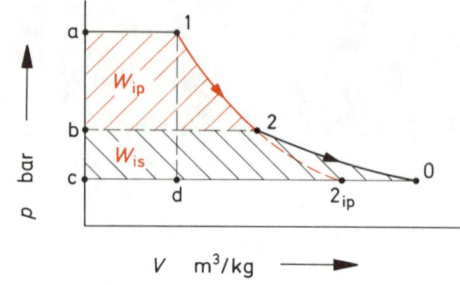

Bild 3.46   Maximale technische Arbeit, Exergie, im p,v-Diagramm

isothermische Expansion mit Wärmeaufnahme aus der Umgebung
isentrope Arbeit: Fläche b−1−2−c
isotherme Arbeit: Fläche c−2−0−d (Gewinn)
rechts: p_2 tiefer als p_0
Isentrope Expansion 1 bis 2. Dort wird T_0 erreicht. Von 2 bis 0 muß isothermisch verdichtet werden, um den Druck p_0 zu erreichen.
isentrope Arbeit: Fläche b−1−2−d
isotherme Arbeit: Fläche c−0−2−d (Aufwand)

Gesamtarbeit:
Läuft der gedachte Kolben nach rechts, dann verdrängt er die rechts vom Kolben befindliche Umgebungsluft, wozu die Arbeit $p_0 \cdot (v_0 - v_1)$ verbraucht wird.
Dann bleibt schließlich für die maximale Raumänderungsarbeit, die nach außen abgegeben wird:

$$w_{max\,abg} = w_{max} - p_0 \cdot (v_0 - v_1).$$

Aus $- p_0 \cdot (v_0 - v_1)$ wird $+ p_0 \cdot (v_1 - v_0)$, und man erhält:

$$w_{max\,abg} = u_1 - u_0 - T_0 \cdot (s_1 - s_0)$$

$$+ p_0 \cdot (v_1 - v_0)$$

Diese Arbeit entspricht im p,v-Diagramm der Fläche 1−2−0−a−1.

Maximale technische Arbeitsfähigkeit = Exergie
Bei der technischen Arbeitsfähigkeit wird die Einlaß- und Ausschiebearbeit eines Gases, das ständig unter p_1 in die Maschine eintritt, und auf den schon genannten Umgebungszustand p_0, T_0 expandiert, betrachtet (Bild 3.46).
Das Gas expandiert zunächst isentrop 1 bis 2 auf die Umgebungstemperatur T_0 und verrichtet die Arbeit $w_{ip} = c_p \cdot (T_1 - T_0) = h_1 - h_0$. Fläche: a−1−2−b−a.

130

Es folgt isotherme Expansion auf p_0. Dabei entsteht die Arbeit $w_{is} = T_0 \cdot (s_0 - s_1)$, wie vorher bei der Raumänderungsarbeit schon gezeigt (s. Bild 3.45), hier mit Fläche $2-0-c-b-2$.

$$w_{t\,max} = h_1 - h_0 - T_0 \cdot (s_1 - s_0)$$

Diese Arbeit ist gleich in dem in Arbeit umsetzbaren Teil einer zugeführten Wärme für den Fall der verlustlosen Expansion vom Zustand 1 auf den vereinbarten Umgebungszustand p_0, T_0. Man nennt sie Exergie, Kurzzeichen e.

$$e = h_1 - h_0 - T_0 \cdot (s_1 - s_0) \qquad \text{Exergie}$$

62. Beispiel

Wie groß ist die Exergie von 1 kg Luft, die von p_1 = 6 bar, $T_1 = 523$ K (250 °C) auf den Umgebungszustand p_0 = 1 bar, $T_0 = 290$ K (17 °C) expandiert?

Lösung

$$\begin{aligned}
e &= h_1 - h_0 - T_0 \cdot (s_1 - s_0) \\
h_1 - h_0 &= c_{pm} \cdot (T_1 - T_0) \\
&= 1{,}02 \text{ kJ/kg K} \cdot (523 - 290) \text{ K} \\
&= 238 \text{ kJ/kg} \\
T_0 &= 290 \text{ K}
\end{aligned}$$

$s_1 - s_0 =$ Entropie der Isotherme 0 bis 2 (Bild 3.45, oben links). Es ist allgemein bei der Isotherme:

$s_1 - s_0 = R_i \cdot \ln p_2/p_1$. Hier ist für p_1 der Druck am Ende der Isentrope 1 bis 2 und für p_1 der Umgebungsdruck p_0 einzusetzen, entspr. dem Verlauf der Isotherme 0 bis 2 auf Bild 3.46, oben links.

Das Druckverhältnis der Isentrope 1 bis 2 erhält man aus $T_1/T_0 = (p_1/p_2)^{(\varkappa-1)/\varkappa}$, woraus sich mit $T_1/T_0 = 523/290 = 1{,}80$ der isentrope Enddruck zu $p_2 = 10/7{,}8 = 1{,}28$ bar ergibt. Somit wird

$$\begin{aligned}
s_1 - s_0 &= 0{,}287 \text{ kJ/kg K} \cdot \ln 1{,}28/1 \\
&= 0{,}287 \cdot 0{,}247 = 0{,}071 \text{ kJ/kg K}
\end{aligned}$$

Die Exergie wird:

$$\begin{aligned}
e &= h_1 - h_0 - T_0 \cdot (s_1 - s_0) \\
&= 238 \text{ kJ/kg} - 290 \text{ K} \cdot 0{,}071 \text{ kJ/kg K} \\
&= 217 \text{ kJ/kg}
\end{aligned}$$

Die Exergie bei nicht umkehrbaren Vorgängen

Bei nicht umkehrbaren Vorgängen wird der Umgebung mehr Wärme zugeführt als bei verlustlosen Vorgängen. Hierzu vergleiche die Ausführungen zu Bild 3.40. Der Punkt 2 auf Bild 3.45, oben (T,s-Diagramm) würde entsprechend weiter rechts auf der Linie T_0 liegen.

Die Differenz der gegenüber verlustloser Arbeitsumwandlung mehr an die Umgebung abgeführten Wärmemenge entspricht der Minderarbeit des verlustbehafteten Prozesses.

Der Arbeitsverlust, der mit einem nichtumkehrbaren Prozeß verbunden ist, ist gleich der entsprechenden Entropiezunahme Δs, multipliziert mit T_0. Dieser Betrag ist und bleibt verloren.

Dann ist die wirkliche technische Arbeitsfähigkeit $w_{t\,12} = e_1 - e_2 - \Delta s \cdot T_0$ und der exergetische Wirkungsgrad

$$\eta_{ex} = \frac{e_1 - e_2 - T_0 \cdot \Delta s}{e_1 - e_2} \qquad \begin{array}{l}\text{exergetischer} \\ \text{Wirkungsgrad}\end{array}$$

Aus ihm erhält man Einblick in die Vollkommenheit einer Maschine.

Extreme Fälle sind dabei (s. Bild 3.45):

$\eta_{ex} = 1$ wenn die Vorgänge $1-2-0$ verlustlos verlaufen

$\eta_{ex} = 0$ wenn die gesamte Arbeitsfähigkeit durch Drosseln der Maschine vernichtet wird.

Anmerkung

Eine weitere Behandlung von Fragen der Exergie beim Dampfkraftprozeß folgt im Abschnitt 4.6.

Endstufenschaufeln einer Kondensationsturbine großer Leistung; BBC. (s. 4 auf Bild 4.1)

132

4 Der Wasserdampf

Heißes Wasser, Druckheißwasser, Sattdampf und Heißdampf sind wichtige Wärmeträger bei Heizvorgängen aller Art und beim Kreisprozeß der Dampfkraftmaschinen in der Energieversorgung.

Es ist notwendig, die Eigenschaften und Zustandsgrößen des Wassers und des Dampfes genauer zu kennen. Sie unterscheiden sich von denen der Gase, weil sie einen breiten Bereich umfassen.

So durchläuft Dampf, der in einer Kraftanlage arbeitet, folgende Zustände (Bild 4.1):

Aus dem „Speisewasserbehälter" 7 wird von der Kesselspeisepumpe 1 mehr oder weniger vorgewärmtes Wasser in den Dampferzeuger 2 gefördert. Der Dampferzeuger steht unter Druck.

Das „Anfahren" des Dampferzeugers: der drucklose, mit Wasser nicht ganz gefüllte Kessel, ist dampfseitig zunächst abgesperrt. Sobald die Feuerung genügend Wärme abgibt, beginnt das Wasser zu sieden. Anschließend verdampft ein Teil, im Dampferzeuger bildet sich Druck. Ist der Betriebsdruck erreicht, wird das Hauptabsperrventil geöffnet und Dampf entnommen. Der Kreisprozeß der Dampfkraftanlage wird durch Regelung von Dampfentnahme, Speisewasser- und Wärmezufuhr im Gleichgewicht gehalten.

Bei 3 hat der Dampferzeuger einen „Überhitzer". Der dort eintretende, aus dem Dampfraum des Kessels kommende Dampf, hat eine bestimmte, vom Druck abhängige Temperatur, die „Siedetemperatur" (bei 100 bar ist $t_s = 310\ °C$). Sie ändert sich nur, wenn der Druck schwankt. Um dem Dampf ein größeres Arbeitsvermögen zu geben, wird er überhitzt. In Hochdruck-Dampfanlagen meist auf 535 °C, weil dies die Grenze ist, oberhalb derer man austenitische Werkstoffe einsetzen muß.

Der überhitzte Dampf (Heißdampf) geht zur Dampfturbine und expandiert unter Arbeitsabgabe. Die Turbine treibt einen Stromerzeuger oder eine Arbeitsmaschine.

Die Expansion in der Turbine führt bis auf einen Unterdruck von etwa 0,05 bar bis 0,08 bar. Dadurch steht der Turbine ein sehr großes Druckverhältnis p-Frischdampf/p-Abdampf von z.B. 100/0,05 = 2000 zur Arbeit zur Verfügung. Bei einer Dampflok sind es etwa 15/l = 15.

Der Unterdruck wird im Kondensator 5 dadurch geschaffen, daß man dem eintretenden Dampf, der ein spez. Volumen von $v = 30\ m^3/kg$ hat, durch Kühlwasser (Kühlluft) Wärme entzieht. Es entsteht der zum Sieden und Verdampfen entgegengerichtete Vorgang. Der Dampf wird verflüssigt (kondensiert), sein spez. Volumen schrumpft dabei auf $v = 0,001\ m^3/kg$. Dadurch wird der Raum, in dem sich dieser Vorgang vollzieht (Kondensator), luftleer.

Der Kondensator besteht aus einem großen zylindrischen Behälter, der von Kühlwasser führenden Rohren durchzogen ist. Er wird angefahren, bevor die Turbine Frischdampf bekommt. Dazu wird zuerst die vorhandene Luft durch Strahlpumpen abgesaugt. Der Kühlwasserkreislauf wird eingeschaltet. Die Turbine wird mit wenig Dampf angestoßen, der Abdampf schlägt sich im Kondensator nieder, das Vakuum steigt sofort. Der weitere Vorgang läuft kontinuierlich.

Das „Kondensat" wird von der Pumpe 6 in den Speisewasserbehälter 7 gefördert. Die Kondensattemperatur entspricht etwa der Siedetemperatur bei 0,05 bar, nämlich 22,9 °C. Der Kreislauf beginnt von neuem.

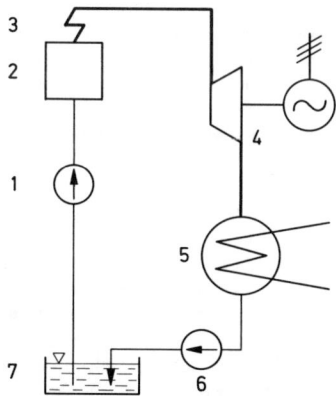

Bild 4.1 Dampfkraftprozeß im Schaltschema
1 Kesselspeisepumpe, 2 Dampferzeuger, 3 Überhitzer, 4 Dampfturbine mit Stromerzeuger, 5 Kondensator, 6 Kondensatpumpe, 7 Speisewasserbehälter

4.1 Zustandsgrößen p, t, v — vom Wasser bis zum Heißdampf

Alle Betrachtungen und Berechnungen, Dampftabellen und Diagramme beginnen mit Wasser von 0 °C.

Die Erzeugung von Heißdampf aus Wasser muß in drei Abschnitte gegliedert werden.

1. Kaltes Wasser von 0 °C wird durch Wärmezufuhr zum Sieden gebracht

Steht 1 kg Wasser von 0 °C unter atmosphärischem Druck von 1 bar, dann nimmt es den Raum von v = 0,001 m³/kg ein. Erwärmt man es bei diesem Druck, dann nimmt sein spez. Volumen (abgesehen von 1 bar, 4 °C, größte Dichte) allmählich zu. Schließlich siedet es bei 1 bar und t_s = 99,63 °C. Sein spez. Volumen ist $v_s = v'$ = 0,001044 m³/kg oder 1,044 l/kg.

Vollzieht sich derselbe Vorgang mit Wasser von 0 °C unter dem Druck von 10 bar, dann siedet das Wasser erst, wenn es t_s = 179,9 °C erreicht hat. Dabei ist $v_s = v'$ = 0,001128 m³/kg oder 1,128 l/kg.

Mit steigendem Druck steigen Siedetemperatur t_s und spez. Volumen $v_s = v'$, auszugsweise wie folgt:

Druck in bar	0,01	0,1	1,0	10	100	221,3
Siede-T; t_s °C	7	46	99,6	180	311	374,15
spez. Vol. v' in l/kg	1,0	1,01	1,04	1,13	1,45	3,18

> Mit dem Zeiger ' wird der Zustand „siedendes Wasser" gekennzeichnet. Siehe später auch h' und s'

2. Siedendes Wasser vollständig zu „Sattdampf" verdampfen

Durch weitere Wärmezufuhr entsteht aus siedendem Wasser ein Wasser-Dampf-Gemisch. Der Dampfanteil x kg Dampf/kg Gemisch nimmt ständig zu, der Wasseranteil $1 - x$ kg Wasser/kg Gemisch wird ständig kleiner. Schließlich ist alles Wasser verdampft, der Zustand x = 1 und das spezifische Volumen v'' erreicht.

Während des Verdampfungsvorganges bleibt die Temperatur t_s = konst von x = 0 bis x = 1.

Der nun entstandene Dampf heißt „Sattdampf" oder „trocken gesättigter Dampf".

Zwischen x = 0 und x = 1 spricht man von „feuchtem Dampf" oder „Naßdampf".

x = 0,9 ist feuchter Dampf mit $1 - x$ = 0,1 Wasseranteil
oder eine Mischung aus 90% Dampf und 10% Wasser.

> Mit dem Zeiger " wird der Zustand „trocken gesättigter Dampf", x = 1, gekennzeichnet. Siehe später auch h'' und s''.

Das spez. Volumen von feuchtem Dampf v_n ist kleiner als das von Sattdampf v'' bei gleichem Druck. Das in der Mischung enthaltene Wasser hat einen viel kleineren Rauminhalt als der gasförmige Dampf.

$$v_n = x \cdot v'' + (1 - x) \cdot 0,001$$

Ist, wie bei technischen Anwendungen als Heizoder Arbeitsdampf, der Dampfanteil etwa 85% und mehr, dann wird genau genug

> $$v_n = x \cdot v'' \quad \text{ab } x > \sim 0,80$$

So ist bei 3 bar,

v'' = 0,6054 m³/kg; bei x = 0,80 wird
v_n = 0,80 · 0,6054 + 0,2 · 0,001
= 0,4843 + 0,0002 = 0,4845 m³/kg gegenüber

0,4843 m³/kg mit der vereinfachten Rechnung. Bei hohen Drücken sind die Unterschiede größer. Ein wichtiger Hinweis ist noch einmal

> Während des Verdampfungsvorganges zwischen x = 0 und x = 1 bleibt die Temperatur des Dampf-Wasser-Gemisches konstant gleich der zum Druck gehörenden Siedetemperatur.

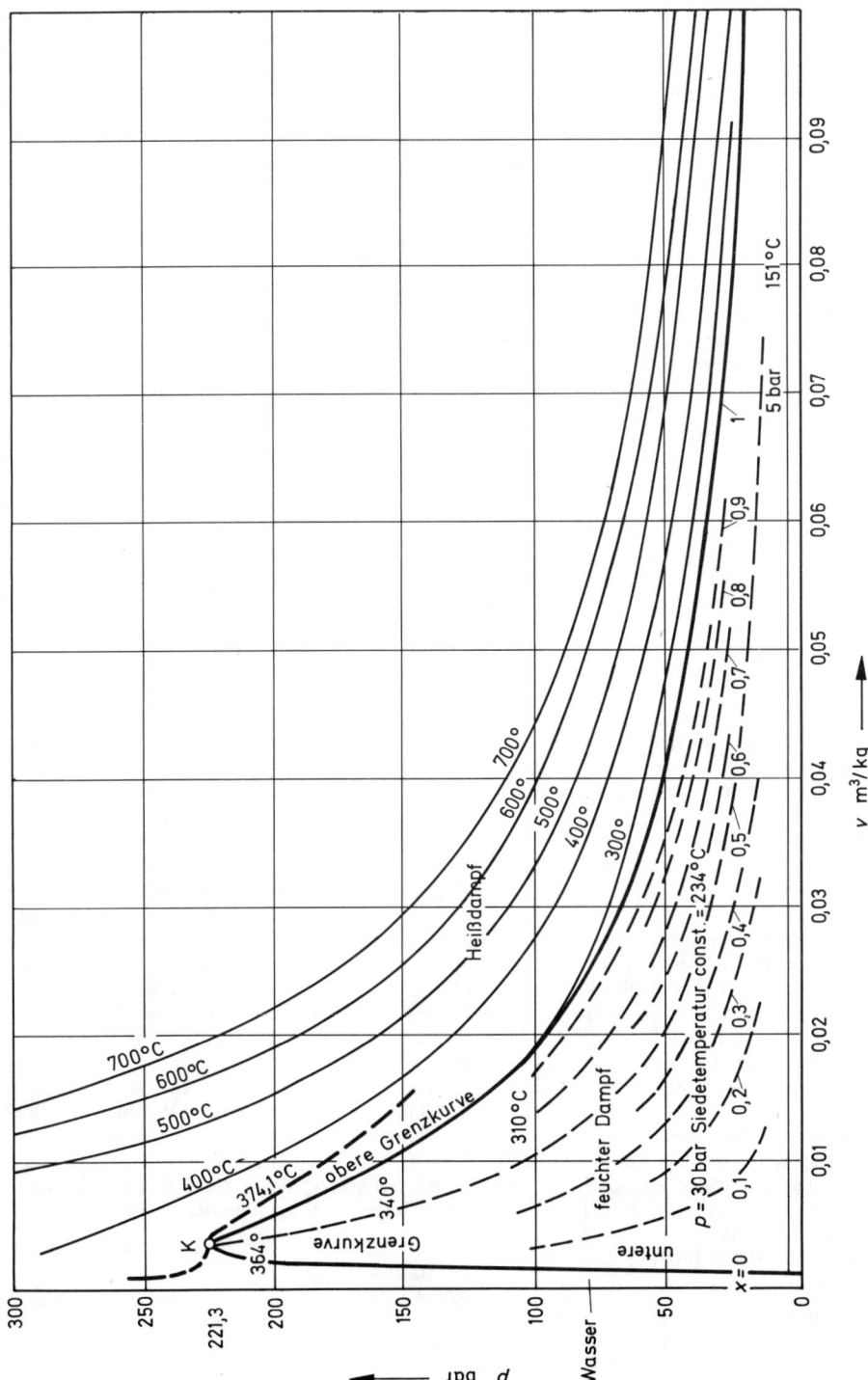

Bild 4.2 p,v-Diagramm für Wasser und Wasserdampf

135

So kann man bei feuchtem Dampf durch Messung von p und t nichts über seinen Dampfgehalt aussagen. Zwischen $x = 0$ und $x = 1$ ist t_s = konstant. Um die Feuchtigkeit zu bestimmen, bedarf es teurer Spezialinstrumente. In Dampfturbinen, die mit Naßdampf arbeiten (Kernkraftwerk mit Siedewasserreaktor), sind diese Fragen von Bedeutung.

3. Trocken gesättigten Dampf (Sattdampf) überhitzen

Führt man dem trocken gesättigten Dampf ($x = 1$) weitere Wärme zu, dann beginnt nunmehr seine Temperatur zu steigen. Er verhält sich um so mehr wie ein Gas, je höher seine Temperatur über der zum Druck gehörenden Siedetemperatur liegt.

Ebenso nimmt sein spez. Volumen ständig zu, z.B.:

Dampfdruck 10 bar (Werte aus Dampftabellen, Anhang)

obere Grenzkurve: Verbindung aller v''-Werte
$(x = 1\text{-Kurve})$

Teilt man die Strecke zwischen $x = 0$ und $x = 1$ in gleiche Teile, dann lassen sich v_n-Werte des feuchten Dampfes ablesen.

Beide Grenzkurven laufen zusammen in den „kritischen Punkt". Dort ist $v' = v''$. Für Wasserdampf sind diese sog. kritischen Zustände

$$p_K = 221{,}29 \text{ bar}, \quad v_K = 0{,}00312 \text{ m}^3/\text{kg},$$
$$t_K = 374{,}15\,^\circ\text{C}$$

Wasser, das unter dem Druck von 221,29 bar bis zur Siedetemperatur $t_s = 374{,}15\,^\circ\text{C}$ erwärmt wird, geht in diesem Zustand in die Dampfphase über, ohne daß sich an seinem spez. Volumen etwas ändert.

t_s = 179,9 °C (siedendes Wasser);	v' = 0,00113 m³/kg;
t_s = 179,9 °C (Sattdampf);	v'' = 0,1944 m³/kg;
t = 200 °C, hier um 20,1 °C überhitzt;	v = 0,2062 m³/kg;
t = 300 °C, hier um 120,1 °C überhitzt.	v = 0,2578 m³/kg;

Wichtiger Hinweis

Eine Überhitzung des Sattdampfes ist nur möglich, wenn der Sattdampf vom Wasser, aus dem er entstanden ist, vollständig getrennt wird. Andernfalls würde bei stärkerer Wärmezufuhr nur *mehr* Wasser (schneller) verdampfen; die Temperatur bliebe t_s.

Deswegen hat der Dampferzeuger 2 auf Bild 4.1 einen eigenen Überhitzer 3.

p,v-Diagramm von Wasserdampf

Für Wasserdampf haben schon *Clausius, van der Waals* und andere eine Zustandsgleichung gesucht und aufgestellt. Die Schwierigkeit ist, daß sich der Dampf nahe der oberen Grenzkurve in einem labilen Zustand befindet und sein Verhalten dem der Gase erst bei höherer Überhitzung entspricht.

Den VDI-Wasserdampftafeln von 1963 liegt eine Gleichung von *E. Schmidt*, München, zugrunde. Sie enthält 10 dimensionslose Konstanten; auf ihre Wiedergabe wird hier verzichtet (s. VDI-Wasserdampftafeln, 1963).

Im p,v-Diagramm (Bild 4.2) sind die Zusammenhänge dargestellt. Dabei ist

untere Grenzkurve: Verbindung aller v'-Werte
$(x = 0\text{-Kurve})$

Bis zum „kritischen Punkt" befindet sich links von der unteren Grenzkurve, also links von $x = 0$, Wasser; je weiter nach links, um so kälter das Wasser.

Zwischen den beiden Grenzkurven liegt der Naßdampf mit zunehmendem Dampfgehalt; Isobaren sind hier auch gleichzeitig Isothermen, z.B. ist die 30-bar-Isobare = der 234-°C-Isotherme. Rechts von der oberen Grenzkurve, $x = 1$, liegt der Heißdampf. In dieses Gebiet sind Überhitzungs-Isothermen eingezeichnet. So beginnt die 300-°C-Isotherme beim Schnitt der oberen Grenzkurve mit der $p = 86$-bar-Isobaren.

Oberhalb des kritischen Punktes gibt es keine Grenze zwischen Flüssigkeit und Gas. Hier entfällt die Unterscheidung zwischen Gas und Flüssigkeit. Geht man von einem Druck oberhalb p_K und links von v_K aus, dann führt Wärmezufuhr bei p = konst in das Gebiet des Heißdampfes ohne Überschreitung eines Gleichgewichtsbereiches.

Unter Benutzung der Dampftabellen (Anhang) sollen folgende Fragen gelöst werden:

63. Beispiel

Welches spez. Volumen und welche Temperatur hat Naßdampf von 3 bar, $x = 0{,}89$?
Es ist

136

$v_n = x \cdot v''$; bei 3 bar ist $v'' = 0{,}6054$ m³/kg
$v_n = 0{,}54$ m³/kg und $t = 133{,}5\,°C$.

Welcher Zustand liegt vor, wenn $t = 60\,°C$ und $p = 0{,}6$ bar?
Es handelt sich um Wasser, denn erst ab *86 °C* könnte bei diesem Druck Naßdampf (sie-

dendes Wasser, trocken gesättigter Dampf) bestehen.
Welches spez. Volumen hat Dampf von 100 bar, 450 °C?
Aus der Dampftabelle, auch aus einem genauen *p,v*-Diagramm liest man ab, $v = 0{,}0298$ m³/kg.

4.2 Das *h,p*-Diagramm von Wasser bis Heißdampf

Der Aufwand an zu- oder abzuführender Wärmeenergie läßt sich aus den spez. Wärmekapazitäten und Temperaturdifferenzen berechnen. Praktische Bedeutung hat die im Dampferzeuger oder in Wärmetauschern einschließlich dem Kondensator verlaufende Wärmeeinwirkung bei $p = $ konst. Dabei ist für 1 kg

$q = c_{pm} \cdot (t_2 - t_1)$

t_1 ist hier $= 0\,°C$ zu setzen.

Dies gilt auch für die Enthalpie h und Entropie s. Bei der Isobaren ist d$h = $ dq (Abschnitt 2.2). Für die drei Abschnitte Wasser, Naßdampf, Heißdampf ist:

1. Wasser von 0 °C zum Sieden bringen

Die „Flüssigkeitswärme" ist $h' = c_{pmw}|_{t_0}^{t_s} \cdot t_s$

Werte aus Dampftabellen (Anhang). Die spez. Wärmekapazität von Wasser ist im Bereich um 20 °C $= 4{,}186$ kJ/kg K (früher 1 kcal/kg · °C zwischen 14,5 °C und 15,5 °C). Danach nimmt c_p ständig zu. Man sieht dies aus Nachrechnung der Dampftabellenwerte:

bei 1 bar ist $t_s = 99{,}63\,°C$ und $h' = 417{,}3$ kJ/kg K,

folglich $c_{pm} = h'/t_s = 4{,}19$

bei 100 bar ist $c_{pm} = 1407/311 = 4{,}51$ kJ/kg K

bei $p_K = 221{,}3$ bar ist $c_{pm} = 2100$ kJ/kg K:

371,1 K $= 5{,}61$ kJ/kg K

2. Siedendes Wasser $x = 0$ verdampfen bis $x = 1$

Während des Verdampfungsvorganges bleibt $t_s = $ konst. Die „Verdampfungswärme" r setzt sich zusammen aus innerer und äußerer (Ausdehnungsarbeit bei $p = $ konst von v' auf v_n) Verdampfungswärme. Die beiden Einzelgrößen in-

teressieren für die technische Praxis nicht. Aus den Dampftabellen ist r zu entnehmen.

$$r = h'' - h' \qquad \text{Verdampfungsenthalpie}$$

h'' die Enthalpie des Sattdampfes,
h' die Enthalpie siedenden Wassers,
beide stark druckabhängig.
Enthalpie von feuchtem Dampf

Die Enthalpie von feuchtem Dampf ist um so größer, je höher der Dampfgehalt.

$$h_n = h' + x \cdot r \qquad \text{feuchter oder Naßdampf}$$

Die Verdampfungswärme r nimmt mit steigendem Druck ab. Sie wird im kritischen Punkt Null; dort ist $h' = h''$.
Die Abnahme von r mit dem Druck hat große Bedeutung für den Bau von Dampferzeugern und für den Dampfkraftprozeß. Aus der Zusammenstellung ist die Abnahme von r mit p zu ersehen:

p bar	1	10	100	200	221,3
$t_s\,°C$	99,6	180	311	366	374,1
r kJ/kg K	2256	2015	1318	589	0

Unter „Vorwärmung" des Kesselspeisewassers versteht man die Wärmezufuhr von der Kondensat- oder Speisewasserbehälter-Temperatur (7 in Bild 4.1) bis etwa zur Siedetemperatur.
Da es sich hierbei um Wasser handelt, kann diese Vorwärmung in einfachen (billigeren) Rohren stattfinden.
Für die Verdampfung braucht man, wegen der starken Volumenzunahme, teurere Rohre mit

137

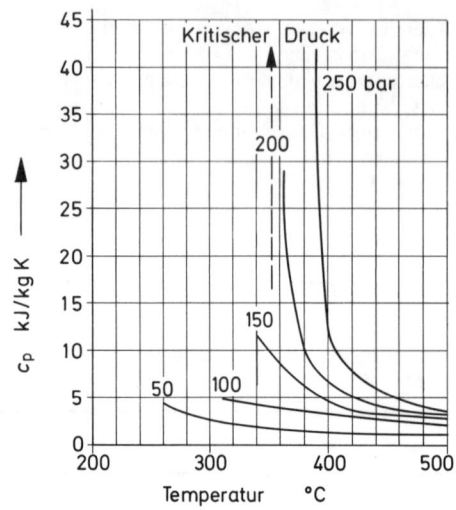

Bild 4.3 c_p-Werte für Heißdampf, informatorisch

größerem Durchmesser und deswegen auch größerer Wanddicke.
Wählt man also den Druck des Kreisprozesses hoch, dann kann ein großer Teil der Wärmezufuhr in den billigen „Vorwärmer" gelegt werden. Die Anlage wird einfacher.

3. Naßdampf $x = 1$ überhitzen
Wenn alles Wasser verdampft ist, steigt bei weiterer Wärmezufuhr die Temperatur und es wird

$$h = h'' + c_{pm}|_{t_s}^t \cdot (t - t_s)$$

Die Werte c_{pm} sind stark von Druck und Temperatur abhängig, wie informatorisch auf Bild 4.3 gezeigt wird.
Die Enthalpie des Heißdampfes entnimmt man dem h,s-Diagramm (Bild 4.7).

Darstellung im h,p-Diagramm
Auf Bild 4.4 ist die Enthalpie vom Wasser mit 0 °C bis zum Heißdampf mit 700 °C über dem Druck aufgezeichnet.
Eingetragen ist die untere ($x = 0$) und obere ($x = 1$) Grenzkurve.
Man erkennt, wie die Verdampfungswärme r gegen den kritischen Druck hin immer kleiner wird.
Im Gebiet des Heißdampfes sieht man an der

Neigung der Isothermen die Abhängigkeit von c_{pm} vom Druck.

64. Beispiel, Lösung mittels Dampftabelle oder h,s-Diagramm
$\dot{m} = 200$ kg/h Dampf treten mit $p = 6$ bar, $x = 0,90$ in eine Heizfläche ein und haben am Austritt 60 °C.
Welchen Wärmeinhalt (Enthalpie) und welche Temperatur hat der eintretende Dampf?
In welcher Phase befindet sich der Dampf bei Austritt aus der Heizfläche?
Welche Wärmemenge in kJ/h geht an das Heizgut über?
Abstrahlungsverluste sollen vernachlässigt werden.

Lösung
bei 6 bar, $x = 0,9$ ist

$$\begin{aligned} h_n &= h' + x \cdot r \\ &= 670 \text{ kJ/kg K} + 0,9 \cdot 2085 \text{ kJ/kg K} \\ h_n &= 2542 \text{ kJ/kg} \\ t_n &= t_s = 159 \text{ °C} \end{aligned}$$

Bei 6 bar und 60 °C kann es sich nur um Kondensat, also Wasser handeln. Die Siedetemperatur bei 6 bar ist $t_s = 159$ °C.
Der Naßdampf hat seine Wärme an das Heizgut abgegeben, ist dabei in die flüssige Phase übergegangen und hat noch einen Teil seiner Flüssigkeitswärme an das Heizgut übertragen.
Insgesamt sind an das Heizgut gegangen

$$\begin{aligned} \dot{Q} &= \dot{m} \cdot (h_n - c_w \cdot t_n) \\ &= 200 \text{ kg/h} \cdot (2542 \text{ kJ/kg} - 4,18 \cdot 159 \text{ kJ/kg}) \\ &= 375\,400 \text{ kJ/h} \end{aligned}$$

65. Beispiel
a) Welche „Erzeugungswärme" wird gebraucht, um aus Kesselspeisewasser von 280 °C Heißdampf von 150 bar, 550 °C zu machen?
b) Welche Wärmemenge $\dot{Q}$ benötigt man für die Abgabe von 400 t/h dieses Dampfes?
c) Wieviel Steinkohle $\dot{K}$ mit einem Heizwert von $H = 30\,000$ kJ/kg muß stündlich verheizt werden, wenn der Dampferzeuger einen Wirkungsgrad von $\eta_k = 0,90$ hat?

Lösung
a) Das Kesselspeisewasser muß unter Druck stehen, wenn es bei 280 °C *Wasser* sein soll. Dieser Druck muß so hoch sein, daß das Wasser nicht verdampfen kann. Dazu gehört auch eine Sicherheits-Druckreserve für den Fall, daß der Druck im Dampferzeuger sinkt. Der Siededruck

138

Bild 4.4 h,p-Diagramm
für Wasserdampf

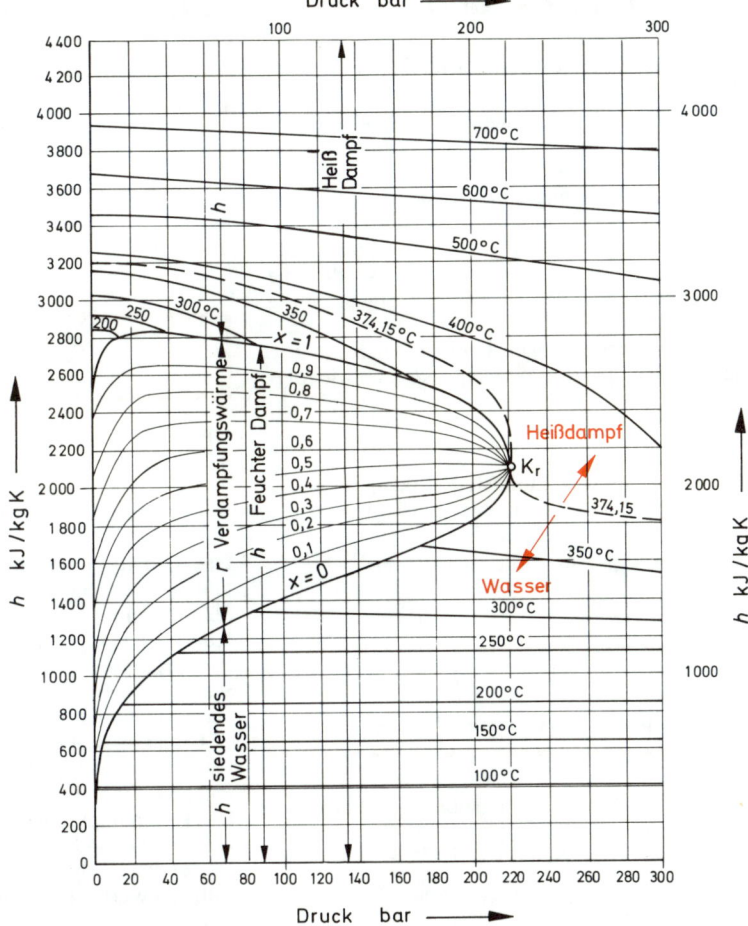

bei 280 °C ist 65 bar. Folglich muß der Druck im Speisewasserbehälter noch etwas höher liegen. Erzeugungswärme q ist die Wärmemenge, die man braucht, um im Dampferzeuger Heißdampf aus dem Kesselspeisewasser zu machen.

$$q = h - c_p \cdot t_w$$

h bei 150 bar, 550 °C = 3452 kJ/kg
$c_p \cdot t_w = h'$, bei 280 °C = 1240 kJ/kg

$$q = 3452 - 1240 = 2212 \text{ kJ/kg}$$

b) Um 400 t/h = 400 000 kg/h Dampf zu erzeugen, braucht man

$$\dot{Q} = q \cdot \dot{m} = 2212 \text{ kJ/kg} \cdot 400\,000 \text{ kg/h}$$
$$= 8{,}848 \cdot 10^8 \text{ kJ/h}$$

c) Steinkohleverbrauch

$$\dot{K} = \frac{\dot{Q}}{H \cdot \eta_k} = \frac{8{,}848 \cdot 10^8}{30\,000 \cdot 0{,}9}$$

$$= 32\,700 \text{ kg/h} = 32{,}7 \text{ t/h}$$

139

4.3 Das T,s- und das h,s-Diagramm von Wasserdampf

Im T,s-Diagramm werden Wärmemengen als Flächen dargestellt.

Die Ordinate des T,s-Diagrammes beginnt auch hier bei 0 K, obwohl bei dieser Temperatur Eis und kein Wasser besteht. Der Zweck ist, Vergleiche mit den T,s-Diagrammen anderer Stoffe zu haben. Es wäre möglich, die Ordinate bei $t = 0\,°C$ beginnen zu lassen. Die Entropie müßte entsprechend eingerechnet werden, so daß die entstehenden Flächen die Wärmemengen richtig wiedergeben.

Die Entropieänderungen beginnen also *ab 0 °C* zu zählen. In den drei Bereichen sind sie wie folgt zu berechnen:

1. Wasser von 0 °C zum Sieden bringen

Aus der isobaren ZÄ, die hier vorliegt, wird

$$s' - s_0 = c_{pm}|_{t_0}^{t_s} \cdot \ln T_s/T_0 \text{ wobei } T_0 = 273\,K$$

mit $s_0 = 0$ wird

$$\boxed{s' = c_{pm}|_{t_0}^{t_s} \cdot \ln T_s/T_0 \\ \text{Entropie der siedenden Flüssigkeit}}$$

Beispiel: die Entropie der Isobaren 10 bar.

$c_{pm} = 4,26$ kJ/kg K, aus Tafel 12a $= h'/t_s$

$T_s = 273 + 180 = 453\,K$, wobei $t_s = 180\,°C$ bei 10 bar

$s' = 4,26$ kJ/kg K $\cdot \ln 453/273 = 2,14$ kJ/kg K

vgl. Dampftabellen, in denen die s'- und s''-Werte abzulesen sind.

2. Siedendes Wasser $x = 0$ verdampfen bis $x = 1$

Es ist $q = T \cdot ds$ nach Definition der Entropie

Hier ist $q = r =$ Verdampfungswärme. Dazu kommt die Entropie der Flüssigkeitswärme und man erhält

$$\boxed{s'' = s' + r/T_s \quad \text{Entropie des Sattdampfes}}$$

Entropie von Naßdampf:

$$\boxed{s_n = s' + x \cdot r/T_s \quad \text{Entropie des Naß-} \\ \text{dampfes}}$$

3. Sattdampf $x = 1$ überhitzen auf t

$s - s'' + c_{pm}|_{t_s}^{t} \cdot \ln T/T_s$, woraus bei $p =$ konst

$$\boxed{s = s'' + c_{pm}|_{t_s}^{t} \cdot \ln T/T_s \quad \text{Entropie des} \\ \text{Heißdampfes}}$$

Diese Werte entnimmt man gedruckten T,s- oder h,s-Diagrammen, weil die Bestimmung der stark druck- und temperaturabhängigen c_{pm}-Werte sehr zeitraubend ist (vgl. Bild 4.3).

Das T,s-Diagramm (Bild 4.5)

Die untere Grenzkurve, $x = 0$, beginnt bei 0°C (273 K) mit der Entropie 0. Als logarithmische Kurve verläuft sie bis zum kritischen Punkt mit den Ordinaten 374,15 °C und 4,4429 kJ/kg K.

Sie geht über in die obere Grenzkurve, $x = 1$, und verläuft ebenfalls als logarithmische Kurve bis $0\,°C$ und $s'' = 9,13$ kJ/kg K.

Dazwischen eingeschlossen liegt das Gebiet des feuchten Dampfes.

Das Heißdampfgebiet liegt rechts von der oberen Grenzkurve und oberhalb des kritischen Punktes. Die zu den Isothermen und Isobaren gehörenden Entropiewerte entnimmt man einem h,s-Diagramm.

66. Beispiel

Als Skizze im T,s-Diagramm ist die Wärmemenge zu bestimmen, die benötigt wird, um feuchten Dampf von 10 bar, $x = 0,8$ aus Wasser von 50 °C zu erhalten.

Lösung

Auf Bild 4.6 wird im T,s-Diagramm auf der $x = 0$-Kurve deren Schnitt mit der $t = 50$-°C-Horizontalen gesucht, a. Von da an bis zum Schnitt der 10-bar-180-°C-Horizontalen verläuft die Wärmezufuhr bis zum Sieden bei 10 bar, b.

Jetzt wird das siedende Wasser, bei $t =$ konst verdampft, bis der Zustand $x = 0,8$ erreicht ist, c.

Unter a—b = Fläche a—b—B—A = anteilige Flüssigkeitswärme

140

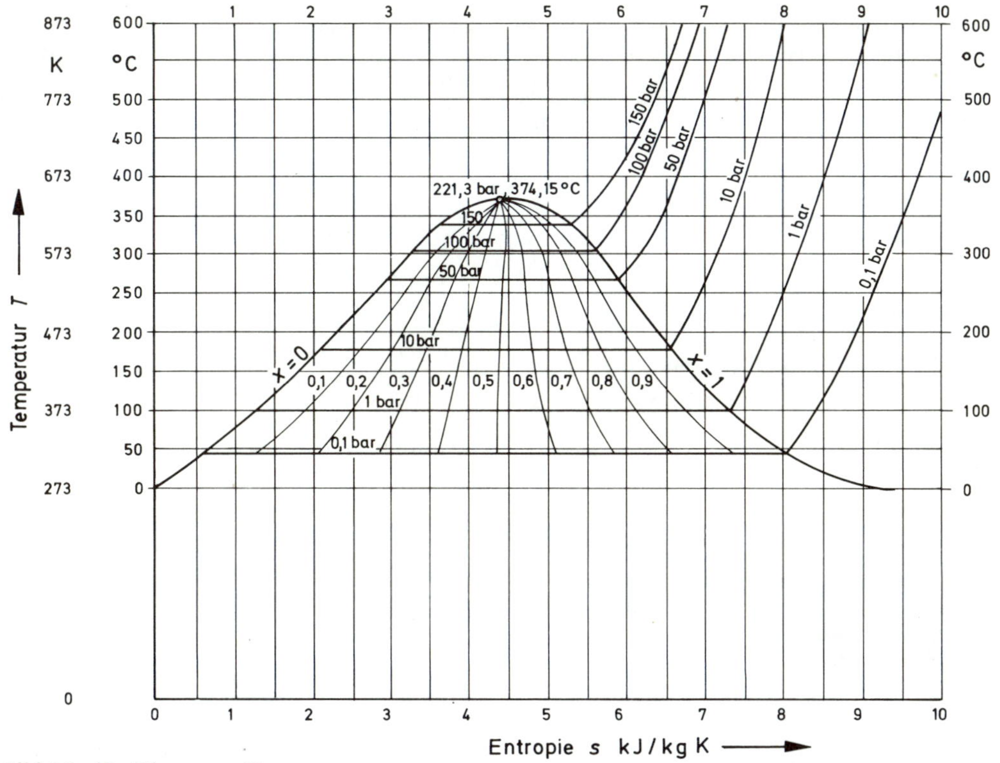

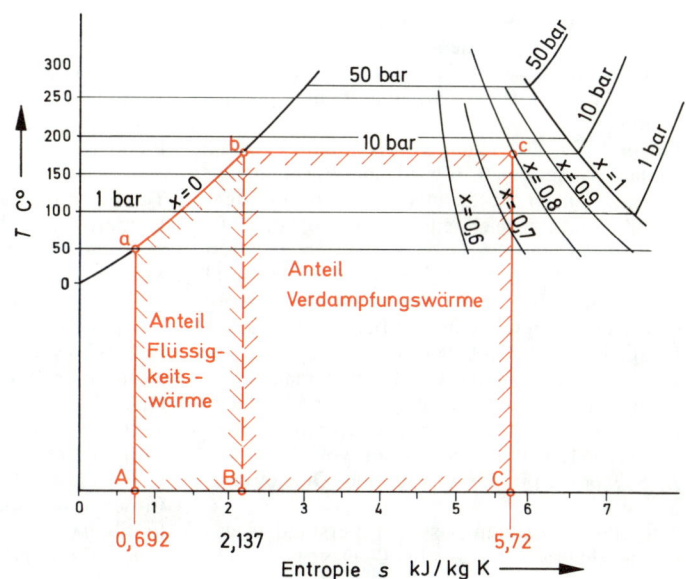

Bild 4.5   T,s-Diagramm für
Wasserdampf

Bild 4.6   Berechnungsbeispiel, Darstellung im T,s-
Diagramm

Unter $b-c$ = Fläche $b-c-C-B$ = anteilige Verdampfungswärme

Die Gesamtfläche $A-a-b-c-C$ enthält die verbrauchte Wärme. Nachrechnung oder Planimetrieren unter Maßstabbeachtung müssen dasselbe Ergebnis bringen.
Rechnerisch:

$q = (h' - c_{p,w} \cdot 50) + x \cdot r$, dieses bei 10 bar
$q = (762 - 4,18 \cdot 50) + 0,8 \cdot 2015 = 2183$ kJ/kg

Zeichnerisch:
Die zugehörige Entropie ist
Wasser von 50 °C (Siedezustand eingesetzt)

$s' = c_{pm} \cdot \ln T_s/T_0 = 4,18 \cdot \ln 323/273$
$= 0,692$ kJ/kg K
$s_n = s' + x \cdot r/T_s$ wobei s' bei 10 bar
$= 2,137$ kJ/kg K Dampftabelle
$s_n = 2,137 + 0,8 \cdot 2015,3/(180 + 273)$
$= 5,72$ kJ/kg K

Bei der Flüssigkeitswärme muß T_m aus 180 °C und 50 °C, hier etwa = 408 K eingesetzt werden.
Entropiedifferenz = $2,137 - 0,692$
= 1,445 kJ/kg K.
Fläche $\cong$ 408 K · 1,445 kJ/kg K = 590 kJ/kg.
Verdampfungswärme aus
T_s = 453 K · 3,57 kJ/kg K = 1620 kJ/kg.
Zusammen 590 + 1620 = 2210 kJ/kg.
Die Übereinstimmung zwischen Rechnung und Zeichnung ist hier ausreichend.

Das h,s-Diagramm von Wasserdampf
Im h,s-Diagramm werden die Enthalpien über der Entropie dargestellt. Was im T,s-Diagramm als Fläche erscheint, ist ein Punkt im h,s-Diagramm.
Beispiel: Zur Erzeugung von Naßdampf von 10 bar aus Wasser von 0 °C wird eine Wärmemenge benötigt, die der Fläche entspricht, die unter dem (in Bild 4.6 rot gezeichneten) Linienzug von 0 °C, entlang der unteren Grenzkurve bis zu deren Schnitt mit der 10-bar-Isobaren, dann horizontal weiter, aber bis zum Schnitt mit der oberen Grenzkurve liegt. Die hierfür benötigte Wärmemenge ist q = 2775 kJ/kg.
Das h,s-Diagramm (Bild 4.7) erhält man durch Auftragen zusammengehöriger h- und s-Werte. Man entnimmt sie einem gedruckten h,s-Diagramm (Mollier h,s-Diagramm von Prof. Dr. E. Schmidt, Springer-Verlag und Oldenbourg-Verlag).
Auf Bild 4.7 ist zum besseren Verständnis das Gesamtdiagramm gezeichnet. Das gedruckte

Diagramm enthält einen Ausschnitt davon, weil nur bestimmte Bereiche Bedeutung für das Rechnen haben.
Das h,s-Diagramm auf Bild 4.7 gibt alle drei Bereiche wieder.
1.
Die untere Grenzkurve, x = 0, erhält man durch Auftragen der h'- und s'-Werte, die aus der Dampftabelle entnommen werden.

Beispiel

p	0,1	1	10	100	221,3	bar
h'	192	417	762	1407	2100	kJ/kg
s'	0,649	1,30	2,14	3,36	4,43	kJ/kg K

2.
Im kritischen Punkt ist $h' = h''$ und $s' = s''$. Untere und obere Grenzkurve gehen ineinander über. Von da aus werden zusammengehörige h''- und s''-Werte aus der Dampftabelle entnommen. Es entsteht die obere Grenzkurve, x = 1.
Jetzt werden zusammengehörige Punkte h'' und h', beispielsweise des 10-bar-Druckes, geradlinig miteinander verbunden. Die so entstandene Gerade wird in gleiche Teile geteilt, es entstehen die x = konst-Linien. Längs dieser Geraden bleiben die Temperaturen konstant, denn von x = 0 bis x = 1 ist $t = t_s$.
3.
Die zusammengehörigen Punkte h und s des Heißdampfgebietes werden der Dampftabelle entnommen und aufgetragen. Dazu zeichnet man Isothermen durch Verbindung entsprechender Punkte t = konst.

Temperaturen im h,s-Diagramm
Isothermen sind nur im Heißdampfgebiet gezeichnet. Im Sattdampfgebiet ist $t = t_s$ = konst. Man kann aber abschätzen, wie hoch t_s bei einem gegebenen Druck ungefähr ist.
Beispiel: Wie hoch ist t_s bei 10 bar?
Bei 10 bar wird die Linie x = 1 etwa von der Isothermen 180 °C angeschnitten (Bild 4.8). Dasselbe bei 30 bar? Der Punkt 30 bar, x = 1, liegt zwischen t = 240 °C und 230 °C. Aus Dampftabelle: t_s = 233,8 °C bei 30 bar.

Linien v = konstant
Es gibt h,s-Diagramme *mit* (grün) und *ohne* eingedruckte v-Linien. Für Rechnungen im Gebiet

Bild 4.7 h,s-Diagramm
für Wasserdampf

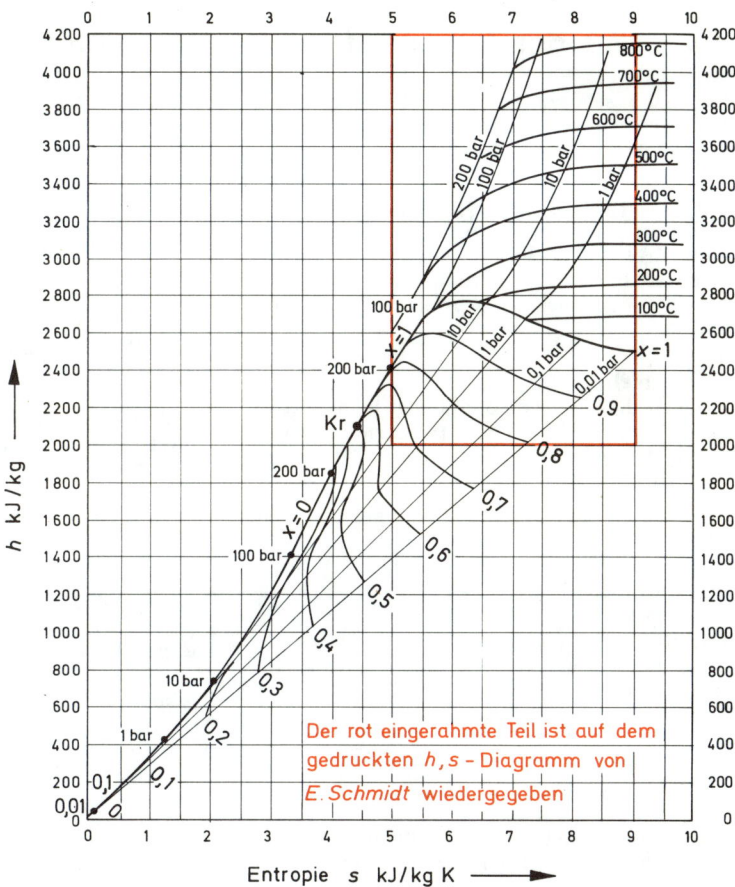

Der rot eingerahmte Teil ist auf dem gedruckten h,s - Diagramm von *E. Schmidt* wiedergegeben

Entropie s kJ/kg K

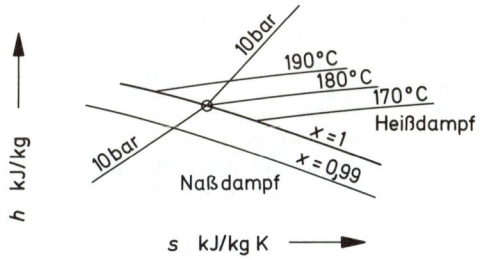

Bild 4.8 Bestimmung der Siedetemperatur mit Hilfe des h,s-Diagrammes

Dampfkessel, Dampfturbinen, Rohrleitungsquerschnitte, empfiehlt es sich sehr, das h,s-Diagramm mit Volumenlinien zu benutzen.

Bemerkung
Das h,s-Diagramm ist von Prof. *Mollier* (1863 bis 1935), TH Dresden, um 1900 eingeführt worden.

Es erleichtert die Arbeit bei Rechnungen mit Wasserdampf ganz erheblich.
Die jeweils neuesten Forschungsergebnisse werden auf internationalen Dampftafel-Konferenzen besprochen und veröffentlicht.

4.4 ZÄ des Wasserdampfs; Beispiele

Die ZÄ lassen sich mit Hilfe der Diagramme erklären, teilweise muß man außerdem die Dampftabellen hinzuziehen.

4.4.1 Isovolume (Isochore) ZÄ

Diese ZÄ hat Bedeutung, wenn das Kesselsystem einen abgeschlossenen Raum bildet, also beim Anheizen oder nach dem Abstellen eines Dampfkessels.

67. Beispiel

In einem Behälter von 3 m³ Inhalt befindet sich Dampf von 10 bar, $x = 1$ (trocken gesättigt). Nach längerer Zeit hat der Gefäßinhalt $t = 110\,°C$ erreicht.

a) Wie hoch sind Druck und Dampfgehalt x im Behälter?
b) Welche Wärmemenge ist nach außen abgegeben worden?

Lösung

a) Da das Volumen konstant bleibt, sind auch die Strecken

$$x_1 \cdot (v_1'' - v_1') = x_2 \cdot (v_2'' - v_2')$$

(Bild 4.9)

gleich. Den Betrag v_1' und v_2' kann man bei diesen Drücken ebenfalls gleich setzen und erhält

$$x_2 = x_1 \cdot \frac{v_1''}{v_2''}$$

Außerdem gehört zu $t_2 = 110\,°C$ der Druck $p_2 = 1,45$ bar (Dampftabelle), denn es handelt sich um feuchten Dampf. Somit wird

$v_2'' = 1,20$ m³/kg bei $p_2 = 1,45$ bar
$v_1'' = 0,194$ m³/kg bei $p_1 = 10$ bar, Dampftabelle
$x_2 = 1 \cdot 0,194/1,20 = 0,162$

somit ein Gemisch aus 16,2% Dampf + 83,8% Wasser.
Diese Werte kann man im gedruckten h,s-Diagramm nicht mehr ablesen.

b) Wärmeverluste
Punkt 1 mit 10 bar, $x = 1$, hat $h_1'' = 2777$ kJ/kg
Punkt 2 mit 1,45 bar, $x = 0,162$, hat

$$h_n = h_2' + x \cdot r \text{ mit } h_2' = 462 \text{ kJ/kg}$$
$$r = 2225 \text{ kJ/kg}$$
$$h_n = 462 + 0,162 \cdot 2225 = 822 \text{ kJ/kg}$$

Die gegebene Dampfmenge $V = 3$ m³ hat bei 10 bar, $x = 1$,
das spez. Volumen $v_1'' = 0,194$ m³/kg

die Masse

$$m = \frac{V}{v_1''} = \frac{3 \text{ m}^3}{0,194 \text{ m}^3/\text{kg}} = 15,43 \text{ kg}$$

Die Wärmeverluste sind $Q = m \cdot (h_1'' - h_n)$

$$Q = 15,43 \text{ kg} \cdot (1955 \text{ kJ/kg}) = 30\,151 \text{ kJ}$$

68. Beispiel

Wie hoch steigt der Druck in einem abgesperrten Überhitzer, der mit Dampf von $p_1 = 10$ bar und von $x = 1$ gefüllt ist, wenn der Überhitzer durch nachströmendes Rauchgas auf $t = 500\,°C$ gebracht wird?

Lösung

Im h,s-Diagramm mit Volumenlinien (grün) wird der Punkt 10 bar auf der oberen Grenzkurve aufgesucht (Bild 4.10). Von hier verläuft die ZÄ auf der $v'' = 0,194$-m³/kg-Linie bis zum Schnitt mit der $t = 500\,°C$-Isotherme. Im Schnittpunkt liest man ab

$$p_2 = 17,6 \text{ bar}$$

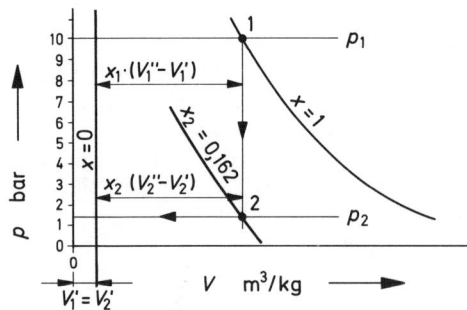

Bild 4.9 Bestimmung des Dampfgehaltes im p,v-Diagramm; Berechnungsbeispiel

144

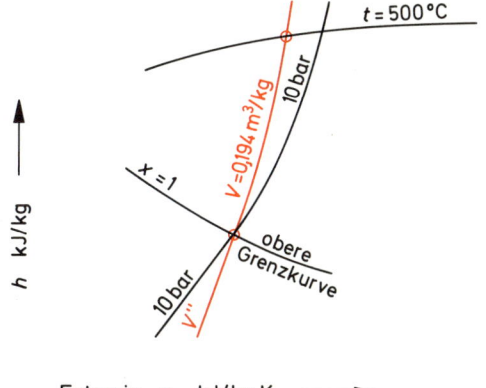

Bild 4.10 Bestimmung des Druckes im h,s-Diagramm; Berechnungsbeispiel

4.4.2 Isobare ZÄ

Die isobare ZÄ hat Bedeutung bei der Dampferzeugung aus Wasser und bei der Zwischenüberhitzung von Dampf. Die Vorgänge verlaufen bei p = konst. Zu berechnen sind die aufzuwendenden Wärmemengen. Die Hilfswerte entnimmt man den Dampftabellen und dem h,s-Diagramm.

69. Beispiel

a) Welche Wärmemenge wird benötigt, um 50 t/h Heißdampf von 70 bar, 480 °C zu erzeugen, wenn das Speisewasser mit 120 °C in den Dampferzeuger eintritt (Bild 4.11)?
b) Wie verteilt sich der Verbrauch
auf den Speisewasservorwärmer, wenn dort das Wasser bis auf 40 °C unter Siedetemperatur erwärmt wird,
auf den Verdampfungsteil des Dampferzeugers,
auf den Überhitzer des Dampferzeugers?

Lösung

a) Enthalpie Heißdampf
mit 70 bar, 480 °C h = 3362 kJ/kg
Enthalpie Speisewasser
70 bar, 120 °C, ungefähr h_w = 509 kJ/kg

Aufwand $h - h_w$ = 2853 kJ/kg

Für 50 t/h sind das
$\dot{Q}$ = 50 · 10³ kg/h · 2910 kJ/kg
  = 142,6 · 10⁶ kJ/h

b) Im Überhitzer zuführen

$$h - h'' = 3362 - 2771 = 591 \text{ kJ/kg}$$

Im Verdampfungsteil = $h'' - h' + c_{pm} \cdot (t_s - t_w)$
oder $r + c_{pm} \cdot t$.
Das Wasser darf auf 40 °C unter Siedetemperatur aufgeheizt werden.
Die Siedetemperatur zu 70 bar, ist t_s = 286 °C;

$$h' = 1267 \text{ kJ/kg}.$$

Vorwärmung also auf etwa 246 °C. Dabei

$$c_{pm} = \text{etwa } 4,12 \text{ kJ/kg K}.$$

Zuführen also im Verdampfungsteil

$$2771 - 1267 + 4,12 \cdot (286 - 246) = 1656 \text{ kJ/kg}$$

Im Wasservorwärmer zuführen

$$c_{pw} \cdot (246 \,°\text{C} - 120 \,°\text{C})$$

mit c_{pw} = etwa 4,43 kJ/kg K

Zufuhr = 4,43 · 126 = 558 kJ/kg

Zusammen
im Überhitzer	= 591 kJ/kg =	21,2%
Verdampfungsteil	= 1656 kJ/kg =	59,0%
Wasservorwärmer	= 558 kJ/kg =	19,8%
	2805 kJ/kg = 100 %	

70. Beispiel

Mit Hilfe von Rauchgas soll Dampf von 25 bar, x = 0,95 auf 530 °C überhitzt werden.
a) Wie sieht die ZÄ im h,s-Diagramm aus?
b) Welche Wärmemenge in kJ/kg wird gebraucht?

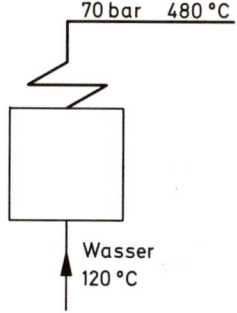

Bild 4.11 Bestimmung der Erzeugungswärme von Heißdampf; Berechnungsbeispiel

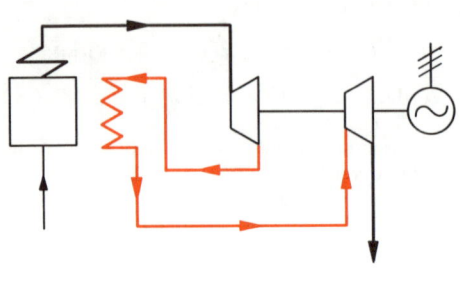
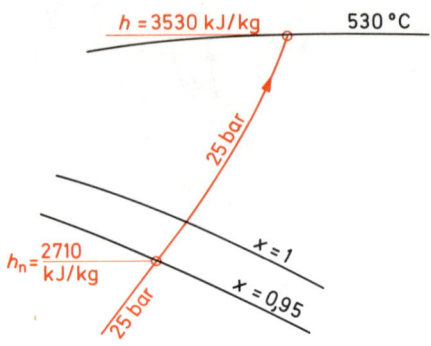

Bild 4.12 Überhitzung von Naßdampf; Berechnungsbeispiel

Lösung

a) Im h,s-Diagramm (Bild 4.12) wird der Schnitt der p = 25-bar-Linie mit der t = 530 °C Isotherme gesucht. Danach auf der p = 25-bar-Linie abwärts bis zum Schnitt mit der x = 0,95-Kurve.

b) bei 25 bar, 530 °C ist h = 3530 kJ/kg
bei 25 bar, x = 0,95 ist h_n = 2710 kJ/kg

Aufwenden   = 820 kJ/kg

Diese ZÄ kommt als „Zwischenüberhitzung" im Dampfkraftprozeß zur Anwendung.
Druckverluste in den Zu- und Ableitungen vom Hochdruckteil und Niederdruckteil der Turbine sowie im Zwischenüberhitzer sind hier nicht berücksichtigt.

71. Beispiel

$\dot{m}_1$ = 100 t/h Frischdampf von 150 bar, 565 °C strömen durch einen Zwischenüberhitzer und werden bis auf 500 °C abgekühlt (Bild 4.13).
Aus dem HD-Teil der Turbine tritt der Dampf mit 20 bar, 250 °C aus. Es gehen $\dot{m}_2$ = 95 t/h dieses Dampfes zum Zwischenüberhitzer.
a) Welche Temperatur t_4 und welchen Wärmeinhalt h_4 hat der Dampf $\dot{m}_2$ nach Austritt aus dem Zwischenüberhitzer?
b) Wie verlaufen die ZÄ im h,s-Diagramm?

Lösung

a) Im Zwischenüberhitzer ist, von Abstrahlungsverlusten abgesehen, Wärmeabgabe des heißen Dampfes = Wärmeaufnahme des kälteren Dampfes.

$$\dot{m}_1 \cdot (h_1 - h_2) = \dot{m}_2 \cdot (h_4 - h_3)$$

daraus $h_4 = \dfrac{\dot{m}_1 \cdot (h_1 - h_2) + \dot{m}_2 \cdot h_3}{\dot{m}_2}$

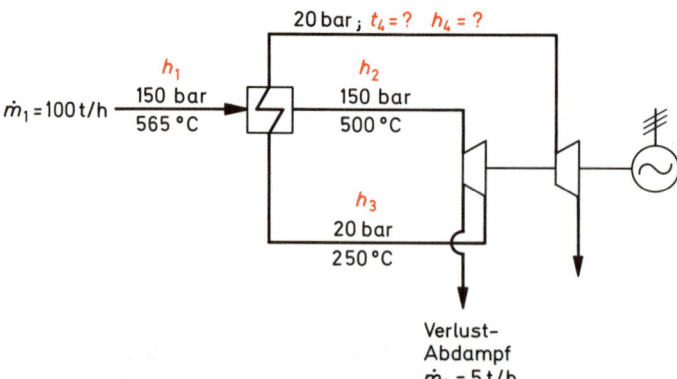

Bild 4.13 Zwischenüberhitzung durch strömenden Frischdampf; Schaltschema, Berechnungsbeispiel

146

h_1 bei 150 bar, 565 °C = 3490 kJ/kg
h_2 bei 150 bar, 500 °C = 3315 kJ/kg

Wärmeabgabe = 175 kJ/kg
h_3 bei 20 bar, 250°C = 2900 kJ/kg

Eingesetzt ergibt

$$h_4 = \frac{100 \text{ t/h} \cdot 175 \text{ kJ/kg} + 95 \text{ t/h} \cdot 2900 \text{ kJ/kg}}{95 \text{ t/h}}$$

$$= 3025 \text{ kJ/kg}$$

Aus dem Schnittpunkt zwischen $h_4 = 3025$ kJ/kg und der Isobaren $p = 20$ bar liest man im h,s-Diagramm ab

$$t_4 = 300 \text{ °C.}$$

b) Die Skizze aus dem h,s-Diagramm auf Bild 4.14.

4.4.3 Isothermische ZÄ

Die isothermische ZÄ hat weiter keine Bedeutung. Im Gebiet des Naßdampfes ist die Siedetemperatur konst zwischen $x = 0$ und $x = 1$.
Im Heißdampfgebiet verlaufen die Isothermen zunächst mit zunehmender Enthalpie. Je weiter sie sich von der oberen Grenzkurve entfernen, um so mehr verlaufen sie mit gleichbleibender, vom Druck unabhängiger Enthalpie.

Temperatur-Regelung auf $t = $ konstant
Bei verschiedenen Heizprozessen, auch zur Regelung der Frischdampftemperaturen, sollen die Temperaturen konstant gehalten werden.
Aus Turbinen tritt der Abdampf, der zum Heizen weiterverwendet werden kann, je nach Turbinenbelastung, mit schwankender Temperatur aus. Dabei steigen die Abdampftemperaturen, wenn die Turbine weniger belastet ist, weil der Turbinenwirkungsgrad schlechter wird.
Um die Temperatur konstant zu halten, kann man fein verteiltes Kühlwasser mittels Pumpe in den Dampf einspritzen.

72. Beispiel
Durch Einspritzen von kaltem Wasser mit 40 °C sollen $\dot{m}_1 = 2000$ kg/h Heißdampf von 7 bar, 280 °C auf 220 °C gekühlt werden (Bild 4.15).

a) Wieviel Einspritzwasser wird gebraucht?
b) Wieviel gekühlter Dampf fällt an?

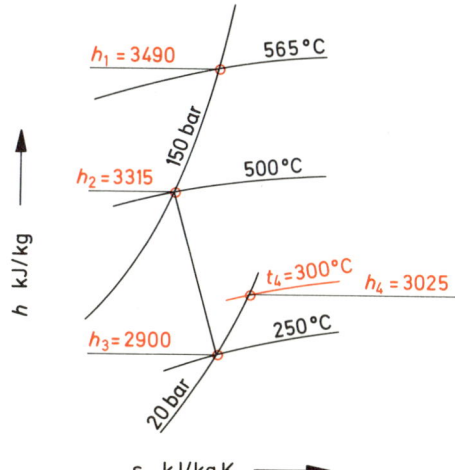

Bild 4.14 Zwischenüberhitzung durch strömenden Frischdampf; Verlauf im h,s-Diagramm; Berechnungsbeispiel

Lösung
Hier handelt es sich um eine Mischung des Wassers mit dem Dampf. Aus der Gleichheit der Enthalpien ist

$$\dot{m}_1 \cdot h_1 + \dot{m}_w \cdot h_w = \dot{m}_2 \cdot h_2$$

$$\dot{m}_2 = \dot{m}_1 + \dot{m}_w$$

$$\dot{m}_1 \cdot (h_1 + h_2) = \dot{m}_w \cdot (h_2 - h_w)$$

$$\dot{m}_w = \dot{m}_1 \cdot \frac{(h_1 - h_2)}{(h_2 - h_w)}$$

$$= 2000 \frac{\text{kg}}{\text{h}} \cdot \frac{(3020 - 2890) \text{ kJ/kg}}{(2890 - 168) \text{ kJ/kg}}$$

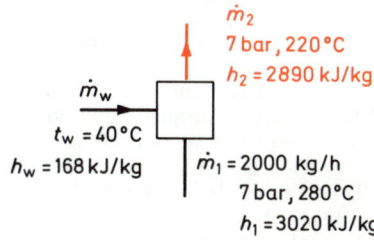

Bild 4.15 Dampfkühlung durch Wassereinspritzung; Berechnungsbeispiel

10*

147

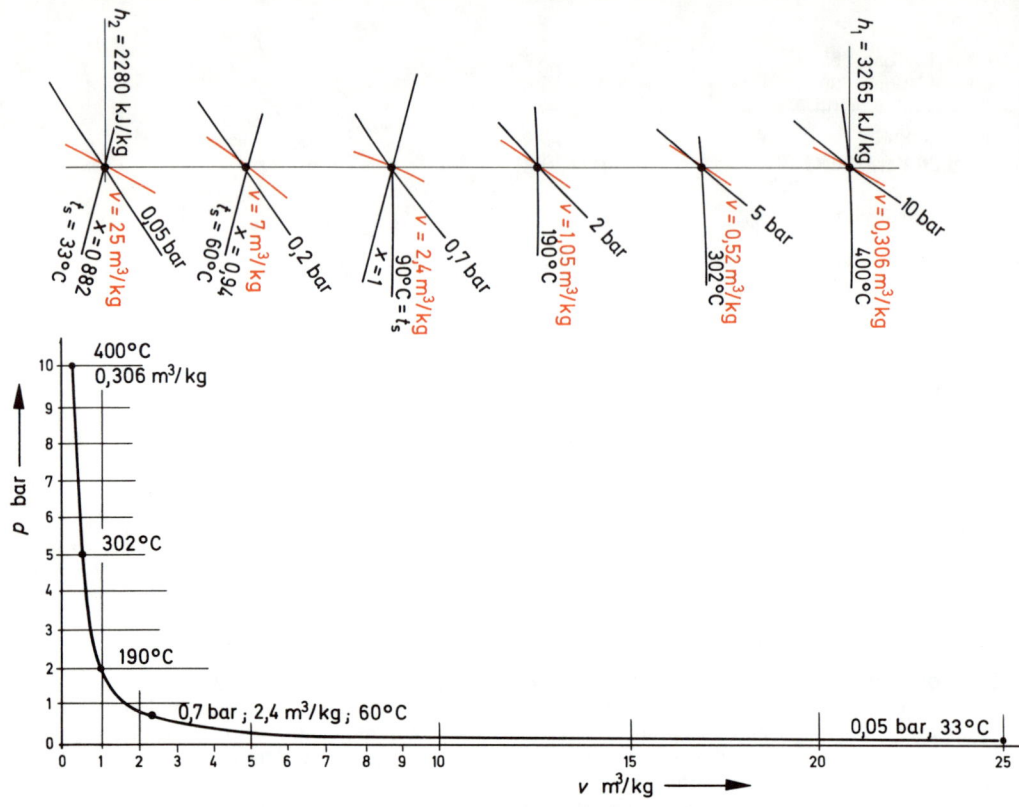

Bild 4.16 Verlauf einer Isentrope im h,s- und im p,v-Diagramm

$\dot{m}_w$ = 95,4 kg/h Wasser

$= \dot{m}_1 + \dot{m}_w = 2000 + 95,4$

$= 2095,4$ kg/h Dampf

4.4.4 Die isentrope und die polytrope ZÄ- Zwischenüberhitzung

Isentropen sind im T,s- und h,s-Diagramm senkrechte Gerade.

Die Strecke im h,s-Diagramm, die zwischen Beginn und Ende einer isentropen Expansion liegt, nennt man das isentrope Wärmegefälle.

Das Wärmegefälle entspricht der Arbeitsfähigkeit des Dampfes in einer Dampfturbine oder Kolbendampfmaschine.

Aus dem Verlauf der Isentrope kann man im h,s-Diagramm die zugehörigen Zustandsgrößen p, v, t direkt ablesen.

Bei der isentropen Expansion geht überhitzter Dampf nach Überschreiten der oberen Grenzkurve, $x = 1$, in den Zustand Naßdampf über. Dabei ist κ von Wasserdampf nicht konstant, sondern für

Heißdampf $\kappa = 1,3$
Sattdampf $\kappa = 1,135$
feuchten Dampf $\varkappa = 1,035 \cdot x$, etwa $x = 1$ bis $x = 0,7$ und $p_2/p_1 = 20$

73. Beispiel

Für eine Expansion von Heißdampf 10 bar, 400 °C auf 0,05 bar sollen ermittelt werden

a) die spez. Volumen und die Temperaturen für Zwischenwerte,

b) die Isentrope ist in ein p,v-Diagramm zu übertragen,

c) wie groß ist die verlustlose Leistung einer Dampfturbine, welche das gegebene Gefälle mit einer Dampfmenge von 20 t/h verarbeitet?

148

Lösung

a) Verlauf der Isentrope von 10 bar, 400 °C bis 0,05 bar auf Bild 4.16, Zwischenwerte auf dem Bild.

b) Übertragung in das p,v-Diagramm (Bild 4.16). Beide Diagramme zeigen, wie stark die Dampftemperaturen fallen. Dies ist von Bedeutung für die Wärmedehnung der Läufer und Gehäuse von Dampfturbinen.

Sehr deutlich zeigt das p,v-Diagramm die außerordentliche Zunahme des spez. Volumens. Dies bedeutet eine entsprechende Zunahme der Schaufellänge in der Dampfturbine, der Zylinderdurchmesser in der Kolbendampfmaschine, der Rohrleitungen, besonders der Niederdruckrohrleitungen.

Zu bedenken ist, daß hier mit $p_1/p_2 = 10/0,05 = 200$ auch ein sehr großes Druckverhältnis vorliegt.

Dem entspricht ein großes Arbeitsvermögen des Wasserdampfes.

c) Die verlustlose Leistung ist

$$P = (h_1 - h_2)\ \text{kJ/kg} \cdot \dot{m}\ \text{kg/s in kJ/s} = \text{kW}$$
$$P = (3265 - 2280) \cdot 20\,000\ \text{kg/h}/3600\ \text{s/h}$$
$$= 5460\ \text{kW}$$

Bei dieser Leistung kann man mit einem Turbinenwirkungsgrad von etwa $\eta_i = 0,84$ rechnen und gibt 4600 kW an der Kupplung ab.

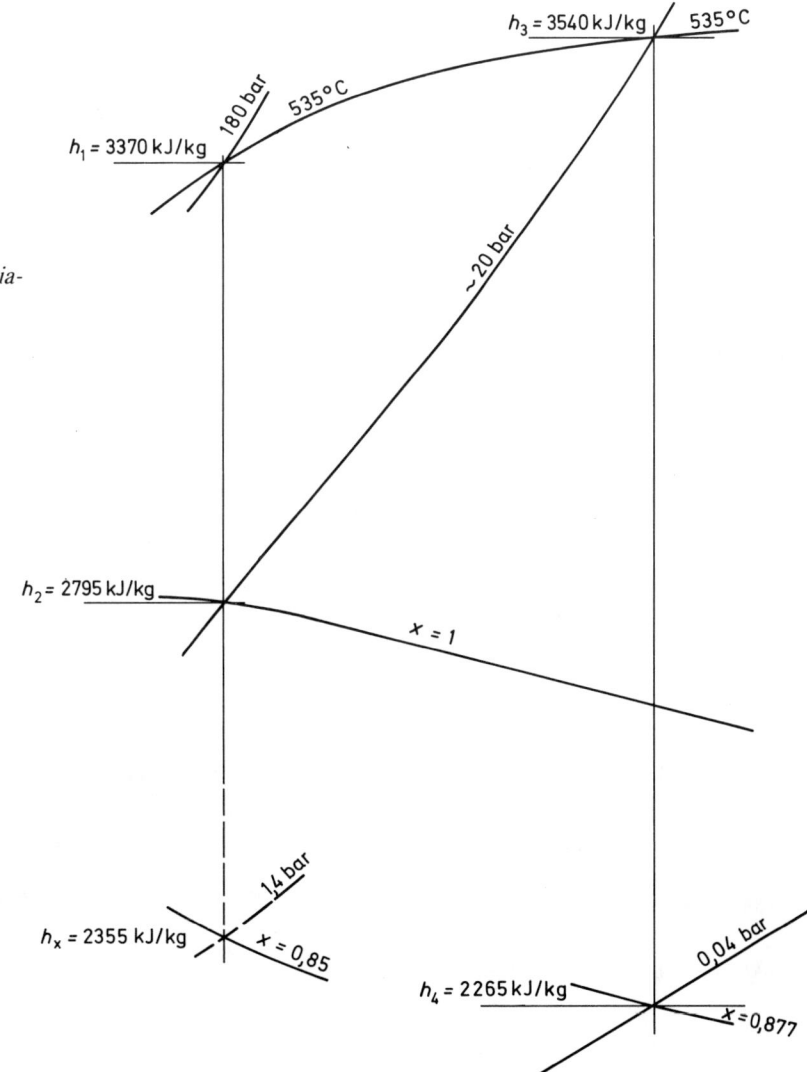

Bild 4.17   Zwischenüberhitzung im h,s-Diagramm; Beispiel

Bedeutung der Zwischenüberhitzung

Die Zw-Überhitzung macht es möglich, hohe Dampfzustände p, t anzuwenden, ohne daß der Dampf zuletzt, bei tiefer Expansion zu feucht wird.

Es ist etwa $x = 0,85$ mit Rücksicht auf Auswaschungen an der Beschauflung der letzten Stufen von „Kondensations-Turbinen", die mit Abdampfdrücken von 0,045 bar bis 0,08 bar arbeiten, zulässig.

Die Skizze auf Bild 4.17 zeigt, daß Frischdampf von 180 bar, 535 °C etwa schon bei Expansion auf 1,4 bar den Zustand $x = 0,85$ erreicht (die Expansion verläuft in Wirklichkeit nach einer Polytropen). Wenn man bis 535 °C zwischenüberhitzt, umgeht man die große Dampfnässe und gewinnt außerdem einen großen Teil zusätzlichen Wärmegefälles.

Auf dem Bild ist das Gefälle

$$h_1 - h_x = 3370 - 2355 = 1015 \text{ kJ/kg}.$$

Dagegen ist $(h_1 - h_2) + (h_3 - h_4) = 3370 - 2795) + (3540 - 2265) = 1850 \text{ kJ/kg}$, also fast doppelt so groß.

Polytrope ZÄ

Bei polytroper Expansion wird nicht die gesamte Wärmeenergie in Arbeit umgesetzt. Ein Teil geht als innere Reibung, als nicht in mechanische Arbeit umgesetzt, verloren. Das verarbeitete, durch Messung nachgewiesene Gefälle ist kleiner als das isentrope Gefälle.

Dadurch ändert sich der Zustand des Dampfes, was bei der Auslegung der Maschine berücksichtigt werden muß.

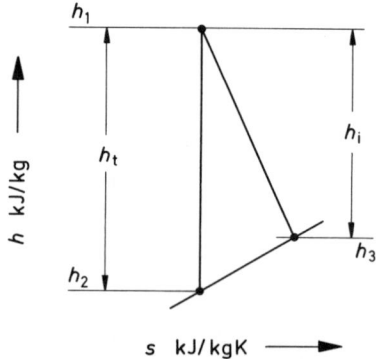

Bild 4.18   Polytrope ZÄ im h,s-Diagramm

150

Während h_t das isentrope Gefälle bedeutet, ist $h_i = \eta_i \cdot h_t$ das polytrope, wirklich verarbeitete Gefälle, Bild 4.18.

Die Wirkungsgrade η_i der Dampfturbinen und Kolbendampfmaschinen kennt man in den meisten Fällen (s. *Dietzel*, Dampfturbinen, Hanser-Verlag, 3. Aufl. 1980, S. 24), kann also den ungefähren Verlauf der voraussichtlichen Expansion vorher bestimmen. Dementsprechend kennt man auch die Zustandsgrößen p, v, t, x.

74. Beispiel

Eine Dampfturbine, $P = 10\,000$ kW an der Kupplung, arbeitet mit Frischdampf von 20 bar, 450 °C und expandiert bis 3 bar. Der innere Turbinenwirkungsgrad ist mit $\eta_i = 0,80$ zu erwarten.

a) Mit welchem Zustand wird der Abdampf austreten?

b) Wie groß ist der erforderliche Dampfdurchsatz?

Lösung

a) Beim Frischdampfzustand $p_1 = 20$ bar, $t_1 = 450$ °C ist $h_1 = 3360$ kJ/kg. Bis zu $p_2 = 3$ bar ist das isentrope Gefälle $h_1 - h_2 = h_t = 3360 - 2855 = 505$ kJ/kg (Bild 4.19).

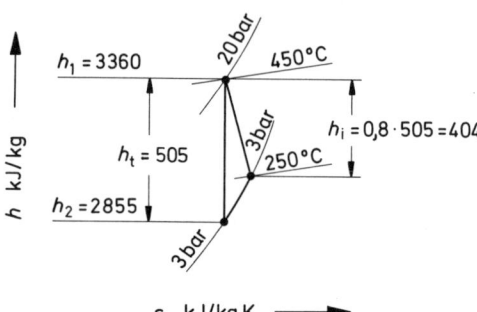

Bild 4.19   Bestimmung des Abdampfzustandes im h,s-Diagramm; Berechnungsbeispiel

Mit $\eta_i = 0,80$ ist $h_i = 0,8 \cdot 505 = 404$ kJ/kg.

Diese abgetragen und zum Schnitt mit der $p_2 = 3$-bar-Kurve gebracht, ergibt den Zustand des aus der Turbine austretenden Abdampfes mit $p_3 = 3$ bar, $t_3 = 250$ °C (überhitzter Dampf). Der Abdampf mit der Enthalpie $h_3 = 3360 - 404 = 2956$ kJ/kg steht zur Verwertung in einem Wärme verbrauchenden Prozeß zur Verfügung.

b) Der Dampfverbrauch ist aus $P = \eta_i \cdot h_t \cdot \dot{m}$ zu errechnen.

$$\dot{m}\,(\mathrm{kg/s}) = \frac{P\,(\mathrm{kJ/s})}{\eta_i \cdot h_t\,(\mathrm{kJ/kg})} = \frac{10\,000}{0,8 \cdot 505}$$

$$= 24,8\ \mathrm{kg/s}$$

$$\dot{m} = 88\ \mathrm{t/h}$$

4.4.5 Drosselung

Die Drosselung ist eine ZÄ mit h = konst. Im h,s-Diagramm erscheint sie als horizontale Gerade. Durch Drosseln verliert der Dampf an Arbeitsvermögen. Kommt beispielsweise Frischdampf von 100 bar, 530 °C vor die Hauptabschließung einer Turbine und verliert durch Drosselung im Dampfsieb vor den Einlaßventilen, in den Einlaßventilen selbst, insgesamt 5 bar an Druck, dann verliert er bei Expansion auf 20 bar $\Delta h = 25\ \mathrm{kJ/kg}$ an Gefälle (Bild 4.20). Das sind in diesem Fall fast 5%.

Drosselregelung
Die Wirkung der Drosselung wird zur Leistungsregelung bei Kleinturbinen benutzt (Bild 4.21). Da sich die Leistung aus $P = \dot{m} \cdot (h_1 - h_2)$ ergibt, kann man durch Drosseln die Leistung sehr einfach verringern. Die Nachteile sind:
Verlust an Arbeitsvermögen, für das man im Dampferzeuger Aufwendungen gemacht hat.
Ansteigen der Abdampftemperatur. Da solche Kleinturbinen vielfach bei Wärmeprozessen eingesetzt werden und diese meist eine gleichblei-

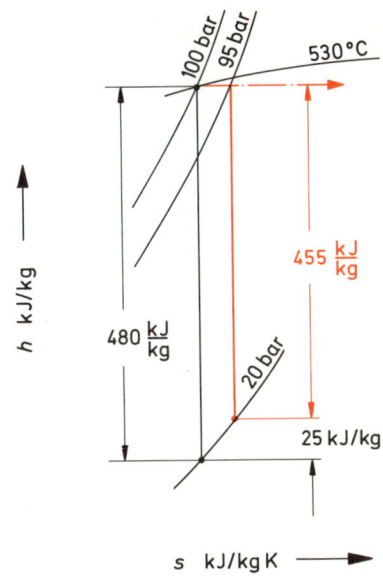

Bild 4.20 Eintritts-Drosselung im h,s-Diagramm; Beispiel

bende Eintrittstemperatur benötigen, muß zwischen Turbine und Wärmeverbraucher ein regelbarer Heißdampfkühler eingebaut werden.

Bild 4.21 Drosselregelung im h,s-Diagramm

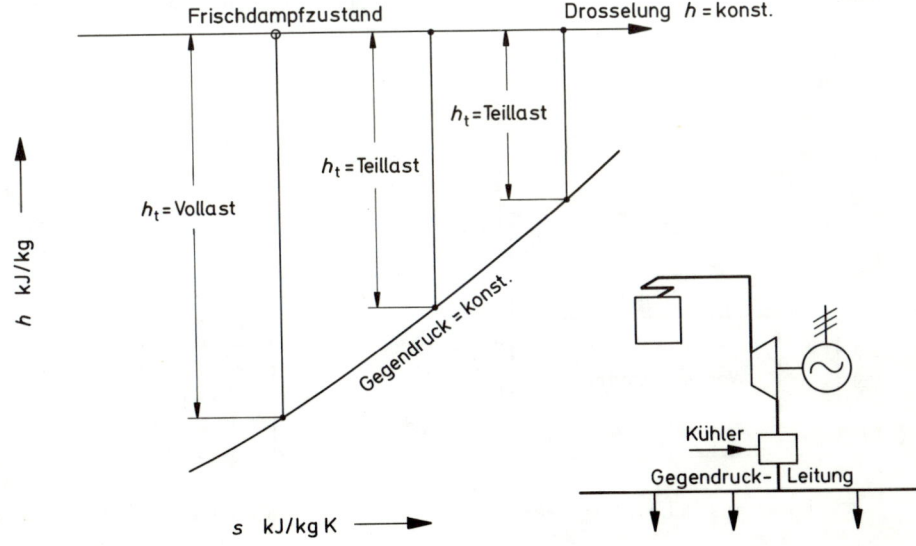

151

Bestimmung des Feuchtigkeitsgehaltes von Naßdampf

Drosselt man Naßdampf, bis er in den überhitzten Zustand übergeht, dann läßt sich feststellen, welchen Dampfgehalt x er vorher gehabt hat. Voraussetzung ist, daß man den Dampf in einen Raum übertreten lassen kann, in welchem der Druck entsprechend tief ist, so daß eine gedrosselte Strömung zustande kommt.

75. Beispiel

Nasser Dampf von 5 bar mit unbekanntem Dampfgehalt x erreicht durch Drosseln auf 0,1 bar eine Temperatur von 80 °C.
Wie groß war x?

Bild 4.22   Bestimmung der Dampffeuchtigkeit durch Drosseln; Berechnungsbeispiel

Lösung

Der Punkt 0,1 bar, 80 °C liegt eindeutig im Heißdampfgebiet, weil bei 0,1 bar, t_s = 46 °C. Der gedrosselte Dampf ist also um 80 °C — 46 °C = 34 K überhitzt.
Vom Zustand 0,1 bar, 80 °C aus im h,s-Diagramm eine Horizontale h = konst zum Schnitt mit der p = 5-bar-Linie bringen, ergibt x = 0,953 (Bild 4.22).

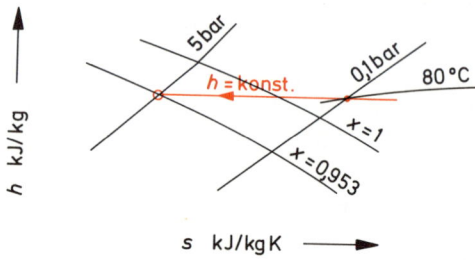

4.5   Der Clausius-Rankine-Dampfkraftprozeß

Der Clausius-Rankine-Prozeß ist der Kreisprozeß, den die Dampfkraftmaschinen, also die Kolbendampfmaschinen oder Dampfturbinen durchlaufen, um Wärmeenergie in mechanische Energie umzuwandeln.
Der Prozeß enthält die Verdampfung des Speisewassers, die Überhitzung des Arbeitsdampfes, die Expansion in der Kraftmaschine und gegebenenfalls die Verflüssigung des Abdampfes durch Kondensation.

4.5.1   Darstellung im T,s- und im h,s-Diagramm

Im T,s-Diagramm (Bild 4.23), sind zwei Vergleichsprozesse gekennzeichnet. Beide haben denselben Vorgang zum Inhalt.
linkes Bild: unter g—a—b liegt die Wärmezufuhr, die benutzt wird, um das Abdampfkondensat, unter dem Arbeitsdruck b des Prozesses, zum Sieden zu bringen. Dann folgen die Zufuhren von

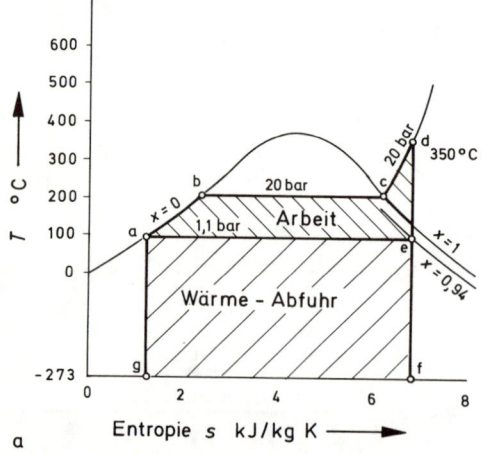

a

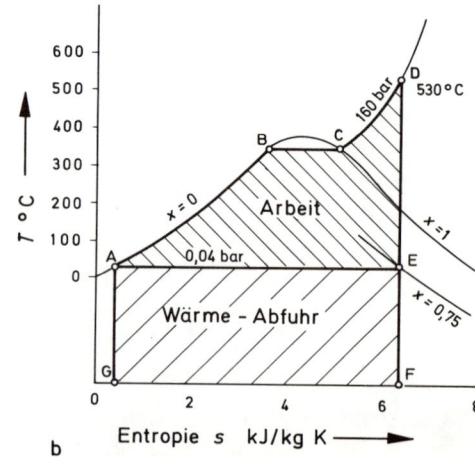

b

Bild 4.23   Clausius-Rankine-Prozeß im T,s-Diagramm

Verdampfungswärme b—c und schließlich Überhitzungswärme c—d. Die Fläche g—a—b—c—d—f entspricht der gesamten Wärmezufuhr.

Von d—e folgt die Umwandlung in mechanische Arbeit durch adiabate Expansion in der Kraftmaschine.

Bei e endet die Expansion. Der Abdampf wird hier (linkes Bild) von e—a in die Umgebung abgeführt, wie es beispielsweise bei einer Lok der Fall war.

In Arbeit umgesetzt ist die Differenz dieser beiden Flächen, nämlich die Fläche a—b—c—d—e—a.

Die eingetragenen Zahlenwerte zeigen, daß es sich um einen Prozeß mit Frischdampf von 20 bar, 350 °C handelt, dessen Arbeitsvermögen bis zum Umgebungsdruck der Atmosphäre ausgenutzt wird.

Planimetriert man beide Flächen, dann ergibt sich

$$\eta_{th} = \frac{q_{zu} - q_{ab}}{q_{zu}} = 1 - \frac{q_{ab}}{q_{zu}},$$

ein theoretischer Wirkungsgrad von etwa 20%. Der effektive Nutzwirkungsgrad liegt für eine Dampflok bei etwa 7%, wegen der Verluste, die im Dampferzeuger (hier $\eta_k = 0,7$), in der Kolbendampfmaschine ($\eta_M = 0,7$) und im Triebwerk ($\eta_m = 0,7$) entstehen.

Eine Verbesserung des theoretischen Gesamtwirkungsgrades ist möglich

— durch Erhöhen des Frischdampfzustandes,
— durch Senken des Abdampfverlustes.

Beide Maßnahmen sind im rechten Bild (Bild 4.23) berücksichtigt.

Die Wärmezufuhr entspricht der Fläche unter dem Linienzug A—B—C—D, also der Gesamtfläche G—A—B—C—D—F. Die Kraftmaschine arbeitet mit Frischdampf von 160 bar, $t = 530\,°C$, der bis auf 0,04 bar expandiert.

Die Wärmeabfuhr E—A ist in der Fläche G—A—E—F enthalten.

Einer wesentlich größeren Arbeitsfläche steht eine wesentlich kleinere Abwärmefläche gegenüber.

Der Prozeß kommt auf theoretisch thermische Wirkungsgrade von etwa $\eta_{th} = 0,50$, von denen $\eta_{ges} = 0,40$ praktisch erreicht werden.

Die Verbesserungen sind bei der Darstellung im T,s-Diagramm deutlich zu erkennen. Sie entsprechen dem Gedanken des Carnotprozesses. Gerade beim Dampfkraftprozeß, besonders bei dem

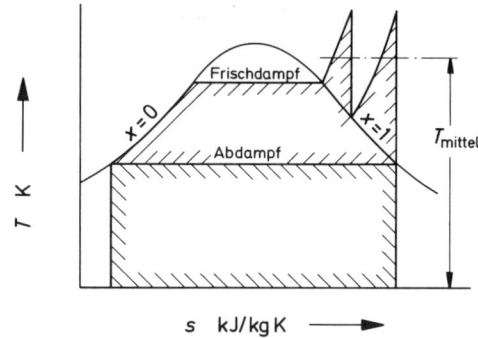

Bild 4.24 „Carnotisieren" des Hochdruck-Hochtemperatur-Dampfkraftprozesses durch mehrfache Zwischenüberhitzung

Niederdruckprozeß auf dem linken Bild, läßt sich starke Ähnlichkeit mit einem Carnotprozeß erkennen. Sowohl die Wärmezufuhr mit der Verdampfungswärme b—c, als auch die Wärmeabfuhr e—a liegen, wegen der Eigenschaften des Wasserdampfes, auf Isothermen.

Man spricht daher häufig vom „Carnotisieren" des Dampfkraftprozesses. Damit ist gemeint, daß man die Wärmezufuhr b—c—d auf hohen Niveau und bei möglichst hoher Mitteltemperatur isothermisch verlaufen lassen möchte. Diesem ersten Ziel kann man theoretisch durch mehrfache Zwischenüberhitzung näher kommen (Bild 4.24). Die Isotherme bei der Wärmeabfuhr legt man so tief wie möglich. Die untere Grenze ergibt sich durch den Druck und durch die zulässige Dampfnässe.

Auf diese Verbesserungsmöglichkeiten bei der Wärmezu- und -abfuhr wird ausführlich im Hauptstudium eingegangen. Der Weg ist angedeutet. Bei der Wärmeabfuhr kommt ein ebenfalls erst später zu behandelndes Verfahren zur teilweisen Nutzbarmachung der Abwärme durch Vorwärmung des Kesselspeisewassers mittels Anzapfdampf hinzu.

Darstellung im h,s-Diagramm

Im h,s-Diagramm sind die vollständigen Enthalpien des Dampfes, einschließlich Verdampfungs- und Überhitzungswärme, enthalten.

Die Enthalpie von Frischdampf 20 bar, 350 °C, der aus Speisewasser von 0 °C entstanden ist, wird im h,s-Diagramm mit $h = 3136$ kJ/kg abgelesen.

Zur Berechnung des thermischen Wirkungsgrades benötigt man das Wärmegefälle $h_1 - h_2$

153

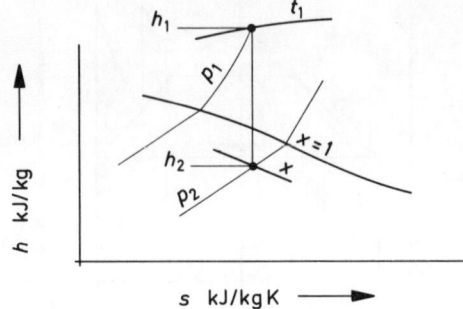

Bild 4.25   Dampfkraftprozeß im h,s-Diagramm

zwischen Frischdampfzustand und Abdampfdruck (Bild 4.25) und die Enthalpie des Speisewassers, die man den Dampftabellen entnehmen
kann. So ist die Enthalpie von Wasser mit 33 °C,
entsprechend der Siedetemperatur bei einem
Druck von 0,05 bar, $h_w = h' = 138$ kJ/kg K.

76. Beispiel
Welchen theoretischen thermischen Wirkungsgrad
erreichen zwei Dampfkreisprozesse, die mit folgenden Dampfzuständen arbeiten (vgl. Bild
4.23):

a) Frischdampf $p_1 = 20$ bar, $t_1 = 350$ °C,
Abdampfdruck $p_2 = 1,1$ bar.
Es steht Speisewasser von $t_w = 20$ °C zur Verfü-
gung.
b) Frischdampf $p_1 = 160$ bar, 530 °C,
Abdampfdruck $p_2 = 0,04$ bar.

Lösung
a) für $p_1 = 20$ bar, $t_1 = 350$ °C ist aus dem h,s-
Diagramm $h_1 = 3140$ kJ/kg K (Bild 4.26).
Bei isentroper Expansion auf

$p_2 = 1,1$ bar ist $h_2 = 2540$ $(x = 0,96)$ kJ/kg K

Wird der Dampferzeuger mit Speisewasser von

$t_w = 20$ °C und daraus
$h_w = c_p \cdot t_w = 4,18$ kJ/kg K $\cdot$ 20 K $= 84$ kJ/kg

versorgt, dann ist

$$\eta_{th} = \frac{h_1 - h_2}{h_1 - h_w} = \frac{3140 - 2540}{3140 - 84} = \frac{600}{3056}$$

$$= 0,194 = 19,4\%$$

b) $p_1 = 160$ bar, $t_1 = 530$ °C ergibt $h_1 = 3385$
kJ/kg. Isentrope Expansion auf 0,04 bar

ergibt $h_2 = 1935$ kJ/kg K $(x = 0,76$; nur theor.
durchführbar). Wird der Abdampf bei diesem
Druck kondensiert, dann ist seine Temperatur
29 °C und seine Enthalpie $h' = 121$ kJ/kg K.

$$\eta_{th} = \frac{3385 - 1935}{3385 - 121} = \frac{1450}{3264} = 0,445 = 44,5\%$$

4.5.2   Vorteile des Hochdruck-Hochtemperatur-Kreisprozesses

Bemerkenswert ist, daß beim Hochdruck-Hoch-
temperatur-Dampfkraftprozeß die Enthalpie des
Frischdampfes nicht sehr viel größer ist als die
eines Niederdruckprozesses.

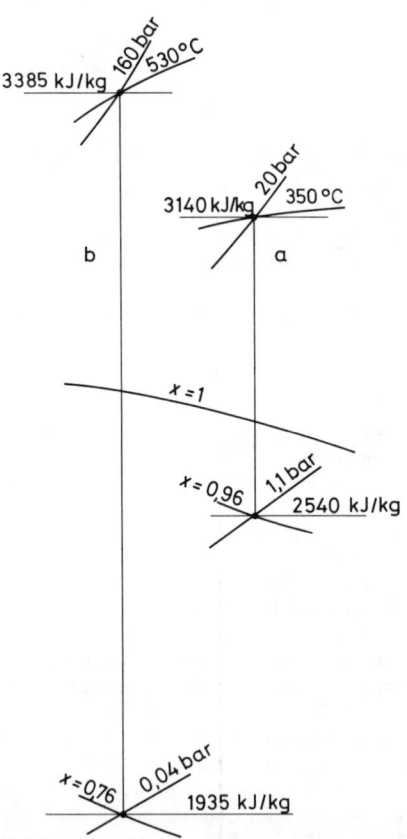

*Bild 4.26   Bestimmung des isentropen Wärme-
gefälles im h,s-Diagramm; Berechnungsbeispiel*

154

Im letzten Beispiel war $h_1 = 3385$ kJ/kg K bei 160 bar, 530 °C gegenüber 3140 kJ/kg K bei 20 bar, 350 °C. Der Unterschied beim Wärmeaufwand für die Erzeugung des Frischdampfes ist also verhältnismäßig gering. Dies gilt besonders dann, wenn beim Niederdruckprozeß Speisewasser mit nur etwa Umgebungstemperatur zur Verfügung steht.

Dagegen ist das nutzbare Wärmegefälle beim Hochdruck-Kondensationsprozeß sehr viel größer. In diesem Fall verhält es sich wie 1450 : 600 = 2,4 : 1, ist also über doppelt so groß.

Dies hat zur weiteren Folge, daß auch der Dampfdurchsatz der gesamten Anlage, also im Dampferzeuger, in den Rohrleitungen, in der Dampfturbine, im Kondensator, der Durchsatz der Kesselspeisepumpen verhältnismäßig, hier um das 2,4fache kleiner wird. Die Leistung ist

$$P = \dot{m}_s \text{ kg/s} \cdot (h_2 - h_1) \text{ kJ/kg in kW}$$

Dementsprechend ist der Dampfdurchsatz

$$\dot{m} = \frac{P \text{ kW}}{(h_2 - h_1) \text{ kJ/kg}} \cdot 3,6 \text{ in t/h}$$

Dampfdurchsatz

77. Beispiel

a) Wie groß ist der theoretische Dampfdurchsatz bei einem Hochdruck-Dampfkraftprozeß mit den Daten des vorhergehenden Beispiels, wenn eine Leistung von 300 MW zu erbringen ist?

b) Welchen Rohrdurchmesser erhält die Frischdampfleitung, wenn die Dampfgeschwindigkeit bei Vollast $w = 50$ m/s beträgt?

Lösung

a) Bei einem Frischdampfzustand von 160 bar, 530 °C und einem Abdampfdruck von 0,04 bar hatte sich ein Gefälle von $h_1 - h_2 = 3385 - 1935 = 1450$ kJ/kg ergeben.

Für $P = 300$ MW ist ein Dampfdurchsatz erforderlich von

$$\dot{m} = \frac{300\,000 \text{ kW}}{1450 \text{ kJ/kg}} \cdot 3,6 = 740 \text{ t/h}$$

b) Der Rohrquerschnitt ist aus der Kontinuitätsgleichung

$$\dot{m} \cdot v = A \cdot w$$

$$A = \frac{\dot{m}_s \cdot v}{w}$$

$$\dot{m}_s = \frac{P}{h_1 - h_2} = \frac{300\,000 \text{ kJ/s}}{1450 \text{ kJ/kg}} = 207 \text{ kg/s}$$

$$v = 0,021 \text{ m}^3/\text{kg zu 160 bar}, \ t = 530\,°\text{C}$$
aus h, s-Diagramm

$$A = \frac{207 \text{ kg/s} \cdot 0,021 \text{ m}^3/\text{kg}}{50 \text{ m/s}} = 0,087 \text{ m}^2$$

$$= 870 \text{ cm}^2$$

$$D = \sqrt{4 \cdot A/\pi} = \sqrt{1110} = 33,4 \text{ cm}$$

$$= 330 \text{ mm } \varnothing$$

4.5.3 Der Dampfkraftprozeß im Kernkraftwerk

Im Kernkraftwerk wird die im Reaktorkern erzeugte Wärme in mechanisch-elektrische Energie umgesetzt. Die Wärme wird zunächst an ein Kühlmittel und von diesem an den eigentlichen Dampfkraftprozeß übertragen.

Heute unterscheidet man vier Typen:

— Gasgekühlte Reaktoren mit CO_2-Kühlung
— Siedewasser-Reaktoren, Kühlmittel, leichtes Wasser
— Druckwasser-Reaktoren, Kühlmittel, leichtes Wasser
— Schwerwasser-Reaktoren, Kühlmittel D_2O, schweres Wasser

Die Kühlmittel übertragen die im Reaktor aufgenommene Wärme an Wasser, das verdampft wird und seine Energie an Dampfturbinen abgibt. Die Dampfturbine treibt den Stromerzeuger.

Mit gasgekühlten Reaktoren werden die üblichen Dampfkraftprozesse betrieben, bei denen mit Heißdampf gearbeitet wird.

Dagegen wird in den Siedewasser-Reaktoren Sattdampf erzeugt, der Sattdampf-Turbinen antreibt. Die Leichtwasser-Reaktoren unterscheiden sich wie folgt (Bild 4.27).

Siedewasser-Reaktor

Der Reaktorkern wird mit Wasser gekühlt. Der durch die Wärmeabgabe erzeugte Sattdampf wird direkt der Turbine zugeführt. Der Dampf ist also leicht radioaktiv. Dies ist jedoch eine kurzlebige Aktivität durch Bildung von Stickstoff- und Sauerstoffisotopen, die nicht nach außen dringt.

155

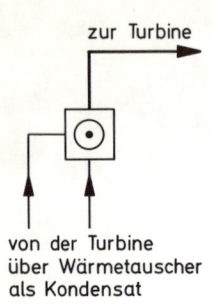
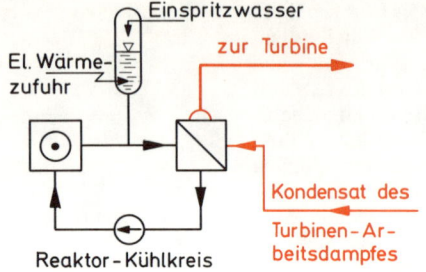

Einspritzwasser

zur Turbine

El. Wärme-zufuhr

zur Turbine

Kondensat des Turbinen-Arbeitsdampfes

von der Turbine über Wärmetauscher als Kondensat

Reaktor-Kühlkreis

Siedewasser-Reaktor

Druckwasser-Reaktor

Bild 4.27 Schaltschema des Siedewasser- (links) und Druckwasserreaktors

Teile wie die Wellenstopfbüchsen der Turbine, Einlaß- und Regelventile, durch die Dampf nach außen austreten könnte, werden durch Sperrdampf abgedichtet, der aus inaktivem Wasser in einem Nebenkreislauf erzeugt wird. Die Turbine besteht aus mehreren Gehäusen, das Hochdruckgehäuse, in dem der erste Expansionsvorgang stattfindet, ist in einem nicht begehbaren Gebäudeteil untergebracht.

Druckwasser-Reaktor
Der Reaktorkern wird durch einen eigenen, geschlossenen Kühlwasserkreislauf mit Leichtwasser gekühlt. Dieses Reaktorkühlwasser gibt seine Wärme an einen Wärmetauscher ab, in dem ebenfalls nur Sattdampf erzeugt wird. Um den Druck im Reaktor-Kühlkreislauf immer so hoch zu halten (etwa 160 bar), daß das heiße Kühlwasser, dessen Temperaturgefälle zwischen Eintritt und Austritt bei 285 °C und 315 °C liegt, keinen

Dampf bilden kann, ist ein Druckhalter eingebaut (s. Bild 4.27). Dieser ist etwa halbvoll mit Wasser gefüllt, über dem sich ein Dampfpolster befindet. Das Wasser kann über eine el. Heizbatterie aufgeheizt werden, wodurch der Druck steigt. Durch Abblasen von Dampf und Einsprühen von kaltem Wasser kann es abgekühlt werden, wodurch der Druck fällt.

Gleicher Turbinenkreislauf bei beiden Systemen (Bild 4.28).
Der niedrige Frischdampfzustand von etwa 70 bar Sattdampf, entsprechend 285 °C, wird mit Rücksicht auf die zulässige Erwärmung im Innern des Reaktorkerns gewählt. Der Abdampfdruck des Turbinenkreislaufes liegt bei 0,045 bar.
Das Turbinengefälle ist also wesentlich kleiner als bei konventionellen Dampfkraftprozessen, die mit 180 bar, 535 °C und Zwischenüberhitzung arbeiten. Deswegen sind die arbeitenden Dampf-

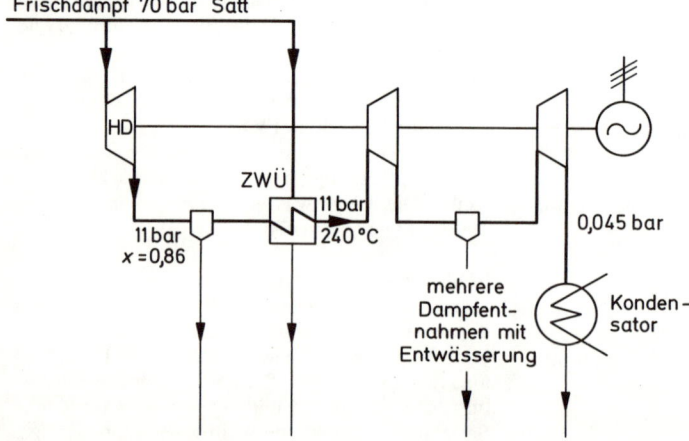

Frischdampf 70 bar Satt

HD

ZWÜ

11 bar
$x = 0,86$

11 bar
240 °C

mehrere Dampfentnahmen mit Entwässerung

0,045 bar

Kondensator

Bild 4.28 Schaltschema des Turbinenkreislaufes mit Entwässerung, Zwischenüberhitzung durch strömenden, kondensierenden Frischdampf, Entwässerung und Dampfentnahmen für die Speisewasservorwärmung

mengen beim Sattdampfprozeß wesentlich größer.
Die Leistung ergibt sich aus

$$P = H_t \text{ kJ/kg} \cdot \dot{m} \text{ kg/s} \cdot \eta_T \text{ in kJ/s} = \text{kW},$$

wenn η_T der Turbinenwirkungsgrad. Eine solche Kernkraftwerksturbine hat bei einer Leistung von 1300 MW einen Dampfdurchsatz von 2000 kg/s im Wärmetauscher. Für das konventionelle Dampfkraftwerk, das mit den genannten Daten arbeitet, ist der Dampfdurchsatz halb so groß.
Die Verarbeitung des Sattdampfes bringt Probleme für die Turbinen. Das ausgeschiedene Wasser muß über Wasserabscheider entfernt werden, weil es Bremswirkungen und Auswaschungen verursacht.
Deswegen wird nach Verarbeitung eines Teilgefälles, bei dem etwa $x = 0,9$ erreicht worden ist, der Dampf entwässert und durch strömenden Frischdampf zwischenüberhitzt (Bilder 4.28 und 4.29).
Danach folgt die weitere Expansion, wobei immer wieder Wasser, auch ein Teil Arbeitsdampf, entnommen wird. Auf Bild 4.29 ist gezeigt, wie die Enthalpie des Restdampfes jeweils nach den Entnahmestellen zunimmt. Das Kondensat und der entnommene Dampf werden benutzt, um das Speisewasser vor Eintritt in den Reaktor (Siedewasser-R) bzw. in den Wärmetauscher, auf etwa 210 °C vorzuwärmen. Dieser Teil des Kreislaufes ist hier nicht wiedergegeben.
Zusammenfassend soll noch gesagt werden, daß etwa 18% des Frischdampfes während der Arbeitsvorgänge als Wasser ausfallen, davon 8% hinter dem ersten Turbinenabschnitt, 4% innerhalb der Turbinenstufen, 6% im Abdampf.
Die Dampfmengen sind doppelt so groß, die Volumenströme $\dot{V} = \dot{m} \cdot v$ in m³/s etwa viermal so groß, zum Niederschlagen der Abdampfmengen werden doppelt so große Kühlwassermengen benötigt wie beim konventionellen Dampfkraftprozeß.
In der Entwicklung und im Bau befinden sich mit Heliumgas gekühlte Kernreaktoren (THTR Thorium-Hochtemperaturreaktor). Das Helium wird bei einem Druck von etwa 40 bar und mit Temperaturen zwischen 250° C und 750 °C die Reaktorwärme aufnehmen. Sie wird an einen Dampfkreislauf übertragen, der mit Frischdampfzuständen von 180 bar, 535 °C, Zwischenüberhitzung bei 45 bar auf 535 °C, arbeitet.

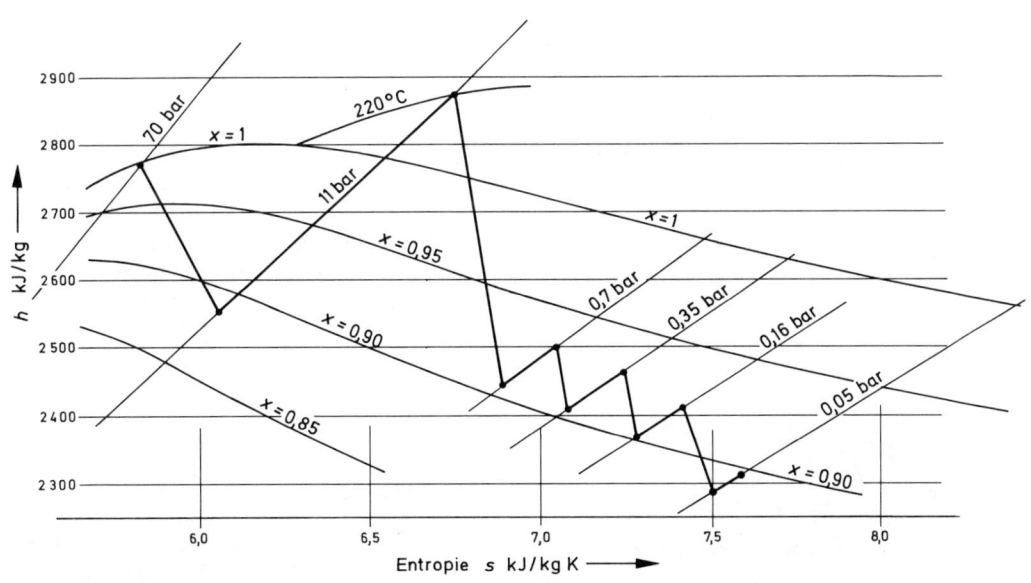

Bild 4.29 Expansionsverlauf in einer Sattdampfturbine

4.6 Die Exergie beim Dampfkraftprozeß

Für Berechnungen mit Wasserdampf benötigt man das h,s-Diagramm und die Dampftabellen. Hier soll gezeigt werden, wie die Exergie und der exergetische Wirkungsgrad mit Hilfe des h,s-Diagrammes berechnet werden.

Wenn es sich um die Expansion von Gasen handelt, war der Umgebungszustand als untere Grenze einer möglichen Expansion festgelegt. Bei Wasserdampf als Arbeitsmittel ist wegen des Überganges in Eis die Temperatur 0 °C die unterste Grenze.

Allgemein war nach Abschnitt 3.7.5 die Exergie, die maximal mögliche technische Arbeit, gleich dem in Arbeit umsetzbaren Teil der einer Maschine zugeführten Wärme:

$$e = h_1 - h_2 - T_0 \cdot (s_1 - s_0)$$

Das gilt auch für den Wasserdampf als Arbeitsmittel. Bei der Darstellung in einem h,s-Diagramm können die h-Werte direkt abgelesen werden.

Bei verlustloser, isentroper Expansion von 1 nach 2 ist die Exergie

$$e = h_1 - h_2 - T_0 \cdot (s_1 - s_2)$$

und mit $s_1 = s_2$

$$e = h_1 - h_2$$

Dabei sei daran erinnert, daß die h-Werte, die man aus Dampftabellen und aus dem h,s-Diagramm entnimmt, die Wärmemenge enthalten, die bei der Erzeugung des Dampfes (oder Wassers oder Naßdampfes) aus Wasser von 0 °C benötigt worden sind.

Ist 0 °C der vereinbarte Umgebungszustand, dann findet sich dieser auf allen Punkten der Geraden zwischen $x = 0$ bis $x = 1$ beim Druck 0,00618 bar. Dies ist der zu 0 °C gehörende Sättigungsdruck. Diese Gerade hat eine Neigung, die man aus der Beziehung $T_0 = \mathrm{d}q/\mathrm{d}s$, hier $T_0 = \Delta h/\Delta s$ bestimmen kann. Für $T_0 = 273$ K ist $s_0 = 0$, $h_0 = 0$ also $\Delta h = h$ und $\Delta s = s$. Diese Gerade, die man als „Umgebungsgerade" bezeichnen kann, folgt der Gleichung $h = 273 \cdot s$ (Bild 4.30).

Ein Beispiel zeigt die Berechnung und die Darstellung der Exergie im h,s-Diagramm:

Wie groß ist die Exergie e_1 von Heißdampf mit 100 bar und 400 °C — 500 °C — 600 °C?

t	400	500	600	°C	h,s-
h_1	3098	3375	3625	kJ/kg	Dia-
s_1	6,21	6,60	6,90	kJ/kg K	gramm

Exergie $e_1 = h_1 - s_0 \cdot T_0$ mit $T_0 = 273$ K

$s_1 \cdot T_0$	1697	1802	1880	kJ/kg
e_1	1401	1573	1745	kJ/kg

Auf Bild 4.30 ist die Exergie von Heißdampf mit 100 bar, 500 °C eingezeichnet. Die beiden anderen Strecken entsprechen der Exergie bei 100 bar, 400 °C und 600 °C. Man erkennt, wie das technische Arbeitsvermögen mit zunehmender Enthalpie h zunimmt.

Exergetischer Wirkungsgrad

Verläuft die Expansion wegen der Verluste, die bei der Energieumsetzung in einer Kolbendampfmaschine oder in einer Dampfturbine eintreten, polytropisch, dann verläuft die Expansion mit einer Entropiezunahme um Δs_i zum Punkt h_i und man erhält als exergetischen Wirkungsgrad (Bild 4.31).

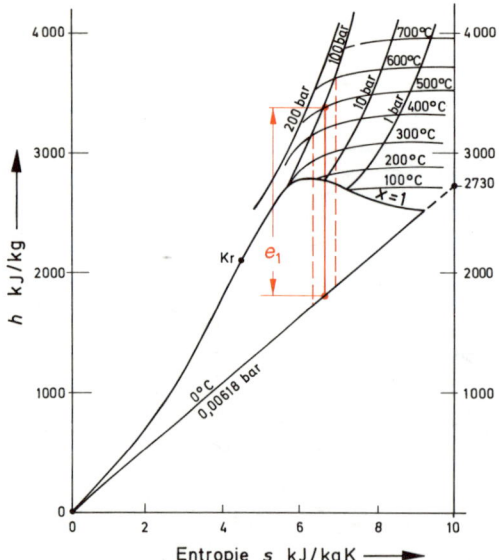

Bild 4.30 Darstellung der Exergie im h,s-Diagramm für Wasserdampf

158

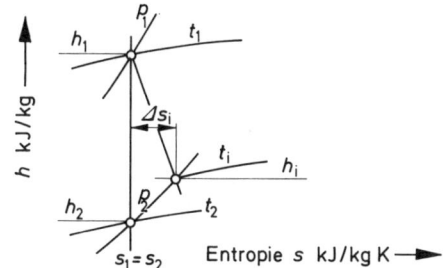

Bild 4.31 Berechnung des exergetischen Wirkungsgrades

$$\eta_{ex} = \frac{e_1 - e_2 - T_0 \cdot \Delta s_i}{e_1 - e_2}$$

78. Beispiel
Bei einer Dampfturbine, die mit einem Frischdampfzustand von 20 bar, 380 °C arbeitet, hat der austretende Abdampf einen Zustand von 3 bar, 190 °C.

a) Wie groß ist der Turbinenwirkungsgrad η_i?
b) Wie groß ist der exergetische Wirkungsgrad η_{ex}?

Lösung
a) Überträgt man die Dampfzustände in das h,s-Diagramm (Bild 4.32), dann ergibt sich der Turbinenwirkungsgrad aus

$$\eta_i = \frac{h_1 - h_i}{h_1 - h_2} = \frac{3205 - 2850}{3205 - 2760}$$

$$\eta_i = \frac{355}{445} = 0,80$$

b) Der exergetische Wirkungsgrad ist

$$\eta_{ex} = \frac{e_1 - e_2 - T_0 \cdot \Delta s_i}{e_1 - e_2}$$

$e_1 - e_2 = h_1 - h_2 = 445$, weil $s_1 = s_2$, Isentrope

$T_0 = 273$ K

$\Delta s_i = 0,21$ kJ/kg K

$$\eta_{ex} = \frac{445 - 273 \cdot 0,21}{445} = \frac{388}{445} = 0,87$$

Besonders deutlich kann man die Entwertung der Wärmeenergie im Hinblick auf ihre Umsetzung in technische Arbeit bei einer Drosselung im h,s Diagramm erkennen.

79. Beispiel
Frischdampf von 20 bar, 380 °C (vgl. das vorhergehende Beispiel) wird auf $p_2 = 5$ bar gedrosselt.
Wie groß ist der relative Exergieverlust?

Lösung
Die Enthalpie ist vor und nach der Drosselung gleich.

$$h_1 = h_d = 3205 \text{ kJ/kg (Bild 4.33)}$$

Die Entropiewerte sind

$$s_1 = 7,06 \text{ kJ/kg K}$$
$$s_d = 7,69 \text{ kJ/kg K}$$

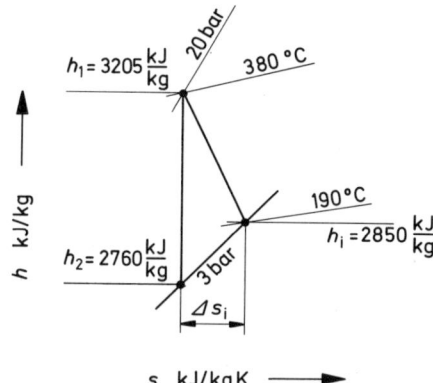

Bild 4.32 Berechnungsbeispiel: innerer Turbinenwirkungsgrad η_i und exergetischer Wirkungsgrad η_{ex}

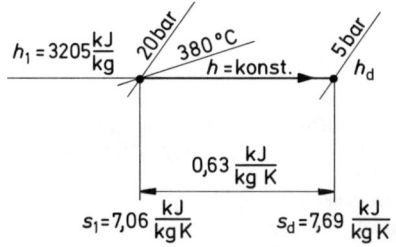

Bild 4.33 Berechnungsbeispiel: Exergieverlust durch Drosseln

159

Daraus wird

$$e_1 = h_1 - T_0 \cdot s_1$$

$$= 3205 - 273 \cdot 7{,}06 = 1275 \text{ kJ/kg}$$

$$e_d = h_d - T_0 \cdot s_d$$

$$= 3205 - 273 \cdot 7{,}69 = 1105 \text{ kJ/kg}$$

Exergieverlust $= e_1 - e_d = 170$ kJ/kg

Relativer Exergieverlust

$$= (e_1 - e_2){:}\ e_1\ =\ 170/1275\ =\ 0{,}133\ =\ 13{,}3\%.$$

Während die Enthalpie des gedrosselten Dampfes konstant bleibt, weil beim Drosseln Wärme nicht verlorengeht, zeigt die Abnahme der Exergie, daß eine Entwertung eingetreten ist.

Außerdem verringert, wie schon ausgeführt worden ist, das Drosseln das nutzbare Wärmegefälle und damit die Leistung eines gegebenen Dampfmengendurchsatzes.

Literaturverzeichnis

[1] *Baehr, H. D.:* Thermodynamik, Springer, 5. Aufl. 1981, 461 S., 271 Abb., 41 Tab.
[2] *Cerbe/Hoffmann:* Einführung in die Wärmelehre, Hanser, 6. Aufl. 1982, 358 S., 167 Abb.
[3] *Puschmann/Draht:* Grundzüge der technischen Wärmelehre, Technik-Tabellen-Vlg. Fikentscher 25. Aufl. 1980, 361 S., 153 Abb.
[4] *Schmidt, E.:* Technische Thermodynamik, Grundlagen und Anwendungen, Springer, 11. Aufl., Bd. 1. 1975, 428 S.

[5] *Schmidt, E.:* VDI-Wasserdampftafeln bis 800 °C und 1000 at. Mit einem Mollier h,s-Diagramm und einem T,s-Diagramm, Springer, 7. Aufl. 1968, 167 S.
[6] *Doering/Schedwill:* Grundlagen der Technischen Thermodynamik, Teubner, 2. Aufl. 1982.

Anhang

Tafel 1 Umrechnung für Druckeinheiten

	Pa	bar	at	Torr
1 Pa = 1 N/m²	1	10^{-5}	$0,102 \cdot 10^{-4}$	0,0075
1 bar	10^5	1	1,02	750
1 at = 1 kp/m²	98 100	0,981	1	736
1 atm	101 325	1,013	1,033	760
1 Torr = 1 mm QS	133	0,00133	0,00136	1

Tafel 2 $\alpha_m|_{t_0}^t$-Werte metallischer Werkstoffe in K⁻¹

Temperaturen	0 °C bis 100 °C	0 °C bis 200 °C
Aluminium (rein)	$23,9 \cdot 10^{-6}$	$24,6 \cdot 10^{-6}$
Grauguß	$10,4 \cdot 10^{-6}$	$11,1 \cdot 10^{-6}$
Glas (techn.) i.M.	$6,0 \cdot 10^{-6}$	$6,5 \cdot 10^{-6}$
Messing	$18,3 \cdot 10^{-6}$	$19,3 \cdot 10^{-6}$
Stahl bis 0,5% C	$11,0 \cdot 10^{-6}$	$12,0 \cdot 10^{-6}$

Tafel 3 Mittlere spez. Wärmekapazität c_m metallischer Werkstoffe in kJ/kg K

0°C	Al.	Kupfer	Silber	Fe, rein	Grauguß	Stahl 0,6 C
0	0,90	0,38	0,22	0,460	0,51	0,472
100	0,91	0,39	0,23	0,463	0,54	0,485
300	0,95	0,40	0,24	0,468	0,57	0,510
500	0,99	0,41	0,25	0,472	0,59	0,548

Tafel 4 Spez. Wärmekapazität von Flüssigkeiten bei Raumtemperatur

Benzol	1,72 kJ/kg K
Masch.-Öl	1,67 kJ/kg K
Wasser	4,20 kJ/kg K

Tafel 5 Schmelztemperatur und -wärme, Siedetemperatur und Verdampfungswärme für einige feste Körper und Flüssigkeiten. Die Werte bei Flüssigkeiten gelten unter 1 bar Druck

	Schmelz-Temperatur °C	Wärme kJ/kg	Siedetemp. °C	Verdampfungswärme kJ/kg
Aluminium	658	386	2500	10 800
Eisen, rein	1530	428	2730	6 300
Silber	960	105	2170	2 330
Benzol	5,5	126	80	395
Quecksilber	−38,8	11,8	357	303
Wasser	0	334	99,6	2 256

Druck	1	10	100	bar
Siedetemperatur	99,63	179,88	310,96	°C
Verdampfungswärme	2256,5	2015,3	1318,2	kJ/kg

Tafel 6 Siedetemperatur und Verdampfungswärme von Wasser, abhängig vom Druck

Tafel 7 Einige Stoffwerte von Gasen

Gas	Chemi-sches Symbol	Molare Masse M $\dfrac{kg}{kmol}$	Molares Volumen V_{Mn} bei 0 °C, 760 Torr = 1,0132 bar m³/Kmol	Spez. Gas-konst. R_i N m/ kg K J/kg K	Dichte ϱ 0 °C 760 Torr = 1,0132 bar	Spezifische Wärmekapazität 0 °C c_p kJ/ kg K	c_v kJ/ kg K	$\gamma = \dfrac{c_p}{c_v}$ oder $\varkappa$
Helium	He	4,003	22,42	2078	0,1785	5,236	3,160	1,66
Wasserstoff	H_2	2,016	22,43	4124,0	0,08987	14,38	10,26	1,402
Stickstoff	N_2	28,016	22,40	296,8	1,2505	1,039	0,743	1,400
Sauerstoff	O_2	32,000	22,39	259,8	1,42895	0,908	0,649	1,399
Luft	—	28,964	22,40	287,0	1,2928	1,006	0,719	1,402
Kohlenoxid	CO	28,01	22,40	296,8	1,2500	1,039	0,743	1,400
Kohlen-dioxid	CO_2	44,01	22,26	188,9	1,9768	0,821	0,632	1,299
Schwefel-dioxid	SO_2	64,06	21,89	129,8	2,9265	0,607	0,477	1,272
Ammoniak	NH_3	17,032	22,08	488,3	0,7713	2,055	1,565	1,313
Methan	CH_4	16,042	22,36	518,8	0,7168	2,156	1,632	1,319

Tafel 8
Korrekturwert $k = p \cdot v/R_i \cdot T$ **für Luft**

Druck \ Temp.	0 °C	100 °C	200 °C
1 bar	1,0	1,0	1,0
20 bar	0,9895	1,0027	1,0064
100 bar	0,9699	1,0235	1,0364

162

Tafel 9a Beziehungen zwischen mechanischer, thermischer, elektrischer Arbeit

Einheit	J	kJ	kWh
1 J 1 Nm } 1 Ws	1	0,001	$2{,}78 \cdot 10^{-7}$
1 kJ	1000	1	$2{,}78 \cdot 10^{-4}$
1 kWh	3 600 000	3600	1

Tafel 9b Beziehungen mechanischer, thermischer, elektrischer Leistung

Einheit	W	kW
1 Watt 1 Nm/s } 1 J/s	1	0,001
1 kW	1000	1

Tafel 10 c_{pm}-Werte für Gase in kJ/kg K

Temp. in °C	Luft	H_2	N_2	O_2	CO	CO_2	SO_2
0	1,004	14,38	1,039	0,9084	1,039	0,8205	0,607
100	1,007	14,40	1,041	0,9218	1,041	0,8689	0,637
200	1,013	14,42	1,044	0,9355	1,046	0,9122	0,663
300	1,020	14,45	1,049	0,9500	1,054	0,9510	0,687
400	1,029	14,48	1,057	0,9646	1,064	0,9852	0,707
600	1,050	14,55	1,076	0,9926	1,087	1,043	0,740
800	1,072	14,64	1,098	1,016	1,110	1,089	0,765
1000	1,092	14,78	1,118	1,035	1,131	1,126	0,784
1200	1,109	14,94	1,137	1,051	1,150	1,157	0,798
1400	1,124	15,12	1,153	1,065	1,166	1,183	0,810
1600	1,138	15,30	1,168	1,077	1,180	1,206	0,820
1800	1,151	15,48	1,181	1,089	1,193	1,225	0,829
2000	1,162	15,65	1,192	1,099	1,204	1,241	0,837
2200	1,172	15,82	1,202	1,109	1,214	1,256	0,896
2500	1,185	16,07	1,215	1,123	1,226	1,275	0,899

Tafel 11   Polytrope ZÄ von Gasen

$\dfrac{p_1}{p_2}$	Für $n =$				Für $n =$			
	1,4	1,3	1,2	1,1	1,4	1,3	1,2	1,1
	ist V_2/V_1				ist T_1/T_2			
1,1	1,070	1,076	1,083	1,090	1,028	1,022	1,016	1,009
1,2	1,139	1,151	1,164	1,180	1,053	1,043	1,031	1,017
1,3	1,206	1,224	1,244	1,269	1,078	1,062	1,045	1,024
1,4	1,271	1,295	1,323	1,358	1,101	1,081	1,058	1,031
1,5	1,336	1,366	1,401	1,445	1,123	1,098	1,070	1,038
1,6	1,399	1,436	1,479	1,533	1,144	1,115	1,081	1,044
1,7	1,461	1,504	1,557	1,620	1,164	1,130	1,092	1,050
1,8	1,522	1,571	1,633	1,706	1,183	1,145	1,103	1,055
1,9	1,581	1,638	1,706	1,791	1,201	1,160	1,113	1,060
2,0	1,641	1,705	1,782	1,879	1,219	1,174	1,123	1,065
2,5	1,924	2,023	2,145	2,300	1,299	1,235	1,165	1,087
3,0	2,193	2,330	2,498	2,715	1,369	1,289	1,201	1,105
3,5	2,449	2,624	2,842	3,126	1,431	1,336	1,232	1,121
4,0	2,692	2,907	3,177	3,505	1,487	1,378	1,260	1,134
4,5	2,926	3,178	3,500	3,925	1,537	1,415	1,285	1,147
5,0	3,156	3,449	3,824	4,320	1,583	1,449	1,307	1,157
5,5	3,378	3,712	4,142	4,710	1,627	1,482	1,328	1,167
6,0	3,598	3,970	4,447	5,100	1,668	1,512	1,348	1,177
6,5	3,809	4,218	4,760	5,483	1,707	1,540	1,366	1,186
7,0	4,012	4,467	5,058	5,861	1,742	1,566	1,383	1,194
7,5	4,217	4,710	5,360	6,250	1,778	1,591	1,399	1,201
8,0	4,415	4,950	5,650	6,620	1,811	1,616	1,414	1,208
8,5	4,612	5,187	5,950	6,997	1,843	1,639	1,429	1,215
9,0	4,800	5,420	6,240	7,370	1,873	1,660	1,442	1,221
9,5	4,993	5,651	6,528	7,742	1,903	1,681	1,455	1,227
10,0	5,188	5,885	6,820	8,120	1,931	1,701	1,468	1,233
11	5,544	6,325	7,376	8,845	1,984	1,739	1,491	1,244
12	5,900	6,763	7,931	9,574	2,034	1,774	1,513	1,253
13	6,247	7,193	8,478	10,30	2,081	1,807	1,533	1,263
14	6,587	7,614	9,018	11,01	2,126	1,839	1,549	1,271
15	6,919	8,030	9,551	11,73	2,168	1,868	1,570	1,279
16	7,246	8,438	10,08	12,44	2,208	1,896	1,587	1,287
17	7,566	8,841	10,60	13,14	2,247	1,923	1,604	1,294
18	7,882	9,238	11,12	13,84	2,284	1,948	1,619	1,301
19	8,192	9,631	11,63	14,54	2,319	1,973	1,633	1,307
20	8,498	10,02	12,14	15,23	2,354	1,996	1,648	1,313
21	8,803	10,40	12,64	15,93	2,387	2,019	1,661	1,319
22	9,097	10,78	13,14	16,61	2,418	2,041	1,674	1,324
23	9,390	11,15	13,64	17,30	2,449	2,062	1,688	1,330
24	9,680	11,53	14,13	17,97	2,479	2,082	1,698	1,335
25	9,967	11,89	14,62	18,65	2,508	2,102	1,710	1,340
26	10,25	12,26	15,10	19,34	2,537	2,121	1,721	1,345
27	10,53	12,62	15,58	20,01	2,564	2,140	1,732	1,349
28	10,81	12,98	16,07	20,68	2,591	2,158	1,743	1,354
29	11,08	13,33	16,54	21,36	2,617	2,175	1,753	1,358
30	11,35	13,68	17,02	22,02	2,643	2,192	1,763	1,362

Tafel 12a Wasserdampftafel, Sättigungszustand (Drucktafel)

p bar	t_s °C	v' dm³/kg	v'' m³/kg	h' kJ/kg	h'' kJ/kg	r kJ/kg	s' kJ/kg K	s'' kJ/kg K
0,01	6,98	1,0001	129,2	29,35	2513,4	2484,0	0,1061	8,9734
0,02	17,51	1,0012	67,02	73,45	2532,7	2459,3	0,2607	8,7214
0,03	24,10	1,0026	45,68	100,97	2544,7	2443,8	0,3543	8,5754
0,04	28,98	1,0040	34,81	121,36	2553,6	2432,3	0,4223	8,4725
0,05	32,90	1,0052	28,20	137,71	2560,7	2423,0	0,4761	8,3930
0,06	36,19	1,0064	23,75	151,42	2566,7	2415,2	0,5206	8,3283
0,07	39,03	1,0074	20,54	163,28	2571,8	2408,5	0,5588	8,2737
0,08	41,54	1,0084	18,11	173,76	2576,3	2402,5	0,5922	8,2266
0,09	43,79	1,0094	16,21	183,16	2580,3	2397,1	0,6220	8,1851
0,1	45,84	1,0102	14,68	191,71	2583,9	2392,2	0,6489	8,1480
0,2	60,09	1,0173	7,652	251,28	2608,9	2357,6	0,8316	7,9060
0,4	75,89	1,0266	3,994	317,46	2635,7	2318,3	1,0255	7,6667
0,6	85,95	1,0334	2,732	359,73	2652,2	2292,5	1,1449	7,5280
0,8	93,51	1,0389	2,087	391,53	2664,3	2272,7	1,2324	7,4300
1,0	99,63	1,0436	1,694	417,33	2673,8	2256,5	1,3022	7,3544
1,1	102,32	1,0457	1,549	428,66	2678,0	2249,3	1,3324	7,3222
1,2	104,81	1,0477	1,428	439,18	2681,8	2242,6	1,3603	7,2928
1,3	107,13	1,0496	1,325	449,01	2685,3	2236,3	1,3862	7,2658
1,4	109,32	1,0514	1,236	458,24	2688,6	2230,3	1,4104	7,2409
1,5	111,37	1,0532	1,159	466,95	2691,6	2224,7	1,4331	7,2177
2,0	120,23	1,0610	0,8852	504,52	2704,6	2200,1	1,5295	7,1212
3,0	133,54	1,0737	0,6054	561,2	2723,2	2161,9	1,6711	6,9859
4,0	143,63	1,0841	0,4621	604,4	2736,5	2132,1	1,7757	6,8902
6,0	158,84	1,1011	0,3155	670,1	2755,2	2085,1	1,9300	6,7555
8,0	170,41	1,1152	0,2403	720,6	2768,0	2047,5	2,0447	6,6594
10	179,88	1,1276	0,1944	762,2	2777,5	2015,3	2,1370	6,5843
15	198,28	1,1541	0,1318	844,1	2792,5	1948,4	2,3131	6,4448
20	212,37	1,1769	0,0996	908,0	2800,6	1892,6	2,4453	6,3422
30	233,84	1,2166	0,0667	1007,7	2805,5	1797,9	2,6438	6,1890
40	250,33	1,2523	0,0497	1086,7	2802,4	1715,7	2,7949	6,0714
50	263,92	1,2859	0,0394	1153,8	2794,6	1640,8	2,9190	5,9735
60	275,56	1,3186	0,0324	1213,1	2783,9	1570,8	3,0257	5,8880
70	285,80	1,3510	0,0273	1266,7	2771,1	1504,3	3,1203	5,8113
80	294,98	1,3837	0,0235	1316,4	2756,9	1440,4	3,2059	5,7412
90	303,31	1,417	0,0205	1362,9	2741,6	1378,5	3,2847	5,6762
100	310,96	1,451	0,0180	1407,0	2725,6	1318,2	3,3582	5,6155
110	318,04	1,487	0,0160	1449,3	2708,7	1258,9	3,4277	5,5584
120	324,64	1,525	0,0143	1490,2	2687,2	1196,3	3,4941	5,4971
130	330,81	1,566	0,0128	1530,2	2663,5	1132,3	3,5580	5,4353
140	336,63	1,610	0,0115	1569,6	2637,7	1066,7	3,6203	5,3726
150	342,12	1,658	0,0103	1608,9	2610,5	999,7	3,6818	5,3104
160	347,32	1,713	0,0093	1648,5	2581,2	929,9	3,7433	5,2471
180	356,96	1,850	0,0075	1732,9	2511,4	778,5	3,8707	5,1062
200	365,71	2,06	0,0059	1826,7	2416,0	589,3	4,0151	4,9375
210	369,79	2,22	0,0050	1889,9	2344,9	454,9	4,1073	4,8149
220	373,70	2,64	0,0039	2107,4	2195,6	208,4	4,2947	4,5799
221,20	374,15	0,00317 m³/kg					4,4429	

165

Tafel 12b   Wasserdampftafel, überhitzter Dampf

p bar	t °C	v m³/kg	h kJ/kg	s kJ/kg K
0,4	100	4,282	2684,0	7,8006
	200	5,447	2877,5	8,2599
	300	6,606	3075,0	8,6385
	400	7,762	3278,3	8,9652
	500	8,917	3487,9	9,2554
0,6	100	2,846	2681,6	7,6084
	200	3,628	2876,6	8,0714
	300	4,402	3074,5	8,4507
	400	5,173	3277,9	8,7777
	500	5,944	3487,7	9,0681
1,0	100	1,695	2674,7	7,3567
	200	2,172	2874,9	7,8329
	300	2,638	3073,5	8,2137
	400	3,102	3277,3	8,5413
	500	3,565	3487,2	8,8319
2,0	150	0,9603	2770,2	7,2821
	200	1,080	2870,4	7,5061
	300	1,316	3071,0	7,9805
	400	1,549	3275,7	8,2196
	500	1,781	3486,1	8,5110
4,0	150	0,4709	2753,1	6,9297
	200	0,5343	2861,4	7,1721
	300	0,6545	3065,8	7,5640
	400	0,7724	3272,4	7,8961
	500	0,8891	3483,9	8,1890
6,0	200	0,3522	2852,0	6,9699
	300	0,4341	3060,7	7,3703
	400	0,5135	3269,1	7,7055
	450	0,5527	3374,8	7,8568
	500	0,5918	3481,7	7,9997
8,0	200	0,2610	2841,8	6,8207
	300	0,3239	3055,5	7,2309
	400	0,3840	3265,9	7,5691
	450	0,4137	3372,1	7,7213
	500	0,4431	3479,5	7,8648
10	200	0,2062	2830,8	6,6995
	250	0,2326	2943,2	6,9256
	300	0,2578	3050,4	7,1212
	350	0,2823	3156,4	7,2987
	400	0,3064	3262,6	7,4626
	450	0,3302	3369,4	7,6156
	500	0,3539	3477,2	7,7597

p bar	t °C	v m³/kg	h kJ/kg	s kJ/kg K
20	250	0,1115	2905,5	6,5506
	300	0,1254	3023,6	6,7665
	350	0,1385	3135,9	6,9543
	400	0,1511	3246,2	7,1246
	450	0,1634	3356,0	7,2820
	500	0,1755	3466,1	7,4292
	550	0,1875	3576,9	7,5680
40	300	0,05889	2962,9	6,3652
	350	0,06644	3092,5	6,5822
	400	0,07335	3212,7	6,7677
	450	0,07994	3329,0	6,9344
	500	0,08632	3443,8	7,0879
	550	0,09257	3558,2	7,2312
60	300	0,03617	2885,7	6,0698
	350	0,04227	3044,2	6,3353
	400	0,04740	3177,4	6,5410
	450	0,05211	3301,3	6,7187
	500	0,05658	3421,2	6,8790
	550	0,06091	3539,3	7,0271
80	300	0,02420	2783,9	5,7886
	350	0,02999	2988,2	6,1314
	400	0,03436	3139,5	6,3652
	450	0,03817	3272,7	6,5561
	500	0,04171	3398,3	6,7241
	550	0,04509	3520,3	6,8771
100	350	0,02243	2922,3	5,9423
	400	0,02647	3098,2	6,2143
	450	0,02978	3242,8	6,4216
	500	0,03278	3374,8	6,5983
	550	0,03559	3501,2	6,7566
	600	0,03829	3624,6	6,9022
150	350	0,01159	2690,4	5,4396
	400	0,01568	2974,8	5,8795
	450	0,01850	3160,4	6,1459
	500	0,02083	3313,2	6,3504
	550	0,02291	3451,9	6,5243
	600	0,02486	3583,8	6,6799
200	400	0,00995	2815,0	5,5488
	450	0,01273	3064,0	5,9064
	500	0,01480	3245,8	6,1498
	550	0,01655	3400,3	6,3435
	600	0,01814	3542,0	6,5107
	650	0,01962	3677,1	6,6612

Auszug aus den VDI-Wasserdampftafeln

Stichwortverzeichnis